厦门大学哲学社会科学

繁荣计划特别资助项目

风下之海

明清中国闽南海洋地理研究

李智君 著

商务印书馆
The Commercial Press

图书在版编目(CIP)数据

风下之海：明清中国闽南海洋地理研究 / 李智君著.
—北京：商务印书馆，2021
ISBN 978-7-100-19625-3

Ⅰ.①风… Ⅱ.①李… Ⅲ.①海洋地理学—研究—福建—明清时代 Ⅳ.①P72

中国版本图书馆 CIP 数据核字（2021）第 036573 号

风下之海
——明清中国闽南海洋地理研究
李智君 著

商 务 印 书 馆 出 版
（北京王府井大街 36 号 邮政编码 100710）
商 务 印 书 馆 发 行
北京艺辉伊航图文有限公司印刷
ISBN 978-7-100-19625-3
审 图 号：G S（2021）555 号

2021 年 4 月第 1 版　　开本 880×1230 1/32
2021 年 4 月北京第 1 次印刷　　印张 15 1/4

定价：95.00 元

目录

【第六章】

海洋政治地理区位与清政府对澎湖厅的经略

——以风灾的政府救助为中心

【第七章】

清代战时台湾兵力的大陆补给与跨海投送

——以乾隆朝平定林爽文战争为例

【第八章】

两岸一体防范

——台湾战争时期清政府对海峡西岸移民社会的控制

【第九章】

无远弗届与生番地界

——清代台湾外国漂流民的政府救助与外洋国土理念的转变

【第十章】

此岸与彼岸之间

——由《遐迩贯珍》看19世纪中叶中国民众的海上生活

序　言

李智君教授是厦门大学历史系一位勤奋向学的中青年教师。自2005年从复旦大学博士毕业来到厦门大学历史系就职，在出色完成本科、研究生教学工作之余，潜心于历史地理学的科学研究，取得了引人注目的学术成果。2011年，李智君教授在上海人民出版社出版了《关山迢递：河陇历史文化地理研究》一书。这是一部别开生面的历史地理学专著。全书分析了河陇历史防御的层次性，揭示了这一结构对河陇社会空间格局的控制作用，阐述了汉晋学术文化在边塞地带的扩展、壮大与衰落，河陇历史语言地理变迁，河陇庶民程式化生活的时空差异等，使我们深入了解了河陇区域历史文化的社会变迁，是一本不可多得的学术著作。经过近十年的不懈努力，本书作为李智君教授的另一部专著也即将出版，这实在是一件可喜可贺的好事。

中国的历史地理学研究，以往的学者们把学术的主要关注点，放在中国本土的地域之内，对于中国本土之外的社会经济活动及其与社会地理的联系，则较少涉及。迄今为止尚未见到有比较突出和比较系统的研究成果。李智君教授的这本书，显然又是一部弥补这些学术缺憾的重要著作。著者把学术地域考察的对象集中在福建的南部地区，也就是俗称的闽南地区，以及与之往来密切的台湾地区。众所周知，福建的闽南地区，从唐宋以来就是我国海上活动最为活跃的区域。特别是明清以来，随着西方所谓“大航海时代”的来临，西方的殖民势力已经在东方的东南亚地区占据了不少活动据点，并且不断通过商业、军事等手段，谋求在中国以及周边地区的经济利益。与此同时，中国东南沿海特别是闽南区域的商民们，面对西方殖民者的东来，也采取了积极应对的开放姿态，大力拓展私人海上贸易，敢于与西方殖民者的商业和军事进犯进行针锋相对的抗衡。他们在十六、十七整整两个世纪的时间里维护了中国海上的应有权益。而当十七世纪中叶民族英雄郑成功从西方荷兰殖民者手中收复台湾，以及十七世纪末清朝康熙年间统一台湾以来，福建的闽南地区，就跟台湾地区形成了不可分割的地理、社会经济以及政治军事的联系。

作为一名历史地理学家，李智君教授对于“闽南地区”及台湾地区的考察，虽然主要集中在明清时期，但是他的学术思维始终没有脱离长时段的历史地理学考察。在这部书里，我们不难领悟人类与地理环境的关系。地理环境是人类存在的基本属性。闽南地区与台湾地区的发展历程，正充分地印证了这一永恒的历史命题。当然，历史的发展是由诸多因素所促成的。李智君教授在充分考察这一区域社会历史的变迁之后，还进一步敏锐地指出：纵观明清时期中国闽南人民与海洋的关系史，海洋环境作为人类生活的舞台，随着全球环境的变化，其各个要素，或有程度不等的变化，但不是影响人类行为的主导因素。因为人类对自然的认知和适应能力，即便是在传统时代也并不弱。与之相对照，人类社会本身，尤其是国家行为，对民众生活的影响要远大于海洋环境对人类的影响。中国的海疆和西北边疆一样，其社会经济和文化的涨落，基本上是随着国家对边疆经略的重视程度，以及国力的盛衰而涨落。这种论述，又大大超越了历史地理学本身的范畴，使得学术研究的要义凸显得更为广阔与精彩。

李智君教授希望我为这本书的出版写篇序言。我于历史地理学本是外行，但是李智君教授的勤奋向学，又让我不忍坚辞。于是拉拉杂杂写了以上这些文字，言难达的，还望李智君教授多多原谅。我衷心地祝愿李智君教授在今后的教学科研工作中，更上一层楼。祝愿李智君教授有更多更好的学术论著问世！

陈支平

2020年6月26日

前　言

> 地理学知识，在政治生活中是不可或缺的。人类的每个行为都会和空间产生关联。空间的全体就是我们居住的地球。它由陆地和海洋构成。了解帝国这个相对较小的空间，可以帮助我们更好地采取行动，管理国家。
>
> ——古希腊历史学家、地理学家斯特拉波

人类与地理环境的关系，是人类存在的基本属性，也是地理学自立的基石。本书以西北太平洋热带气旋活动为切入点，研究中国闽南地区的海洋地理，即人类活动与海洋的相互关系。时间上主要集中在传统中国的最后两个朝代——明朝和清朝。明清时期，是闽南人深度参与全球海洋贸易和文化交流，并通过移民海外，拓展生存空间的重要时期。空间上，以自然地理单元——厦门湾为中心，以闽南文化区即泉州府、漳州府和台湾府，为主要研究区域，并随个案研究的需要不同而有盈缩。

一

自古以来，对地理环境细致入微的观察和深入的思考，是人

类获得地理学知识的主要途径。不仅如此，不同的环境，还会将学者引入不同的地理学研究领域。我与海洋结缘，是从内陆来到海边工作开始的。

来鹭岛厦门，大海是最先迎接客人的景观。2004 年年底，从上海坐火车来厦门大学试讲。火车经鹰厦铁路翻越戴云山，进入九龙江流域，天空一下子变得豁然开朗。火车在溪流和丛林间穿行，越走天越蓝，四周草木葱茏，似乎走在一条奔向光明的林荫大道上，将冬天的寒意和灰暗远远地抛在了身后。经过厦门大桥时，蓝色的大海，波光粼粼，一派春日的景象。心想这才是大海，之前在长江口看大海的失落感，一扫而光。

回到上海跟家人绘声绘色地描述那片蓝色大海的美，家人心中也因此充满了期待。半年后的七月，当再次经过厦门大桥时，我早早站在车窗前，提醒家人看蓝色的大海。然而，令人意外的是，大桥还在，那片大海的蓝色却消失不见了。不仅如此，眼前还有一大片高低起伏的黄泥滩，几条脏兮兮的小船横卧在烂泥里。我不敢相信自己的眼睛，家人也开始不敢相信我了，我只能尴尬在嘴里喃喃自语：“可能还没到……”“可能走了另外的道……”。其实进岛的铁路只有一条，这到底是怎么回事？就这样，我带着满腹的疑惑，冲进鹭岛正午的艳阳里。

上大学时，《普通水文学》课本里有专门的章节介绍海洋，也知道波浪到达岸边破碎、卷起千堆雪的原因。潮涨潮落的原理，更是在课堂上讲过无数次。可是没有海边生活的经历，哪里会知道潮间带在浅海区会如此宽阔。其实，现在地球上的潮间带已经是地球历史上最狭窄的潮间带了。因为引起海水涨落的月球，以每年 3.8 厘米的速度远离地球，距离越远，引力就越小，潮涨潮落的幅度就越小。现在地球与月球的平均距离是 38.44 万千米。5 亿年前，地月距离约 36 万千米，那时候，潮汐现象更加频繁也更强烈。潮落时海水退到很远很远的地方，潮起时海水又无情地将陆地淹没。当然，引起海水涨落的，不仅有地球之外的月球和太阳，还有地球上的热带气旋。强热带气旋过境时，强大的低压系统，会将海水高高的吸起，形成风暴潮。

大海从来没有平静过，所谓的水平如镜，在海面上几乎是看不到的。除了潮汐之外，风浪也从不停息。即便你所在的海域无风，相邻海域的风浪也会传播过来，正所谓“风停浪不停，风无浪也行”。遇到台风过境或登陆时，海水被狂风卷起，如同千金重锤，锤击着海岸，水花飞溅，大地为之震颤，即使隔着窗户也能感受到。这是在风浪相对比较小的厦门湾内。到了离岸较远的平潭岛，内陆平常无风的日子，在岸边迎风的山坡上也是狂风肆虐，吹得人都站不起来。常年生活在山坡上的草木，就跟内陆高山上的地柏一样，一棵棵匍匐在地上，不敢抬头。在大风的驱使下，海浪一波接一波向岸边涌来，远远望去，如同在腾格里沙漠中远望移动沙丘一般，难怪古人将沙漠称为“瀚海”。寻常日子尚且如此，一旦遇到强台风或强对流天气，大海上更是浪涌如山。

明清时期，正是在如此复杂和恶劣的海况环境下，东南沿海的民众驾驶着帆船，经台澎海道，到达台湾、琉球；沿北洋海道，到达朝鲜和日本；经南洋海道到达南洋各地，继续向西，还可到达非洲东部沿海和阿拉伯半岛。晚清，他们更是横渡太平洋到达旧金山。不仅如此，华人移民还在南洋和美洲，形成人口众多的华人社区，如唐人街。海外的华人华侨，习惯上称祖国为“唐山”，称华人为“唐人”。

深度地参与海洋贸易和海外移民活动，正是闽南地区的区域文化特征之一。

闽南是中国影响深远的文化地理区域之一，然而何谓闽南，却鲜有清晰的概念界定和特征诠释。本书研究证明，从唐宋至明清，闽南一词，是福建省的代名词，直至晚清才作为泉漳两府的文化地理名称，被广泛使用。介于海陆之间的闽南，有别于其他文化地理区域的显著特征有二，其一是闽南历史文化的内向化。所谓文化的内向化，指闽越之地被纳入中原王朝教化之区，闽越原住民文化被中原汉文化逐渐取代之后，闽南民众有一种强烈的脱蛮意识和心向中原的文化认同心理。其二是闽南经济的外向化。外向化，是指宋元明清时期，闽南沿海民众为了生存，以海为田，依托国际市场，通过进出口贸易发展经济的趋向，即“生计必藉于贩洋”。纵观中国东南沿海，历史上兼有这两个特征的地域，唯有闽南。这从闽南语在全球分布之广泛，可见一斑。本书将其归纳为闽南人的海陆异用。

闽南人能够参与全球海洋贸易和海外移民行动，一定掌握了一套成熟的航海技术和应对风浪的策略，而且行之有效。否则，你很难想象，这些海商和移民仅仅是靠着好运气在波涛汹涌的海洋上往来穿梭。那么，会是一套怎样的应对策略呢？为了一探究竟，我首先申请了福建省社科基金项目，隔了一年，积累了一些资料，也有了新的想法，修改申请书，申请了国家社科基金一般项目《明清时期西北太平洋热带气旋与东南沿海基层社会应对机制研究》(10BZS059)。从此，就将学术关注的重点从历史文化地理学转向海洋地理学，并以热带气旋(Tropical Cyclone, TC)为研究的突破口。

热带气旋的能量，源自于对地球影响最大的天体——太阳。太阳每天以辐射的形式，向地球源源不断的输送能量。太阳辐射对地球的影响十分深远，为地球上一系列的生命活动提供能量。地球上每天接受的太阳辐射基本上是相同的，即每平方米能获得约 1 368 瓦的太阳能。可是由于我们生活的星球是个球体，赤道附近单位面积上获得的太阳辐射，远多于地球的两极。因此，炎热的赤道与酷寒的两极之间存在着巨大的温差。这温差驱动大气和水分在全球范围内不停地运动，即大气循环和洋流运动，从而达到缩小温差，均衡全球气温的目的。通常情况下，当大气环流、洋流运动、热盐环流仍然不足以平衡温差时，更强劲的极向热输送系统即强热带气旋就会随之产生。热带气旋近中心的最大风速达到 17.2—32.6 米 / 秒时，称为台风，大于 32.6 米 / 秒时称为强台风。

热带气旋的形成机制颇为复杂。一般认为，低纬度海水在太阳辐射的作用下，每小时有大量的海水蒸发成水蒸气，升入大气当中。在距离地面约 2 000 米的高空中，水蒸气遇冷，凝结成云，向大气释放出热量。周围的气温也随之上升，受热的大气形成强劲的上升气流，并将云团推至距离地面上万米的高空，随后有些云团会渐渐发展成风暴，并随着地球的自转而旋转起来。当风暴汇聚成巨大的空气涡旋时，热带气旋就会形成，并从赤道向中高纬度移动。

虽然台风会给所到之处造成巨大的损失，但它作为一种自然现象，却是地球生态系统中不可或缺的一部分。当海水表面的温度过高时，台风往往能起到降温的效果。台风可将赤道附近的热量，输送到中高纬度，从而使全球的热量维持平衡。同时，台风还会为所到之地带来丰沛的降水，以福建省为例，降水最强的月份是 6 月和 8 月，前者受梅雨影响，后者则受台风控制。同时，台风过境或登陆，还能缓解福建的高温酷暑，起到降温的作用。

全球约有三分之一的台风发生在西北太平洋。平均每年约有 9 个台风登陆中国，而登陆福建的台风，每年约有 2 个。从台风生成的区域和移动路径来看，形成于西北太平洋菲律宾以东洋面的台风中，西北路径的台风对福建影响最大。而形成于南海东部对福建影响最大的台风，是先向西北方向移动至 20°N 附近，再向东北方向移动的台风。[1]近 115 年（1884—1998 年）的统计证明，厄尔尼诺年的当年与次年，登陆或过境福建的台风偏少。核心原因是厄尔尼诺时期，太平洋西部海水温度偏低，沃克环流异常，不利于台风系统的生成和后期发展。[2]那么，明清时期闽南

[1] 鹿世谨、王岩:《福建气候》，北京：气象出版社，2012 年，页 115—123。

[2] 鹿世谨、王岩:《福建气候》，北京：气象出版社，2012 年，页 35。

台风是在怎样的气候背景下发展变化的呢？

考虑到仅仅以闽南现有的史料复原其明清时期的气候变化，会由于区域太小、数据量有限，难以看出气候变化趋势。因此，本书以福建省为研究的空间范围，对其在小冰期寒冷期的气候和生态变化展开研究，从中亦可以看出闽南气候和生态变化的基本情况。

在明清小冰期的寒冷期，地处中亚热带和南亚热带的福建省，其气候变化的主要特征是频频遭受冷空气的侵袭，寒冬次数增加。降雪、河流冻结和水面结冰的南限向南迁移了 2 个纬距，气温降低约 3.16℃。中亚热带与南亚热带的过渡区，由霞浦至福州之间，南移到福州至莆田之间。三个寒冷期寒冷程度也有差异，其中第二个寒冷期最冷。气候要素的南限在极端年份又向南移动了 1 个纬距。生态变化的主要特征是，中亚热带和南亚热带生态区有向北亚热带和中亚热带生态区演变的趋势。标志性事件有二，一是中亚热带出现了动物被冻死的状况；二是荔枝生态敏感区南移到福州至莆田之间。值得注意的是，在第一和第二个寒冷期，福建局部地区的“陨霜杀禾”和“瑞雪丰年”兼而有之。第三个寒冷期则因霜冻史料缺失，无法讨论。总体而言，受黑潮暖流和武夷山脉的双重影响，福建比同纬度中国其他地区气温要稍高一些，但也是小冰期全球气候变化的一部分。

明清小冰期，尤其是寒冷期，全球气温偏低，东亚夏季风偏弱，整体上不利于台风的生成和发展。同时因赤道附近太平洋西部海水温度的不同，台风生成的数量亦有变化，拉尼娜（La

Niña）年登陆台风的数量，明显多于厄尔尼诺（El Niño）年。[1]

二

自然界中，没有任何一个单一的环境因素对人类生活方式具有决定性的影响。以台风为例，虽然台风对东南沿海乃至中国季风区民众生活的影响显而易见，但也只是诸多环境因素之一。因此，在选择研究框架时，本书放弃了只着眼于单一因素的研究方法，而是将其作为“人海关系”中的一个因素加以分析。所以本书既不是热带气旋的气象气候学研究，也不属于灾害史研究，而是海洋地理学（Marine Geography）研究。在方法上，本书采取了主题式的跨学科研究方法。研究的基本思路是，以热带气旋为纽带，系统地研究海洋海岸带、海峡、外洋岛屿、大洋等不同海区中，人类活动与海洋之间的关系。在具体研究空间上，选取了厦门湾—台湾海峡—台湾岛—太平洋这一纬向剖面，展开个案研究。

前科学时代，与海洋地理学有关的现象和问题跟大陆一样，很早就进入了人类观察的视野。譬如，海洋和陆地之间的关系，战国末期齐国人邹衍“以为儒者所谓中国者，于天下乃八十一分居其一分耳。中国名曰赤县神州。赤县神州内自有九州，禹之序

[1] 梁有叶、张德二：“最近一千年来我国的登陆台风及其与 ENSO 的关系”，《气候变化研究进展》，2007 年，第 3 期。

九州是也，不得为州数。中国外如赤县神州者九，乃所谓九州也。于是有裨海环之，人民禽兽莫能相通者，如一区中者，乃为一州。如此者九，乃有大瀛海环其外，天地之际焉。"[1]在邹衍看来，被小海环绕的州共有九个，中国是其中之一，即赤县神州。在赤县神州所在的九州之外，还有一个更大的九州。它们各自被大海环绕着。因此，类似于赤县神州这样的州，共计有八十一个，都是被海水分隔开。人民与禽兽皆无法往来。这一海陆关系的论述，跟佛教三千大千世界的论述，在思维方式上有相通之处。而对于各个水体之间的关系，人们很早就认识到了百川归海的道理。如《诗经》所云："沔彼流水，朝宗于海。"[2]不仅如此，明代人王逵还认识到了水循环的道理："气因卑而就高，水从高而趋下。水出于高原，气之化也。水归于川泽，气之钟也，以是可见夫阴阳原始反终之义焉。盖气之始，自极卑而至于极高，充塞乎六虚，莫不因卑而就高也。水之始自极高而至于极卑，泛滥乎四海，莫不从高而趋下也。"[3]

在发现万有引力之前，古人虽然不知道潮汐涨落是由月球吸引造成的，却对月亮与潮汐之间的关系了然于胸。正如东汉王充所云："涛之起也，随月盛衰。"[4]明清时期，滨海民众，不仅掌握

[1]《史记》卷七十四"孟子荀卿列传"，北京：中华书局，1959年，页2344。
[2] 陈子展:《诗经直解》卷十八"沔水"，上海：复旦大学出版社，1983年，页611。
[3] 王逵:《蠡海集·地理类》，明刻稗海本，页7b。
[4] 王充:《论衡》卷四"书虚篇"，四部丛刊景通津草堂本，页7a。

了潮汐涨落的准确规律，且利用潮汐出没于海上。如潮入同安县溪之候。康熙《同安县志》有详细的记载："初一初二十六十七，午时。初三初四十八十九，未时。初五初六初七二十廿一廿二，申时。初八廿三，酉时。初九初十廿四廿五，卯时。十一十二廿六廿七，辰时。十三十四廿八廿九，巳时。十五三十，巳未午初。"该书对"海道潮汐"亦有记载："同安滨海，总东西二溪之水，东行五十里而趋于大海，茫茫风樯，瞬息千里，孰料其道里远近哉！然以潮汐验之，亦略可覩。自溪边渡乘，潮退而出，至于白屿五十里。自白屿乘潮东至浯洲五十里，又南至嘉禾五十里，又乘潮至晋江县七十里。由是东西南北则无不之也。日夜潮候，信若符契，凡浙、粤、漳、泉贩舶往来者，莫不待潮而入于溪云。"[1]

准确的导航、航道识别、航速测量和船舶空间定位，是航海者的必备技能。明代漳州府龙溪县人张燮所著《东西洋考》，对此有较为详尽的记载：

> 海门以出，洄沫粘天，奔涛接汉，无复崖埃可寻，村落可志，驿程可计也。长年三老鼓枻扬帆，截流横波，独恃指南针为导引。或单用，或指两间，凭其所向，荡舟以行。如欲度道里远近多少，准一昼夜风利所至为十更。约行几更，可到某处。又沈绳水底，打量某处水深浅几托。（方言谓长

[1] 康熙《同安县志》卷一"舆地志"，抄本，页19b—20a。

如两手分开者为一托。）赖此暗中摸索，可周知某洋岛所在，与某处礁险宜防。或风涛所遭，容多易位；至风净涛落，驾转犹故。循习既久，如走平原，盖目中有成算也。[1]

可见，航向主要用指南针导航，航速则用测更法测量，而水深以及船舶定位，则用重锤法测量。清人李元春对此三种方法在台湾海峡的使用情况，介绍得更为详尽。

海洋行舟，以磁为漏筒，如酒壶状，中实细沙悬之，沙从筒眼渗出，复以一筒承之；上筒沙尽，下筒沙满更换，是为一更。每一日夜共十更，每更舟行可四十余里。而风潮有顺逆，驾驶有迟速，以一人取木片赴船首投海中，即从船首疾行至船尾，木片与人行齐至为准；或人行先木片至，则为不上更；或木片先人行至，则为过更。计所差之尺寸，酌更数之多寡，便知所行远近。所至地方，若有岛屿可望，令望向者（曰"亚班"）登桅远望；如无岛屿可望，则用绵纱为绳，长六七十丈，系铅锤，涂以牛油，坠入海底，粘起泥沙，辨其土色，可知舟至某处。其洋中寄椗候风，亦依此法，倘铅锤粘不起泥沙，非甚深，即石底，不可寄泊矣。

通洋海舶，掌更漏及驶船针路者，为"火长"，一正一

[1] 张燮著，谢方点校:《东西洋考》卷九"舟师考"，北京：中华书局，2000年，页170。

> 副，各有传抄海道秘本，名曰《水镜》。台厦重洋往来之舟，水程颇近，中有澎湖，岛屿相望，不设更漏，但焚香几行为准。针路则以罗盘按定子午，自台抵厦，向乾方而往；自厦抵台，指巽方而来。若由厦北赴江、浙、锦、盖诸州，南抵广、粤、惠、潮各府，沿海傍山，逐日具有埯澳可泊，不用更漏筒。[1]

航行中测向、测速和定位的方法都因海域海况不同，而酌情使用。总体来看，这些方法，都是船舶在旧大陆近岸海道上使用的方法。当时的人们还没有获得横跨大洋的航海知识和方法。

帆船时代，风力是船舶从此岸到达彼岸的动力，也是船舶在海上损坏乃至沉没的罪魁祸首。明清时期，闽南人是中国民众走出国门、参与国际贸易和海外移民的主力。而闽南人的始发港，无疑在厦门湾内。明代，厦门湾内形成了以月港为核心的港口群，清代则形成了以厦门港为核心的港口群。康熙二十二年（1683）台湾内属以后，厦门更是成了两岸对渡的基地。正如周凯所言："盖自台湾入版图，我国家声教所暨，岛夷卉服，悉主悉臣，求朝贡而通市者，史不绝书。厦门处泉漳之交，扼台湾之要，为东南门户，十闽之保障、海疆之要区也。"[2]从厦门湾出去的商人和移民越多，积累的海洋风信知识就越丰富。

---

[1] 李元春:《台湾志略》卷一"地志"，台北：大通书局，1984年，页13—14。

[2] 道光《厦门志》卷首"周凯序"，厦门：鹭江出版社，1996年，页1。

本书研究证明，在前科学时代，中国航海者拥有什么样的风信知识和避风措施，是一个事关航海者能走多远的大问题。尽管明清时期，西方的“三际”理论已经被传教士带到中国，但传统士人的知识系统中，飓风[1]仍是天地之气交逆的结果。屈大均还敏锐地观察到了飓风与太阳辐射之间的关系。古人通过长期的观察，已经基本掌握了飓风活动的各种现象和规律，譬如飓风的分类、飓风预报、天气过程、季节变化、空间分布等。飓风预报的各种现象，几乎都可以用现代气象学来解释，而且大多数符合事实。海上航行避风，涉及的项目不外乎空间、时间、船舶和操舟者四个方面。空间上，明清大部分从厦门湾出发的航线是贴近旧大陆的近岸航线。因此，航海者在航线上每隔一段距离，就会设立一个避风澳，一旦遭遇大风，就能在最短的时间内，入澳避风和樵汲。时间上，主要从一年之内的不同季节和一月之内的暴日分布两个方面着手，选择最佳的出航时间，避开大风天。福船的抗风技术，早在郑和下西洋之后已基本成熟。至清代，政府为了防止民众私自出洋，严格控制船舶的规模和造船技术。可见，操舟者能力如何，既受气象气候学发展水平的制约，也受造船技术水平的羁绊。而此二者发展水平如何，完全取决于操舟者所在国家的政治制度。在一个政府钳制海洋贸易意识和船舶技术的国度，民众是没有机会探索新世界，发现新大陆的。

在西方，地学的重要思想大多是从神学的知识世界中萌芽，

[1] 明清时期的书面语中，大多称气旋类天气为飓风。

并经过“尝试、再试”（佛罗伦萨西芒托学院的校训），最终发展成为一种学说。比如宇宙中心在哪里的问题。神学时代，人们认为宇宙中心是神的居所，对宇宙中心的讨论和研究，是对天神的冒犯，所以被官方禁止。托勒密（Tolomeo，约 90—168 年）将地球置于宇宙的中心，并认为它是静止不动的，是一个完美的，规则的存在。中世纪，托勒密的“地心说”，是支撑天主教教理的基石。14 世纪，人的观念在转变的同时，天主教会分裂出阿维尼翁派和罗马派两大阵营。他们将各自掌握的学者数量，作为双方竞争的指标之一。法国天文学家列维·本·吉尔松（Levi ben Gershom，1288—1344 年）受到阿维尼翁派的支持。因此，他的理论没有受到教会的任何审查和阻碍，得以顺利出版。在吉尔松看来，中世纪流行的宇宙论并非不可更改的规范，而是一套需要靠试验验证的理论。吉尔松的观点为日心说的复兴创造了条件。正是在这样的学术环境下，德国学者尼古拉·古萨诺（Nikolaus von Kues，1401—1464 年）提出，地球在自转的同时围绕太阳公转，而太阳也只是宇宙中成千上万颗星辰中普通的一颗。最终，哥白尼（Mikołaj Kopernik，1473—1543 年）从数学的角度解释了地心说的错误，也证明了日心说无可辩驳的正确性。可见，虽然“日心说”最终会取代“地心说”，但如果没有天主教会的分裂，其时间会更晚。

在前科学时代，当儒家士人所掌握的知识理性与信仰发生冲突时，他们又该如何选择呢？

有一次去陈支平老师办公室办事，看见先生桌上有一本中华书局新点校出版的正德《大明漳州府志》。因之前在做九龙江口三角洲研究时未曾见到，就从陈老师那里借了回来。翻看时发现，南宋时，位于九龙江西溪之上的漳州府城南门桥，因有人将浮桥改为石桥，从而导致这一地区洪灾频发，甚至漂屋杀人，南门桥也被频频冲毁。从地学的角度来看，除非是在建桥的地方建了一座水坝，否则一座石桥很难引发如此严重的水灾。此事蹊跷，得弄个明白。

在重建了明代九龙江洪灾的发生过程后，我发现九龙江的洪水"杀人之祸"是气候、区域地貌、天文大潮、台风风暴潮和水系时空分布等因素耦合的结果，与漳州府城南门桥改建无关。然而，当"本土圣人"，即朱熹的弟子陈淳质疑了南门桥选址的合理性之后，形成于南宋的"南门桥杀人"之说，就被其巨大的影响力所绑架，成为定论，以至明清方志都对其百般回护。就漳州南门桥梁而言，方志文本如此"迷信"陈淳的言论，不愿意深入探究洪水杀人的地学真相，充其量是蒙蔽那些不明真相的读书人而已，不会造成更严重的后果。因为南门桥本非罪魁祸首。然而，一旦这样的"迷信"成为知识分子的主流价值观，会从精神层面扼杀民众追求自然真相的愿望。这与以探索自然真相为目的的现代地学精神完全相悖，也制约了现代地学在传统中国的萌芽和发展。

可见，任何形式的宗教都会阻碍人们追求真理。

径流、潮汐、波浪、风暴潮，不仅一刻不停地改变着河口区进口段的地理景观，导致桥梁被反复冲毁，冲击、海积平原地区洪灾频发，同时也在一刻不停地塑造着河口段的地理景观，堆积出河口三角洲。台风暴雨，河流洪水、风暴潮、天文大潮，一旦在九龙江口“四碰头”，处在九龙江北溪和西溪汇合处下游沿岸的石码和海澄等城镇遭受的洪水灾害比漳州府城更为严重。诸如“海澄等处，民舍悉漂去，溺死者不可胜数”“浮尸蔽江”之类的记载，在明清方志中屡屡出现。那么，明清时期，月港、浦头港所在的九龙江河口段的地理环境，发生了怎样的变化呢？

九龙江口是冰后期海侵所形成的溺谷型河口。明清以来河口环境发生了较大变化，主要表现为河口沙洲广泛发育。1489 年之前就已经存在许茂洲、乌礁洲和紫泥洲。最晚至 1763 年，乌礁洲与紫泥洲已经合并为一洲，从而奠定了九龙江口沙洲与河流“两洲三港”的分布格局。自 1692 年至今，沙洲前界自西向东大约推移了 5 千米，每年平均推移约 19 米，且沙洲推移的速度越来越快。沙洲的发育，抬高了河床，降低了行洪量，加大了洪水期海水淹没范围，使河口两岸和沙洲土壤盐化，地皆斥卤。为了应对这一问题，人们被迫与海争田，如“堰海以田”“引潮洗田”“以海为田”的走私贸易等。民众在与海争田的同时，还“与人争田”，因此引发了许多社会问题。如引发中国东南社会震动的小刀会，就是许茂洲争田引起的。

大河入海的河口区，是地理环境变化最剧烈的区域，海洋与陆地在这里转换，淡水与海水在这里交融，径流和潮流在这里交锋，流入和流出的水流在这里交替。因此，河口是海岸带生态多样性最丰富、人口最密集、经济最发达的地区之一。九龙江口也不例外，是全流域经济最发达的地区，也是遭受台风灾害后，损失最严重的地区。

三

九龙江河口的浦头、石码、海澄和厦门，也是明清时期厦门湾海商和移民的始发港。船舶驶离海岸带便进入了台湾海峡。

受武夷山脉和台湾山脉的影响，台湾海峡是一个夏季风的雨影区、风场的狭管效应区和不同性质洋流的交汇区。这些典型的海峡自然地理特征，在海峡中央的澎湖列岛上表现得尤为突出。

扼守台湾海峡的澎湖列岛，政治地理区位非常重要，但其自然环境恶劣、资源匮乏、风灾频发。自清康熙二十二年（1683）澎湖被纳入清朝版图，清政府为了控制台湾，对这个“孤悬海外”的“化外之地”进行了卓有成效的治理。这一点在清政府对澎湖风灾的勘察、奏报、赈恤和会勘等环节，体现得尤为明显。在清政府治理下的200余年里，澎湖人口增长迅速，没有发生一起叛乱事件，社会稳定，并成为控制台湾的军事基地，有效地制止了海寇对东南沿海的滋扰。无论是长江三角洲、福建沿海，还是珠江三角洲，其社会安定与富庶繁华，无不得益于清政府对大陆外围岛屿的成功经略。

台湾海峡的风浪，不仅是澎湖列岛民众生活中最大的致灾因子，也是清政府经略外洋岛屿的最大障碍。本书从军事地理的角度，对这一问题展开研究。

发生于清乾隆五十一年（1786）的林爽文事件，是台湾岛内属后最大的民变事件。由于台湾人口以泉漳二府及粤东移民为主，两岸声息相通，因此清政府的兵力投送，既要考虑战争前线的台湾，也要兼顾林爽文的家乡——漳州。正如闽浙总督李侍尧调拨军粮时所论："是米在漳、泉，固所以绥靖地方；而米之到台湾，尤足散贼党而省兵力。"[1]为了稳定海峡两岸社会，此次兵力的补给区，涉及东南沿海和长江流域。其中，兵丁主要从福建、广东、浙江、四川、贵州、湖南、湖北和广西征调；饷银主要从福建、广东、浙江和江西支取；军粮主要采买自长江流域的四川、湖北、湖南、江西、江苏以及浙江的杭嘉湖平原。其中内陆省份运粮路线有两条，一是从长江进入鄱阳湖，沿抚河逆流而上，至江西建昌府新城县五福镇，再由旱路至福建省邵武府光泽县水口镇，顺闽江而下，经海路至泉州晋江蚶江港和厦门港；另一是由长江顺流至江苏上海港、浙江乍浦港，再沿近海航线南下至蚶江和厦门。在台湾海峡，则由蚶江—鹿仔港、厦门—台湾府城四个港口对渡。随着战争的发展，兵力补给区域由福建延展至毗连沿海省份，再延展至长江流域，有逐渐扩大的趋势。而空间经济规律制约、交通运力不足、往来文报迟滞，乾隆皇帝个人的好恶，则是影响此次战争兵力投送的主要因素。

以台湾海峡的风浪为例，从全国各地不远千里投送到蚶江

[1]《清宫宫中档奏折台湾史料》第九册，"乾隆五十二年八月初八日，闽浙总督李侍尧奏折"，页380下。

港、厦门港的官兵，几乎没有不守风待渡的。如福康安，从京城接受了乾隆皇帝的密令，一路风尘仆仆，于乾隆五十二年（1787）九月十四日抵达厦门，恰遇飓风频作，连日不止，只好在大担门登舟候风。守风旬日，洋面依然风信频作。十月十一开船，又被风打回。直至十月“十四日，得有顺风，与海兰察同舟放洋。驶行半日，风色又转东北，船户即欲在料罗地方暂泊。臣仍令折戗开行，无如侧帆迎借旁风，往来转折，水道迂回，不能迅速。二十二巳至外海大洋，日暮时大风陡起，不及落帆，水深又不能寄碇，随风折回。至二十三卯刻望见崇武大山，将近泉州惠安县洋面。维时风信愈烈，询据船户佥称，现值暴起，三四日方能平顺。当令收入崇武澳中湾泊，普尔普、舒亮及巴图鲁侍卫等船只后随至。臣遣人赴各船看视，皆因不惯乘舟，又遇风涛倾簸，呕吐不能饮食，间有患病者。臣以现在湾泊候风，并须添带淡水，该侍卫等既多疾病，不必在船坐守，即令登岸稍微歇息，一遇顺风，即可开船。”[1]直至二十八申刻第三次放洋，二十九申刻至鹿港后，又因潮退不能进口，十一月初一清晨才登岸。火速前进的福康安，为渡台湾海峡，就耗时四十八日，比黔兵赶到厦门的用时还要多三日。至于在台湾海峡，因风急浪高，溺毙官兵、沉失粮饷、延误文报等事故，几乎无日无之。

富饶的台湾西部平原，很早就吸引了大量的福建泉州、漳州

[1]《清宫宫中档奏折台湾史料》第九册，“乾隆五十二年十月二十四日，将军福康安奏折”，页664。

和粤东移民。康熙二十二年（1683）台湾内属后，移民的数量更是爆发式增长。清政府为了控制移民规模，想了各种办法。方法之一是严格控制东南沿海民众所建造船舶的尺寸和船型。台湾海峡风大浪急，潮流复杂，正如蓝鼎元所言："台、澎洋面，横载两重，潮流迅急，岛澳丛杂，暗礁浅沙，处处险恶，与内地迥然不同。非二十分熟悉谙练，夫宁易以驾驶哉……不幸而中流风烈，操纵失宜，顷刻间，不在浙之东、广之南，则扶桑天外，一往不可复返。即使收入台港，礁线相迎，不知趋避，冲磕一声，奋飞无翼"。[1] 所以尺寸太小的船舶，根本无法横渡台湾海峡。尽管如此，在短时间内，仍有大量的闽粤民众通过各种手段移民台湾，使两岸一家亲。以至有朝廷官员怀疑，林爽文战争期间，派往台湾剿匪的闽籍官兵，压根不是战死在前线，而是跑到台湾的亲戚家喝茶去了，并通过这种方法实现了平时无法实现的移民夙愿。然而当台湾出现大规模的民变事件，甚至出现割据势头时，两岸声息相通，使海峡西岸变成了台湾战场的一部分。那么，台湾战争时期，清政府该如何控制海峡西岸的社会秩序，防止战争扩大化呢？

研究证明，乾隆朝晚期，海峡两岸政治、经济和文化已逐步走向一体化。因此，当漳州府移民林爽文在台湾举事时，清政府既要在台湾府与林爽文及其部下作战，还要维持漳州府的社会稳

[1] 蓝鼎元：《东征集》卷四"论哨船兵丁换班书"，载氏著，蒋炳钊、王钿点校：《鹿洲全集（下）》，厦门：厦门大学出版社，1995年，页570。

定。为了控制漳州社会，清政府采取了控制漳州天地会组织、补齐漳州粮食市场缺口和提防漳州军人等措施。从打赢外洋战争，防止其殃及漳州和维持国家统一等方面来看，清政府的社会控制无疑是成功的。从社会控制的方法来看，常青、李侍尧、福康安等，都无一例外把漳州府内生息的民众，当作一个无内部差别的乡族团体，即“漳州人”，而没有当作一个个独立的公民。因此在控制漳州社会时，才会不分良莠，广泛怀疑，甚至不惜利用漳州人、泉州人与广府人之间的嫌隙，控制漳州社会。相比之下，乾隆帝对漳州人的态度则以国为家，在打赢外洋战争的同时，还不忘适时地体恤苍生。

浪涌如山的台湾海峡，使清政府经略外洋岛屿困难重重，而包括台湾海峡在内的西北太平洋更是危机四伏。受亚欧大陆和浩瀚太平洋的影响，风向季节性变化显著，强对流天气和台风也不时出没，加之洋流复杂多样。因此，这里是帆船贸易时代世界上最危险的海上航道之一。每年都有为数不少的船舶，在西北太平洋海域遭风漂流或沉没。其中有不少遭风的船舶和漂流民，因风向和洋流的原因，会漂至台湾和附近岛屿。

作为东亚最大的国家，清政府在朝贡时代，对海上遭风船舶和漂流民的救援，与其宗主国的地位非常相称。最彻底的救助对象是肩负着政治使命的贡船和船员，以及护送在中国遭风漂流民回国途中再次遭风漂流的外国船只。救助数量最多的是海上往来频繁的商船。由亚洲大陆与西北太平洋第一岛链围成的海域，即黄海、东海和南海所在的区域，相当于亚洲的地中海。大国与小国，虽然从表面上看，地位并不平等，但本质上并没有形成大国殖民小国的关系，因此，相距遥远的岛国吕宋，才会想方设法要加入这一朝贡体系。西方殖民者的出现，使得东亚传统的地缘政治关系和海上国际救助体系被彻底打破。尤其是英国入侵后，原本是大清国通过海上救助“宣示圣恩，俾该国之人咸知我皇上怀柔怙冒之至意”的区域，转眼间变成了各国相互厮杀的战场。原本被列为“化外之民”的台湾原住民，因他们生存的“化外之地”，有别于清政府建章立制的“教化之区”，而成了西方列强急于趁机掠取的“无主空间”。清政府被迫改变现状，“开山抚番”，以保住外洋岛屿。然而，这一举措固然顺应了国际地缘政治关系的转变，却没法改变自己日趋衰落的国势。最终台湾还是从大清国的手里，被东亚新霸主日本吞并。台湾外国漂流民的政府救助制度的变化，如一面镜子，清楚地反映了清一代东亚海域国际地缘政治的风云变化。

晚清国力衰微，海、陆社会一同失序，民不聊生。为了生存，沿海民众不得不扩大生存半径，跨越占地球面积三分之一的太平洋，前往美洲打工。在一个缺乏祖国法律保护的远洋世界里，海洋风浪对民众的影响更加致命。比如，在太平洋一次海难中遇难的人数就多达 251 人。而朝贡时代，台湾海峡遭风的船舶，遇难人数最多是 5 人。同时，他们历经千辛万苦到达的彼岸世界，也绝非乐土。

19 世纪中叶，海洋是一个权力的“公共地”，沿海地区则是一个典型的“边际地带”。此岸，清政府及其地方代表——士绅，在边际地带的控制力有大有小，从而导致洋人和地方会党在通商口岸的势力各不相同。因此，不同权力之间角逐所造成的民众移民海外的内推力也就有大有小。在公共地海洋上，有限的秩序来自口岸城市权力的辐射。辐射区之外，移民的命运就由海盗、奸商、台风等来决定了。彼岸，又是一个边际地带，不同的是踏上彼岸的中国民众变成了客居者。作为中国公民，国家这把伞，不再为他们遮风挡雨。对这样一个艰难历程，发行于 1853 年 8 月至 1856 年 5 月的《遐迩贯珍》有较为详细的记载。本书把《遐迩贯珍》的每月新闻信息——“近日杂报”连缀成一个空间过程和历史事件，即中国民众的海上生活。中国民众海上生活之所以艰难，原因在于，首先从国家制度来看，海外华人被清政府视为弃民，自然对其无可悯惜。其次，客居华人所采用的基层社会组织——会馆与西方市民法制社会之间产生了严重的制度性冲突。再次，客居的中国民众，因性别比例失衡，不仅自己无法在海外落地生根，还引发了许多社会问题，使华洋之间严重对立。长期存在的西方种族主义和中西宗教差异，进一步激化了华洋之间的冲突。这种隔阂与冲突，最终导致中国民众没有在大洋彼岸获得相应的生存空间和话语权力。

纵观明清时期中国闽南人类与海洋的关系史，可以看出，海洋环境作为人类生活的舞台，随着全球环境的变化，其各个要素，或有程度不等的变化，但不是影响人类行为的主导因素。因为人类对自然的认知和适应能力，即便是在传统时代，也并不弱。与之相对照，人类社会本身，尤其是国家行为，对民众生活的影响，要远大于海洋环境对人类的影响。中国的海疆和西北边疆一样，其社会经济和文化的涨落基本上是随着国家对边疆经略的重视程度，以及国力的盛衰而涨落。明清政府无能且愚蠢的海禁政策，导致海岸带社会几乎完全崩溃；清政府着力经营台湾的时期，促使了澎湖社会经济的繁荣；晚清中国劳工像猪仔一样，失去人身自由，在新大陆打拼生计；清政府眼睁睁看着宝岛台湾被日本吞并，无不彰显了中央政府的“有力”和“无力”。相反，闽南民间的力量，在不同时代，都凭借着自己的智慧和对海洋环境的熟稔，不断地扩大海洋生存空间。从台湾岛，到南洋，再到新、旧金山，无不如此。这种现象，在中国众多滨海民众中，并不多见。

第一章

内向化的文化与外向化的经济

——中国闽南民众的“海陆异用”

一、何谓闽南

从海陆关系的角度而言，倚山滨海的闽南，即厦门、漳州、泉州三市所辖之区，只是众多临海地区之一。不仅在世界上不同大陆和大洋之间，不乏类似的地区；在中国漫长的海岸线上，也几乎无特色可言；即便放在福建，与福州、莆田等沿海地区相比，也看不出多少鲜明的个性。另外，历史上“闽南”一词，既没有作为割据政权的国名出现过，也没有作为行政区划的高层政区、统县政区和县级政区的名称出现过。因此，何谓闽南，其实是一个不大容易定义的概念。理清闽南的地理概念，既要清楚界定它的地理范围，又要说出其有别于相邻地区的特征。

“闽南”一词，才是随着中原文人墨客地理视野的逐步扩大，而被众人所了解的。唐元和十四年（819），因谏阻唐宪宗奉迎佛骨，被贬为潮州刺史的韩愈，为友人张籍的岳父撰《唐故中散大夫少府监胡良公墓神道碑》时说：“使人自京师南走八千里，至闽南两越之界上，请为公铭刻之墓碑于潮州刺史韩愈。”[1]文中将“闽南”与“两越”对举，两越是指今广东广西，则“闽南”肯定不是通常所指的福建南部边界附近的一隅之地，而是一个更广阔的区域。

[1] 韩愈著，刘真伦、岳珍校注：《韩愈文集汇校笺注》卷二十“唐故少府监胡公墓神道碑”，北京：中华书局，2010年，页2150。

唐代的闽南，很可能指代整个福建。这一习惯，至北宋还在延续，并且有确切的文献记载。自号“漳南浪士”的诗人郭祥正，北宋元丰四年（1081）任汀州通判时，题汀州卧龙山诗云：“卧龙胜事堪图画，迥压闽南七八州。”[1]北宋时，福建路下辖八个州，“上四州多溪山之险，谓建、剑、汀、邵；下四州其地坦夷，谓福、泉、漳、莆也。”[2]八闽的称呼即源于此。南宋诗人华岳有诗云：“闽南十月已春回，无限风光暗里催。”[3]华岳所言的闽南，与郭祥正所指应是同一地区。《闽中理学渊源考》载：“赵必炜，宋宗室，家泉州，与傅公定保为友，其文章议论，渊懿浩博，为闽南硕儒。”[4]虽然赵必炜住在泉州，但此处的闽南，同样应该理解为福建，而非今之闽南。

至明代，习惯上依然用闽南指代整个福建。弘治《八闽通志》称今闽东福州人唐泰为“闽南十才子”[5]，即是明证。明代同安人蔡献臣《清白堂稿》亦云：“夫闽南福、兴、泉、漳四郡，其地滨海，其山海多而田地少，故糊口必资于粂粤，而生计必藉于

[1] 郭祥正：《青山集》卷二十四“次韵元舆临汀书事”三首之三，宋刻本，页5b。

[2] 祝穆撰，祝洙增订，施和金点校：《方舆胜览》卷十“福建路”，北京：中华书局，2003年，页164。

[3] 华岳：《翠微南征录》卷十“矮斋杂咏”二十首之十九，四部丛刊三编景旧钞本，上海：商务印书馆，1936年，页169。

[4] 李清馥：《闽中理学渊源考》卷三十六“赵先生必炜”，文渊阁四库全书本，页4b。

[5] 弘治《八闽通志》卷六十二“人物”，弘治刻本，页31a。

贩洋。”[1]谢肇淛《鼓山采茶曲六首》之二诗云：“布谷春山处处闻，雷声二月过春分，闽南气候由来早，采尽灵源一片云。”[2]鼓山在福州，因此，谢肇淛诗中所言之闽南，同样指代福建。明初任漳州通判的王祎，有诗《漳南十咏》，其五云：“可是闽南徼，阳多气候先，麦收正月尽，茶摘上元前，绿笋供春馔，黄蕉入夏筵，南方吾所适，久值亦相便。”[3]称漳州为“闽南徼”，即闽之南部边境。可见，在明代尚无称今厦漳泉地区为闽南的习惯。

活跃于洪武永乐年间的林鸿、高棅、陈亮、王恭、唐泰等十人，被称为“闽南十才子”。明万历四年（1576），徐中行刊刻十人诗集时，命名为《闽中十子诗集》，改闽南为闽中，可见彼时闽南已有被闽中取代的迹象。清乾隆十九年（1754）刊刻的《福州府志》，于《艺文志》中，将《闽中十子诗集》著录为《闽中十才子诗》，并未将闽中改为闽南，一定程度上说明闽南不再习惯上指代整个福建了。光绪《澎湖厅志》卷八载：“今按闽南本无雪，澎则霜露甚稀，与台湾相反，而地皆斥卤。”[4]从气候来看，文中的闽南，与今厦漳泉的气候相同，冬季几乎无雪。可见，此时闽南的空间范围，已由福建一省之地，缩小为泉州府和漳州府

---

[1] 蔡献臣：《清白堂稿》卷十“尺牍·同绅贩洋议答暑府姜节推公”，明崇祯刻本，页64a。

[2] 谢肇淛：《小草斋集》卷二十八“鼓山采茶曲”六首之二，明万历刻本，页12a。

[3] 王祎：《王忠文公集》卷二“临漳杂诗”十首之五，清文津阁四库全书本，页20a。

[4] 光绪《澎湖厅志》卷八“气候·附考”，清光绪十九年抄本，页26a。

两府之地，即便今天是三个地级市所辖之区，但幅员几乎未变。

当下习惯称呼的“闽南”，政区上分属三个地级市，自然区又分属九龙江和晋江流域，经济区受政区的控制，也基本上独立为三个区域。因此，“闽南”一词，是一纯粹的文化区概念，尤其是语言和宗教，在闽南地区内具有高度的一致性。

闽南语作为汉语方言之一，是何人何时将其从汉语分布区传播至闽越，并从古闽语中独立发展为一个次方言的？汉语无疑是随着移民进入福建的，孙吴在晋江口设立东安县，西晋在汀溪口设立同安县。此时，应该有一定数量的汉语人群迁入泉州湾和厦门湾沿岸。永嘉丧乱，晋室南迁，福建不仅不再是首都位于中原时中国的蛮荒海壖之地，还与首善之区建邺同属扬州，其地位上升之快，可谓显著。因此，六朝时吸引了不少移民，据《太平御览》转引《十道志》载：“泉州清源郡，秦汉土地，与长乐同。东晋南渡，衣冠士族，多萃其地，以求安堵，因立晋安郡。”[1]移民奠定了闽南汉语的基础。那么闽南语又是如何从闽语区独立出来的？应该是行政区划的结果。南朝梁时期，割晋安郡置梁安郡，闽东和闽南首次被置于不同的政区，南朝陈时期，改梁安郡为南安郡，但治所都设在晋江口的晋安县。初唐的泉州所辖之区，与今闽南的地域范围几乎完全一致。政区长期稳定，教化一致，以及行政中心语言对辖区语言的垂范，让其内部的语言趋于统一，

---

[1] 李昉、李穆等：《太平御览》卷一百七十“州郡部十六”，北京：中华书局，1960年，页831a。

从而与周边地区分离出来。垂拱二年（686）析泉州南部置漳州，但开发漳州的人口主力，大部分来自泉州，保证了泉漳语言的统一。潮州的闽南语基础，也应该是在唐代奠定的，因为潮州在唐代很长一段时间内，与泉州、漳州同属于江南道。高层政区的统一，有利于移民开发，也加速了闽南语言在空间上的蔓延。唐开元时仅泉州就有五万余户，而隋中叶时全福建才一万五千户左右。安史之乱后，大量移民进入泉州地区，更加剧了闽南语与闽东方言的分异。南宋时的泉州和漳州所辖之区，与今闽南话分布区几乎完全吻合。可见，闽南语的形成，是短时间内大量移民和政区长期稳定双重规整的结果。因此，从人文历史与闽南方言语音、词汇、语法的特点看，闽南方言在汉、魏已现胚胎，到南北朝已经形成，至唐、宋时期走向成熟。[1]这一结论，虽然是基于语言学研究方法得出的，但与基于行政区划和移民的分析结果不谋而合。

中国宗教的诸多类型中，地域分异最为显著的是民间信仰。以当下闽南民间信仰的状况来看，关帝、妈祖和保生大帝是闽南各地共同奉祀的神明，但从历史发展历程来看，真正让闽南与周边地区区别开来的地方信仰神明是保生大帝，即吴真人。“大致说来，驯至明清，福建沿海地区的民间信仰以临水夫人、妈祖及吴真人等三位神明的崇拜最为兴盛，而这三位神明崇拜的重心地域正与沿海的闽东、莆仙、闽南这三个大区域大体相符。这一特

[1] 周长楫：“略说闽南方言：兼说闽南文化”，《闽南文化研究》，2004年，第1期，页642。

征在清代体现得尤为明显。在闽东（含福州府与福宁府），作为保育女神的临水夫人在各郡县皆有庙，且妇人奉祀尤盛。每年正月十五日，已婚妇女纷纷前往各地临水庙，烧香求拜，连无事之家，亦去请香灰装入小袋内供奉。在莆仙（含兴化府），莆田的妈祖宫多达 316 座，仙游亦有 100 多座。尽管妈祖宫庙遍及全省，但是，主祀妈祖的宫庙分布密度如此之高的仅兴化一地。在闽南（含泉漳二府等），泉州府城在明清划分为 36 铺。而清代每铺都有吴真人庙，其余各县亦然。仅厦门一地就有 20 多座庙。漳州的吴真人庙也在 130 座以上。其他神明信仰，不可与之比肩而论。而这些神明信仰的重心也限于所在区域内，一旦跃出该区域，不是分布的密度减少，就是祭祀的地位下降，如妈祖到了闽南，则多为吴真人或其他宫庙的配祀神明。”[1]

以上我们回答了何谓闽南的问题，仅此，还不足以彰显闽南在全国乃至在世界文化地图上的独特性。文化归属趋向和经济道路选择，才是闽南有别于中国沿海其他地区、最为独到的一面。这里姑且将其称为闽南文化的内向化和经济的外向化。

二、闽南历史文化的内向化

所谓闽南文化的内向化，指福建被纳入中原王朝教化之区，

[1] 林拓：《文化的地理过程分析：福建文化的地域性考察》，上海：上海书店出版社，2004 年，页 356—357。

闽越地方文化被中原汉文化逐渐取代之后，闽南民众有一种强烈的脱蛮意识和心向中原的文化认同心理。

从中原王朝地域经略的重要性而言，地处武夷山以东，山海多而田地少的福建，显然无法与南北两侧的长江三角洲和珠江三角洲相比。秦汉魏晋时期，也不是国家重点经略的地方，故闽为东南僻壤。西汉武帝时，在淮南王刘安眼里的福建，仍然是化外蛮夷之地："越，方外之地，劗发文身之民也。不可以冠带之国法度理也。自三代之盛，胡越不与受正朔，非强弗能服，威弗能制也，以为不居之地，不牧之民，不足以烦中国也。"[1]因此，无论是外来移民的后代，还是闽越的原住民，洗掉中原士人加在他们身上的南蛮身份，是福建士人和宗族共同的愿望。

但脱蛮并非轻而易举，唐代福建观察使常衮的经历，颇具代表性。据《闽书》载：

> 衮，京兆人，为中书舍人，文辞赡蔚，誉重一时。相代宗，用人非文词者摈不叙，世谓之鳍伯。再起为福建观察。始，闽人自乐其土，虽有长材秀民，通文书吏事，不肯出仕。衮以文辞有名于时，又作大官，出兴方州，乡郡小民，有能诵书作文辞者，亲与为客主之礼，观游宴飨，必召之偕，莫不矜耀劝化，岁贡士与内县等。[2]

[1]《汉书》卷六十四"严助传"，北京：中华书局，1962 年，页 2777。
[2]《闽书》卷四十二"文莅志"，明崇祯刻本，页 6a。

脱蛮的过程，与地方行政制度的设立和儒学的发展过程相一致。福建地方行政区的设置，尤其是统县政区和县级政区设置，最早是闽江流域，包括闽东和闽北，其次是晋江、九龙江流域的闽南，最后是汀江流域的闽西。

正如前文所言，至南宋时，北方向福建的移民，已基本结束。地方行政区划也完成了最后的拼图，尤其是相当于省一级的高层政区和相当于地级市一级的统县政区，与当下的福建行政区划图基本吻合。可见在区划时，是遵守了山川形便的原则，因此相当稳定。地方行政区的全部覆盖，说明彼时福建已是南宋王朝的教化之区。尽管如此，作为南宋的京畿拱卫区，福建路各地脱蛮的水准还是高低不齐。蛮化是相对于儒化而言的，儒化水平高，则蛮化就低，反之亦然，二者成反比关系。我们不妨以沿海下四州的儒化水平为例，来看福建路各地脱蛮的状况。

自永嘉之后，衣冠趋闽。南宋时福州儒学水平之高，“海滨几及洙、泗”，甚至出现“百里三状元”的盛况。“乾道丙戌，状元萧国梁，居永福之重峰；第二科，己丑状元郑侨，居永福界上之龟岭；第三科，壬辰状元黄定，居永福之龙湫。”[1]因此，东莱吕伯恭《送朱叔赐赴闽中》诗：

---

[1] 祝穆撰，祝洙增订，施和金点校：《方舆胜览》卷十“福州”，北京：中华书局，2003年，页163。

路逢十客九青衿，半是同窗旧弟兄。

最忆市桥灯火静，巷南巷北读书声。[1]

福州以南的莆田，更是了得。“莆蕞尔，介与福、泉之间，市廛户版不能五之一，而秀民特多焉。”“民物繁夥，比屋业儒，号衣冠盛处，至今公卿相望。”[2]因此，莆田“一方文武魁天下，万里英雄入彀中”[3]，有资本跟福州抗衡。

闽南泉州之为郡，“风俗淳厚，名贤生长，民淳讼简，其人乐善，素习诗书。”[4]居闽会之极南的漳州，则风俗迥异。朱熹教化漳州时，为位于九龙江上游的龙岩县学作记时云：“予闻龙岩为县斗僻，介于两越之间，俗故穷陋，其为士者，虽或负聪明朴茂之姿，而莫有开之以圣贤之学，是以自其为县以来，今数百年未闻有以道义功烈显于时者。”[5]因此，“俗故穷陋”，成为祝穆撰写《方舆胜览》时，描述漳州风俗的用语。可见其时，九龙江上游

[1] 祝穆撰，祝洙增订，施和金点校：《方舆胜览》卷十“福州”，北京：中华书局，2003年，页170—171。

[2] 祝穆撰，祝洙增订，施和金点校：《方舆胜览》卷十三“兴化军”，北京：中华书局，2003年，页217。

[3] 祝穆撰，祝洙增订，施和金点校：《方舆胜览》卷十三“兴化军”，北京：中华书局，2003年，页222。

[4] 祝穆撰，祝洙增订，施和金点校：《方舆胜览》卷十二“泉州”，北京：中华书局，2003年，页207。

[5] 祝穆撰，祝洙增订，施和金点校：《方舆胜览》卷十三“漳州”，北京：中华书局，2003年，页223。

的儒化尚未完成。即便有圣人朱子过化，但漳州脱蛮的难度仍然不小，正如觉罗满保为康熙《漳州府志》作序时所说：

> 清漳在唐时属岭南道，其后改徙不常，至明洪武始定属闽省。当宋绍熙间，风气犹薄陋，洎紫阳朱子领郡定法制，兴教化，而风俗稍变，然欲正经界，上丈量之法，而豪右不便其事，多方阻之，紫阳由是去，盖化理亦綦难已。[1]

因此，陈希元《题漳浦县壁》云："蛮烟渔火接鲸波，树树花枝处处歌"[2]，诗联中还有"蛮"的意象，也就不奇怪了。

闽南的脱蛮工作，至明代才彻底完成。其儒学的发展，甚至超越了省会所在的福州地区。"以科举状况而论，闽南进士及第者在正德以后几乎是成倍地增加，可福州地区平均每科仅多出一二人，以致使该地区进士最为密集的闽县，进士人数仅占晋江的3/5，屈居全省诸县的第三位。作为福建乡试第一名的解元情况，更能反映各地区之间实力的对比变化。正德以前福建的44名解元中，福州地区拥有15位，所占比重为35%，而整个闽南地区的泉漳二府仅5位，占总数的11%；正德以后情况发生了根本性的逆转，在46名解元中，福州地区仅5位，约占11%，而闽南仅泉州府就有16位，漳州府则有8位，各约占总数的35%

[1] 康熙《漳州府志》卷首"觉罗满保序"，清康熙十五年刻本，页1b—2a。

[2] 祝穆撰，祝洙增订，施和金点校：《方舆胜览》卷十三"漳州"，北京：中华书局，2003年，页227。

和 17%。待嘉靖年间兴化府衰落之后，隆庆至明亡的 26 名解元中，除 5 人以外，其余全为闽南泉漳二府人士，可谓是独领风骚。”[1]至清代，泉之为郡，闽南一大都会，“人文蔚起，得称海邦邹鲁。”[2]漳州则为“大贤教化之邦，名儒诞育之里。”[3]可谓名副其实。

读书人的最高目标，自然是入朝做官，所谓“学而优则仕”。如果说“南蛮”脱蛮是摆脱“穷陋”之民，那么，举子参加科举考试，习“圣贤之学”，心向中原正统，则是向化的“秀民”。在闽南，心向中原上国，不论官民，其心攸同。魏荔彤、陈元麟等修纂康熙《漳州府志》时说：

> 漳自七闽分据，僻在荒服，千百年无所系属，即无诸启土，叛服靡常，元鼎元封间，移民于江淮，声教几弗届焉。洎玉钤建麾，剪荆榛，驱狐貉，始通上国，风徽渐启，而蚪蘖潜滋，沿革多故，属邑增置，运会日趋于盛矣。[4]

在魏荔彤等看来，与中原上国之间的往来交通，使得僻在荒服，千百年无所系属的漳州才得以文教渐兴，民风为之一变。

---

[1] 林拓：《文化的地理过程分析：福建文化的地域性考察》，上海：上海书店出版社，2004 年，页 144。

[2] 乾隆《泉州府志》卷首“重刻泉州府志序”，清光绪八年补刻本，页 1b—2a。

[3] 光绪《漳州府志》卷四十“古迹”，清光绪三年刻本，页 1a。

[4] 康熙《漳州府志》卷一“建置”，清康熙五十四年刻本，页 1a。

心向中原上国的民间表现，是修族谱时闽南人会将始迁祖的迁出地确定为中原的某一地区。血缘上常常是追溯为皇族的后裔，其次是世家大族之余脉，最次也是中原汉族的子孙。

在闽南跑田野时，经常能看到有人家在门额或楼房的正立面悬一匾额，上书："颍川衍派""颍川世胄""颍水传芳"等，不一而足。这正是闽南陈姓宗族，示其宗姓根源的"丁号"。陈姓丁号之所以与颍川有关，据说他们都是开漳圣王陈元光的后裔，而传说陈元光是颍川人，即河南光州固始县人。唐嗣圣三年，广寇陈谦等连结诸蛮攻潮州，陈政、陈元光父子率领数千府兵进驻漳江与九龙江流域讨平之，请置漳州于泉、潮之间，以抗岭表。漳州因此得以大规模开发。陈元光去世后，后人建庙祭祀，尊其为"开漳圣王"。闽南陈氏之一部分即其后裔。厦门大学历史系的杨际平先生，对现存的五种颍川陈氏族谱详细考证后发现，"陈元光来自光州固始说属于伪托与虚构，不足为据。又据较可靠的历史文献推定，陈元光先世来自河东，落籍岭南，成为漳潮一带本地豪帅。"[1]这种地望和宗亲方面攀附中原的行为，早在宋代，莆田籍学者郑樵就已指出：

> 今闽人称祖者，皆曰光州固始，实由王绪举光、寿二州以附秦宗权，王潮兄弟以固始众从之。后绪与宗权有隙，遂

[1] 杨际平，谢重光："陈元光'光州固始说'证伪：以相关陈氏族谱世系造假为据"，《厦门大学学报》，2015年，第3期，页115。

> 拔二州之众入闽。王审知因其众以定闽中，以桑梓故，独优固始。故闽人至今言氏谱者，皆云固始，其实谬滥云。[1]

其实虚构其祖上来历的闽南宗族，不止是陈姓，也不止是汉人。陈支平先生曾一针见血的指出："宋代特别是南宋时期，是中国南方文化既追溯'中原正统'而又进化自觉的转型时期。民间家族组织的重构与族谱的编撰，成了这一时期南方文化转型的一个重要标志。人们在塑造自己先祖的时候，首先把眼光注视在帝王之胄的王审知兄弟子侄，以及与王氏集团有着某种政治关联的姓氏上面，并且以此来炫耀自己家族的辉煌历史与显赫地位。久而久之，许多家族逐渐忘却了自己真正的祖先，张冠李戴、模糊难辨，最终出现了祖先渊源合流的整体趋势，即许多家族都成了王审知及其部属的后裔。"[2]

谬滥的族谱，全国各地都有。究其原因，在中原内地，乃是注重地望和出身的传统使然。在传统等级社会里，地望和出身，决定了一个人血统的高低贵贱。但在逐渐脱蛮的僻壤出现，又不同于中原内地。其一，足以看出中原上国对闽南民众有巨大的文化吸引力。其二，闽南作为中原汉文化的次生地而不是原生地，

---

[1] 郑樵:《荥阳郑氏家谱序》，（莆田）南湖郑氏家乘，清刻本。转引自陈支平:"从历史向文化的演进：闽台家族溯源与中原意识"，《河北学刊》，2012 年，第 1 期，页 49。

[2] 陈支平:"从历史向文化的演进：闽台家族溯源与中原意识"，《河北学刊》，2012 年，第 1 期，页 49。

其境内的土客之争，始终存在，而身份的塑造，有利于客居者在当地立足，进而身先垂范，教而化之，促进了当地由化外之地向教化之区的快速转变。闽南由蛮荒之地，转变为海滨邹鲁，不能排除这种教化作用的影响。其三，舍修谱行为不谈，单就心向中原上国的国家意识而论，不得不说，这是传统中国从分裂走向统一的文化心理基础。这种家国情怀，其实也是许多远在海外的闽南人回报乡梓的内在动力。

三、闽南经济的外向化

闽南经济的外向化，是指宋元明清时期，闽南人为了生存，以海为田，依托国际市场，通过进出口贸易，来发展经济的趋向，即“生计必藉于贩洋”。乾隆《泉州府志·物产》准确地描述了该经济类型的特点：“泉地斥卤而硗确，资食于海外，资衣于吴越，资器用于交广，物力所出，盖甚微矣。充方物者，唯有荔支，备珍羞者，莫如海错。”[1]位于大樟溪上游的德化，虽然身处深山，但凭借德化白瓷良好的品质，同样可以参与到全球贸易网络中，正如清代德化人郑兼才《窑工》诗所云：

下岭如飞骑，上岭如行蚁。
骈肩集市门，堆积群峰起。

[1] 乾隆《泉州府志》卷十九“物产”，清光绪八年补刻本，页1a。

一朝海舶来，顺流价倍蓰。

不怕生计穷，但愿通潮水。[1]

德化人称瓷器出口贸易为“泥巴换美金”，利润之丰饶，可见一斑。但要完成这一贸易，则需要通潮水，即便利的海洋交通。泉州湾和厦门湾都具备这样的条件。明人萧基为海澄县人张燮撰写的《东西洋考》写《小引》时说：“澄，水国也，农贾杂半，走洋如适市。朝夕之皆海供，酬酢之皆夷产。闾左儿艰声切而惯译通，罢袯畚而善风占，殊足异也。”[2]可见明代厦门湾对外贸易的盛况。

如果说人类起源于东非高原说成立，那么人类迁徙和交通，其时间之久远，联系之紧密，远超出了人们之前的想象。否则不仅无法解释美洲印第安人的来源，更无法解释南太平洋上，那些相互距离遥远的岛屿上，为何史前时期就有人类分布。汉唐时期，旧大陆连接太平洋、印度洋和大西洋的近海航线，已有人员往来，中土和天竺的僧人，便是这条海道上的常客。汉唐时期，控制这一航路的商人是印度人。虽然福建也是这一贸易网络的节点之一，但闽南开发不久，即便参与，其贸易规模也不会很大。不过，汉唐时期，欧亚大陆东西交通受汉唐政治和经济中心的影响，主渠道是陆上丝绸之路，控制这一商路的主体客商是来自中

[1] 民国《德化县志》卷十六“艺文志”，民国二十九年铅印本，页2a。

[2] 张燮：《东西洋考》卷首“小引”，北京：中华书局，2000年，页15。

亚的粟特人。

穆斯林在10世纪后期开始了侵略，用了将近400年，让印度伊斯兰化。在13世纪末至14世纪初，东南亚苏门答腊岛北部的一些港口被印度来的穆斯林占领，15世纪初占领了东南亚的贸易中心马六甲。因此，在此期间，欧亚大陆的近海航线被穆斯林掌控。穆斯林商人的触角也伸至中国。宋元时期，有数万的印度、阿拉伯、波斯穆斯林商人涌向泉州湾沿岸。“泉南地大民众，为七闽一都会，加以蛮夷慕义航海日至，富商大贾宝货聚焉。狱市之繁，非他邦比也。”[1]“泉南佛国天下少，满城香气旃檀绕。缠头赤脚半蕃商，大舶高樯多海宝。”[2]泉州湾成了贸易最为繁忙的港口。当然，厦门湾也参与其中，因为厦门湾大部分地区属于同安县，而同安县隶属于泉州。在中国漫长的海岸线上，泉州之所以成为宋元时期中国对外贸易最繁忙的港口，是有原因的。其一，与杭州、福州、广州等港口相比，泉州不是高层政区的治所，中央对其政治控制相对薄弱，蕃商大批涌入对国家的安全影响也较小。同时距财富之地长江三角洲和珠江三角洲等消费市场不是太远，加之其便捷的海上交通，可谓左右逢源。而向来执中国海外贸易牛耳的广州，因距离首都杭州的水路里程是泉州的两倍而落下风。其二，宋代杭州和宁波港的腹地，受宋金战争影响很大，而泉州则成了南宋的避风港。如南宋绍兴四年（1134），金

[1] 周必大:《文忠集》卷一百九“玉堂类稿九”，清文渊阁四库全书本，页13a。

[2] 曹学佺编:《石仓历代诗选》卷三百六十六“明诗初集·清源洞图为洁上人作”，清文渊阁四库全书本，页36b。

兵南下，宋高宗“乃命六宫自温州泛海往泉州”。[1]其三，元代时，泉州还能维持是中国对外贸易第一大港的原因，一方面是元朝政府对泉州贸易的重视；另一方面，是元兵南下时，泉州几乎没有遭到破坏。而广州则深受其害，作为前朝首善之区的杭州，更是元人重点监管之区。

闽南人加入到穆斯林人掌控的贸易网络之中，足迹不仅遍及东亚、东南亚和南亚，还远至西亚和北非。因此闽南人成了最熟悉印度洋与太平洋航路的中国海商。这不仅为日后大规模的下南洋储备了情报资料，也为明代的走私贸易，训练了队伍。

15世纪末期，西班牙人和葡萄牙人发现，凭借布帆、指南针以及扎实的地理知识，他们的远洋舰船能够到达远方的世界。依托强大的船队，葡萄牙人在16世纪取代了穆斯林，不仅成为旧大陆航路的掌控者，使印度洋成为了葡萄牙人的内湖，也让美洲成为全球贸易网络的一部分。

尽管明、清两朝，因为海盗难靖，不时采取极端措施，“寸板不许下海，寸货不许入番”，实行严厉的海禁和迁海政策，但闽南人参与全球贸易维持生计的生存模式已经形成。既然明着不行，那就暗地里来。因此，走私贸易在厦门湾日渐形成气候。明隆庆元年（1567），政府正式允许人民航海往东西洋贸易。有海外贸易传统的闽南人如鱼得水，以厦门湾的月港为中心，参与到

[1] 李心传:《建炎以来系年要录》卷八十一，绍兴四年戊戌条，北京：中华书局，1988年，页1337。

西班牙人主导的美洲与亚洲之间的大帆船贸易之中。据法国学者索鲁（Pierre Chaunu）研究，1527—1821年间，自美洲银矿采炼得来的白银，大约有三分之一流入中国。著名的经济史学家全汉升说："位于中国、美洲之间的菲律宾，随着西班牙大帆船与中国商船航运的发达，成为西属美洲与明代中国交通的枢纽，把太平洋东西两岸银价极度悬殊的两个地区密切联系起来。"[1]据周振鹤先生研究，"菲律宾最大的岛称为吕宋，从很早的时候起，中国的福建漳泉地区就有与该地进行贸易活动的记录，但一直要到1565年，西班牙入侵菲律宾以后，这种贸易才迅速演变成为大规模的活动，并引起了吕宋马尼拉华人社区的形成。"[2]可见，跨太平洋大帆船贸易的华人主力是闽南人。可以毫不夸张的说，闽南人是中国东南沿海地区，大航海时代参与全球贸易最深入的地域人群之一。

论历史上中国对外贸易的重要性，闽南显然无法与珠三角、长三角地区抗衡，甚至闽南对外贸易的鼎盛期，也是因广州、杭州等地受战争、政治等因素的影响短暂衰落而获得的。但是，闽南人通过参与全球贸易网络，不仅把中国的瓷器、丝绸、茶叶，销往旧大陆和新大陆，还把自己的子孙带到南洋和新大陆，单单海外说闽南话的华人就6 000多万人，其分布地域之广，远远超出了其他汉语方言的分布范围。这正是闽南人参与全球化的独到

[1] 全汉昇:《中国近代经济史论丛》，北京：中华书局，2011年，页4。
[2] 周振鹤:"晚明时期中国漳泉地区对吕宋的移民"，《南国学术》，2017年，第2期，页401。

之处。

明清时期，深度参与全球化的闽南人，在将中华文化传播至全球重要商埠的同时，也将世界优秀文化带进闽南的山海之间和中华大地。以红薯传入为例，崇祯《海澄县志》载："甘薯，俗名番薯，以其种子东番携来也。"[1]红薯从吕宋传入，解决了很多岛屿、沿海及黄泛区沙地民众的吃饭问题。清代闽南人将红薯干称为"薯米"，其重要性可见一斑。所以世界三大宗教和地方信仰能在闽南各地和谐相处，正是闽南人兼容并包的海洋文化使然。

四、小结

闽南是影响深远的中国文化地理区域之一，然而何谓闽南，却鲜有清晰的概念界定和特征诠释。其实，从唐宋至明清，"闽南"一词，是福建省的代名词，直至晚清才作为泉漳两府的文化地理名称被广泛使用。介于海陆之间的闽南，有别于其他文化地理区域的显著特征有二，其一是闽南历史文化的内向化。所谓文化的内向化，指闽越之地被纳入中原王朝教化之区，闽越原住民文化被中原汉文化逐渐取代之后，闽南民众有一种强烈的脱蛮意识和心向中原的文化认同心理。其二是闽南经济的外向化。外向化，是指宋元明清时期，闽南人为了生存，以海为田，依托国际

[1] 崇祯《海澄县志》卷十一"风土志·物产"，明崇祯六年刻本，页 20a。

市场，通过进出口贸易来发展经济的趋向，即“生计必藉于贩洋”。纵观中国东南沿海，历史上兼有这两个特征的地域人群，在中国众多滨海民众中并不多见。故将闽南文化地理的特征概括为“海陆异用”应该是恰当的。

第二章

小冰期福建省寒冷期的气候与生态变化

一、从诏安县霜雪记录看
福建历史气候数据存在的问题与修正

漳州市诏安县，地处福建省最南部，靠近北回归线。“县西北连山，东南据海。炎毒郁蒸，卑湿壅閟。春夏晨夕雾昏，咫尺莫辨。暑多寒少，有霜无雪，其在深山中多雨。树叶长青，桃李冬花，谷二登，蚕五熟，小民无褐可以卒岁”。[1]然而，明崇祯九年（1636）十一月，诏安县却遭受了一次严重的冻害。刊于清康熙五十四年（1715）的《漳州府志·灾祥》载：“十一月，大雨雪，积冰厚一尺，牛羊草木多冻死。”[2]成书于清康熙三十年（1691）的《诏安县志·灾异》亦载：“是年十一月，大雨霜，深满尺，牛羊草木多冻死。”[3]按说很少发生霜雪冻害的诏安县，突然出现如此严重的灾情，当地应该记载得很清楚才是。因为在传统中国，自然灾害还有昭示地方官员清廉与否的作用。然而对比两条材料，不难发现其中有几个明显的疑点。

疑点之一，诏安县的这次天气过程，是陨霜还是降雪？有学者据《漳州府志》的记载，称“这是福建大雪降到最南端的记录。”[4]但《诏安县志》却言是“雨霜”。按常理，霜的水汽源于

[1] 康熙《诏安县志》卷二“天文·风气”，清同治十三年刻本，页4a。

[2] 康熙《漳州府志》卷三十三“灾祥”，清康熙五十四年刻本，页11b。

[3] 康熙《诏安县志》卷二“天文·灾异”，清同治十三年刻本，页13a。

[4] 福建省气象局、福建省农业区划委员会办公室编：《福建农业气候资源与区划》，福州：福建科学技术出版社，1990年，页94。

近地面逆温层有限的水分，所以霜落在地上是绝不可能有一尺厚的。然而，从文献学的角度来看，成书更早的康熙《诏安县志》所记当然更可信。不仅如此，县志记载的内容并非清人采写，而是据“旧志载”。因顺治朝没修志，故此旧志只能是明代的方志，这进一步增加了其记载的可信度。可是康熙《诏安县志·天文》的卷首语，却对旧志的“大雨霜”的说法，持否定态度：

所异者，旧志载，前朝崇祯九年十一月，大雨霜，深满尺，牛羊草太多冻死。夫深至满尺，雪也，非霜也。诏人未常见雪，因共认以为霜耳。余莅诏之明年，冬雪飘数点，十围茂树，越岁犹枯，可见，囿于气候之偏即莫支。夫雪霜之至，草木犹然，人可知已。[1]

显然方志的编撰者是注意到了，下霜是不可能厚达一尺的，故认为是诏安人没怎么见过下雪的场景，误将“雪”认成了“霜”。可是不知道是撰者粗心，还是不同编撰者的观点不一致，在该书同卷崇祯“九年六月十三日，太白昼见”的按语中，却出现了与卷首语相左的立场。

是年十一月，大雨霜，深满尺，牛羊草木多冻死。按《埤雅》：“霜霰，阴刚之微也。”霜集而后水坚。漳邑土气倍

[1] 康熙《诏安县志》卷二“天文·风气”，清同治十三年刻本，页3b—4a。

> 热，王忠文《清漳十咏》有“地偏冬少雪”之句。虽隆寒未尝结为霜者，至是始见人家取冰剖划作器具，或为峰峦，明润丰棱，甚觉可爱，而牛羊六畜多冻死，深山树木，悉为霜气所压，经春犹悴。自闽中而下至于诏安，无不皆然，亦气候之一变也。[1]

作者认定是陨霜而不是降雪，但文中对“深满尺”所指，却不甚明了。按“大雨霜，深满尺”理解，似乎是霜的厚度，其后文章却围绕着冰展开，似乎“深满尺”又指水面结冰的厚度。

显然仅据福建的史料，是无法判断孰是孰非的。好在一次大尺度天气系统的发展过程中，相邻地区也会不同程度地被波及。果不其然，与诏安县毗邻的广东潮州府，所辖惠来和揭阳二县有类似的记载。清雍正《惠来县志·灾祥》载：

> 十二月陨霜。炎荒从来罕见霜雪，此月十六日，水面坚凝，厚四五寸，连陨三日，草木禽鱼，冻死无数。[2]

又清雍正《揭阳县志·祥异》载：

> 十月冰厚盈寸。按揭邑自古少冰，至是坚厚盈寸，为次

[1] 康熙《诏安县志》卷二“天文·灾异”，清同治十三年刻本，页 13a。
[2] 雍正《惠来县志》卷十二“灾祥”，民国十九年重印本，页 5a。

年丰登之兆。[1]

对比三地的记载，显然惠来县的记载更符合逻辑。也就是说，崇祯九年发生在闽粤边境地区的冷害，是霜冻而不是降雪。此次霜冻最严重的地方是诏安，水面结冰厚达一尺，惠来县是四五寸，揭阳县一寸多。

疑点之二，此次霜冻究竟发生在崇祯九年（1636）的几月几日？首先可以确定是，处于南亚热带的漳州和潮州之间的狭小区域，一年经历两三次严重寒潮天气的可能性极小。因此，这次霜冻应该是同一次寒潮天气。那么十月、十一月和十二月哪个时间更有可能？显然是十二月的可能性最大。受武夷山脉对北方寒流和冷空气的阻挡，南亚热带北界在粤东和福建向北凸出约 2 个纬距，每年的十月和十一月，在 23°N—24°N 之间，尚未入冬。其次，漳州沿海现代霜期为阳历的一月上旬至一月中旬，因此，农历十、十一月出现重霜冻和冰厚尺余天气的可能性极小。另外，康熙《诏安县志·天文》言及此次霜冷害范围时说："自闽中而下至于诏安，无不皆然。"而崇祯九年冬十二月，连江"大霜，荔支、龙眼树多枯"[2]，恰好印证了这一点。故此次霜冻的日期应该是崇祯九年（1636）十二月的十六日、十七日和十八日，共计三天。"冰冻三尺非一日之寒"，长时间的寒潮霜冻天气才可能导致

[1] 雍正《揭阳县志》卷四"气候·祥异"，清雍正九年刻本，页 4b。
[2] 民国《连江县志》卷三"明大事记"，民国十六年铅印本，页 44b。

水面结冰厚达一尺。

疑点之三，处在南亚热带和热带之间的诏安会下雪吗？此事涉及古人对降雪南界的认知问题。古人认为南岭是中国降雪的最南界限。宋人范成大《桂海虞衡志·杂志》载："南州多无雪霜，草木皆不改柯易叶，独桂林岁岁得雪，或腊中三白，然终不及北州之多。灵川、兴安之间，两山蹲踞，中容一马，谓之严关。朔雪至关辄止，大盛则度送至桂林城下，不复南矣。"[1]桂林处在南岭之越城岭和都庞岭间。湘江、漓江和灵渠构成的水运系统不仅是湘粤的交通运输通道，河谷地带还是北方冷空气南下的通道，因此桂林是南岭之南最易降雪和陨霜的地方，夏季也较岭南凉爽宜人。杜甫《寄杨五桂州谭》："五岭皆炎热，宜人独桂林。梅花万里外，雪片一冬深。"[2]即此之谓也。

诏安（23°43′N）在桂林（25°27′N）南 1.73 个纬距之处，按传统说法，是不该有降雪陨霜的，至清代仍有人持此观点：

> 今以舆地按之，诏与桂林相隔东西，而诏又稍南，此诏所以无雪也。虽复岭重山，亦无毒瘴，即秋阳夏火，不至极炎，其宜人也，不异桂林。[3]

---

[1] 范成大：《桂海虞衡志·杂志》，明刻本，页 1a。

[2] 杜甫著，仇兆鳌注：《杜诗详注》卷九"寄杨五桂州谭"，北京：中华书局，1979 年，页 779。

[3] 康熙《诏安县志》卷二"天文·风气"，清同治十三年刻本，页 3b—4a。

通常，诏安很少降雪。但诏安人因没见过雪而错将雪误认为霜，显然是靠不住的说法。万历《漳州府志》论及漳州府的气候时就明言："龙岩、漳平，山益高，地益峻，风气特异。八九月，侵晨作雾，咫尺莫辨。冬霜雪厚，水面结冰，童子可渡。"[1]诏安大多数人没见过中国北方下雪，情有可原，但说老少都没见过同在一府的龙岩和漳平下雪，则很令人怀疑。事实也证明，这一说法是后人的猜测，与事实不符。

现代中国降雪的南限在24°N一线[2]，即南岭的南缘。而诏安县位于23°43′N，显然诏安县是会降雪的，此乃康熙《诏安县志》的编纂者亲眼所见。但是，福建省沿海降雪的南限并不在24°N，而是在26°N一线。即通常情况下，诏安是很少降雪陨霜的。那么靠近北回归线的诏安降雪陨霜又意味着什么？明清时期其降雪陨霜的频率如何？诏安乃至整个福建的降雪陨霜与全球气候变化有何关系？这正是本书拟解决的问题之一。

另外，搞清楚是陨霜还是降雪有什么意义？首先，亚热带的霜雪记录是恢复历史气候变化的基础数据。如果对史料不加考证，尽信书会导致基础数据错误。那么，所得出的历史气候变化规律，自然是不可信的，更谈不上以此研究成果为基础，预测未来气候变化。其次，霜和雪对亚热带地区的生态影响相差甚远。正如下文研究所证明的，福建降雪，在一些区域往往与"岁

[1] 万历《漳州府志》卷一"舆地志·气候"，明万历元年刻本，页8b。
[2] 盛承禹等:《中国气候总论》，北京：科学出版社，1986年，页323。

大熟”相对应；而陨霜则不然，小则亚热带果树被冻死，大则草木禽鱼，冻死无数，甚至引发饥荒。因此，考证清楚每一次寒冻天气的气候类型，是研究不同区域气候变化与生态响应机制的基础。在小冰期的寒冷期，福建的生态是如何变化的，则是本书拟解决的另一个问题。

二、小冰期寒冷期的气候与生态变化

变化是地理环境的常态，突变和渐变兼而有之。第四纪全球气候变化的最主要特征是冰期与间冰期旋回。末次冰期冰盛期是距今最近的极寒冷时期。全球陆地约有 24% 的面积被冰雪覆盖，而现代仅为 11%[1]，海平面降低了 130 米。[2] 台湾山脉有冰川发育，台湾海峡变为陆地。距今一万年开始延续至今，是地球上最新的一个间冰期。海平面快速上升，距今六千年前后已接近现代高度。间冰期气候也并非始终温暖，而是存在寒冷期与温暖期交替的现象，如近 5 000 年以来，中国就经历了四个寒冷期和四个温暖期。[3] 明清时期恰好处在中世纪温暖期与近代温暖期之间，

[1] 王绍武，闻新宇：“末次冰期冰盛期”，《气候变化研究进展》，2011 年，第 5 期，页 381—382。

[2] Thebaud, N., Rey, P. F., Archean gravity–driven tectonics on hot and flooded continents: Controls on long-lived mineralised hydrothermal systems away from continental margins. *Precambrian Research*, 2013, 229: 93–104.

[3] 竺可桢：“中国近五千来气候变迁的初步研究”，《中国科学》，1973 年，第 2 期，页 168—189。

是距今最近的一个寒冷期，即小冰期（Little Ice Age）。国内亦称其为明清小冰期（1400—1900年）。小冰期的气候同样存在着明显的冷暖波动现象。

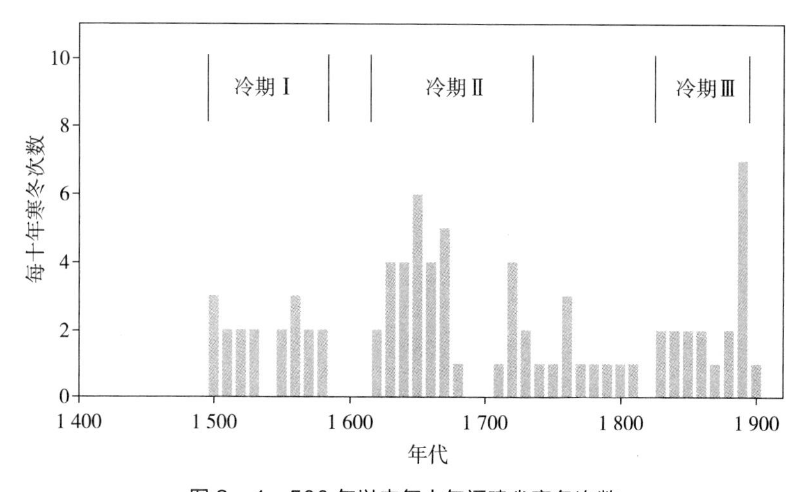

图2—1　500年以来每十年福建省寒冬次数

地处中亚热带和南亚热带的福建，气候温暖。衡量气候冷暖变化的主要指标是寒冬出现的频率。所谓寒冬，张丕远采用“华南热带近海面降雪”[1]来确定。李平日的观点与其相似，并在此基础上定义了寒冷期：“频繁的降雪，可视作此地气候冷期”。[2]考虑到福建南亚热带的严重霜冻天气，比降雪天气的寒冷程度有

[1] 张丕远、龚高法：“十六世纪以来中国气候变化的若干特征”，《地理学报》，1979年，第3期，页238。

[2] 李平日、曾昭璇：“珠江三角洲五百年来的气候与环境变化”，《第四纪研究》，1998年，第1期，页65。

过之而无不及。因此，本书以福建降雪和陨霜频繁的时段作为福建小冰期的寒冷期。

依据寒冬出现的频率，即每十年内出现不少于两次寒冬，可以将小冰期期间的福建气候划分为三个寒冷期（见图 2—1)：1500 年至 1580 年为第一个寒冷期；1620 年至 1730 年为第二个寒冷期；1830 年至 1900 年为第三个寒冷期。小冰期的寒冷期与温暖期相比较，是亚热带地区气候和生态变化较大的时期，且每个寒冷期的情况又有所不同。有关福建小冰期气候的分期与周期规律，已有不少学者依据不同的统计指标，取得不少成果，如张德二[1]、李玉林[2]、郑斯中[3]、李平日[4]、郑景云[5]、丁玲玲[6]等人的研究。本书则在详细考证每一条寒冬史料的基础上，探讨小冰期福建的寒冷期中亚热带与南亚热带气候的区域特征与生态变化，进而揭示被统计数据所掩盖的一些重要现象。

[1] Zhang De'er., Winter temperature changes during the last 500 years in South China. *Chinese Science Bulletin*, 1980, 25 (6): 497-500.

[2] 李玉林："福建省近八百年气候变迁初探"，《福建热作科技》，1981 年，第 1 期。

[3] 郑斯中："广东小冰期的气候及其影响"，《科学通报》，1982 年，第 5 期。

[4] 李平日、谭惠忠、侯的平："2000 年来华南沿海气候与环境变化"，《第四纪研究》，1997 年，第 1 期。

[5] 郑景云，刘洋，郝志新等："过去 500 年华南地区冷暖变化记录及其对冬季温度变化的定量指示意义"，《第四纪研究》，2016 年，第 3 期。

[6] 丁玲玲、郑景云："过去 300 年华南地区冷冬指数序列的重建与特征"，《地理研究》，2017 年，第 6 期。

（一）第一个寒冷期（1500—1580年）的气候与生态

明弘治十四年（1501），南亚热带沿海的莆田水面结冰，是小冰期第一个寒冷期开始的标志，也是南亚热带水面结冰的南限，其冬“隆寒，水结冰，厚半寸”。[1]河流冻结的天气比水面结冰的天气更为寒冷。中亚热带河流冻结主要发生在泰宁和将乐。明嘉靖十一年（1532），泰宁县“十一月，雪冻长溪。”[2]该县城海拔284米。嘉靖四十二年（1563），比泰宁海拔更低，只有202米，且位置稍南的将乐，“冬，淫雨三日，溪冻不流”。[3]闽西北高海拔山区，特别是武夷山脉的隘口地带，是福建年均寒潮发生次数最多的地区。可将其分为两个亚区：一是金溪流域的建宁、泰宁、将乐和明溪；二是富屯溪流域的光泽、邵武等地。第一个寒冷期河流冻结的区域，主要分布于金溪流域。

此期南亚热带降雪最南界限是漳州平和县。明嘉靖十一年（1532）十一月，平和“雨雪尺余”[4]，该县位于南亚热带的南部边缘。明清时期，平和县治九峰镇，海拔290米。同安县是南亚热带沿海降雪的最南界限，嘉靖“十一年春，始雨雪。同安地温无雪，故老皆以为瑞”[5]，该县城海拔20米左右。一年之中降雪

---

[1] 乾隆《莆田县志》卷三十四“祥异”，清光绪五年补刊本，民国十五年重印本，页5b。

[2] 乾隆《泰宁县志》卷十“稽古志·祥异”，抄本，页8b。

[3] 万历《将乐县志》卷十二“灾祥”，明万历十三年刻本，页7a。

[4] 康熙《平和县志》卷十二“杂览志·灾祥”，清光绪十五年重刊本，页9a。

[5] 康熙《同安县志》卷十“祥异志”，抄本，页2a。

开始最早的时间是十一月，即嘉靖十一年（1532）的平和县；最晚的时间是嘉靖四十四年（1565）十二月初六日，泉州“大雪，山村雪厚至三四尺，四五日方消，郡从前少雪，人以为异”。[1] 中亚热带一年之中，降雪最早开始的时间是嘉靖四十四年（1565）的十月，龙岩“大雪，平地尺余”。[2] 最晚结束的是万历六年（1578）的五月初八日，“柘洋大雪”。[3] 柘洋即今宁德市柘荣县，该县平均海拔 600 米，境内最高峰太姥山海拔 1480 米，气候垂直变化大，是福建春季寒潮发生频率最高的县市之一。[4] 降雪范围最大的是嘉靖十一年（1532）十一月的大雪，主要分布于福州—莆田—泉州—龙岩—平和一线。每十年降雪的频率，南亚热带为 0.63 次，中亚热带为 1 次，福建全境为 1.63 次。

在此寒冷期一年之内，陨霜最早是九月初二，即嘉靖九年（1530）宁化“陨霜杀禾，是年饥”[5]；结束最晚的月份是十二月，即正德四年（1509）发生在连江的霜冻。从地区分布上来看，南亚热带 80 年间只记载了 1 次霜冻，而中亚热带出现了 6 次。霜冻最频繁的县是将乐县，有 3 次。范围最广的霜冻，发生在嘉靖十一年九月，闽北的邵武、泰宁、将乐和闽东的宁德都出现了严

[1] 万历《泉州府志》卷二十四“杂志・祥异类”，明万历四十年刻本，页 14b。
[2] 道光《龙岩州志》卷二十“杂记・灾祥”，清光绪十六年重刊本，页 2b。
[3] 万历《福宁州志》卷十六“时事”，明万历四十四年刻本，页 19b。
[4] 林新彬、刘爱鸣等:《福建省天气预报技术手册》，北京：气象出版社，2013 年，页 145。
[5] 康熙《宁化县志》卷七“灾异”，清同治八年重刊本，页 47a。

重的霜冻。从空间上看，南亚热带南部，虽然莆田有荔枝冻枯的情况，但无陨霜记载。北部也只有一次，发生在长乐，正德十四年（1519）“春霖雨霜雪，六十余日”。[1]

霜雪冷害，对亚热带水果荔枝的影响最大，因为荔枝畏寒，其冻害的临界温度仅为 −2℃。幼枝尤其敏感，即便在福州，冬季也要防寒。“初种畏寒，方五六年，深冬覆之，以护霜霰。”[2]北宋仙游人蔡襄撰于嘉佑四年（1059）的《荔枝谱》言及福建荔枝的地理分布时说：“闽中唯四郡有之，福州最多，而兴化军最为奇特，泉漳时亦知名。”[3]可见北宋时福建路沿海的下四州皆有荔枝分布。“福州种殖最多，延贮原野，洪塘水西，尤其盛处，一家之有，至于万株。”荔枝种植业如此发达，首先是受荔枝对外贸易刺激。“初着花时，商人计林断之以立券，若后丰寡，商人知之，不计美恶，悉为红盐者，水浮陆转，以入京师，外至北戎西夏，其东南舟行新罗、日本、流求、大食之属，莫不爱好，重利以酬之，故商人贩益广，而乡人种益多，一岁之出，不知几千万亿，而乡人得饫食者，盖鲜以其断林鬻之也。品目至众，唯江家绿为州之第一。”[4]其次，北宋中期，恰好处于中世纪暖期，这为荔枝生长提供了温暖适宜的气候环境。尽管处在温暖期，霜雪冷害偶尔也会来访。北宋彭乘《墨客挥犀》云：

---

[1] 崇祯《长乐县志》卷九“灾祥”，明崇祯十四年刻本，页 5b。

[2] 蔡襄：《荔枝谱·第五》，宋百川学海本，页 3b。

[3] 蔡襄：《荔枝谱·第一》，宋百川学海本，页 1b。

[4] 蔡襄：《荔枝谱·第三》，宋百川学海本，页 2b—3a。

岭南无雪，闽中无雪，建、剑、汀、邵四州有之。故北人嘲云："南人不识雪，向道似杨花。"然南方杨柳实无花，是南人非止不识雪，兼亦不识杨花也。大观庚寅季冬二十二日，余时在长乐，雨雪数寸，遍山皆白。土人莫不相顾惊叹，盖未尝见也。余是日召友人吴述正同赏，时南轩梅一枝盛开，述正笑曰："如此景致，亦恐北人所未识。"是岁，荔枝木皆冻死，遍山连野，弥望尽成枯枿。至后年春，始于旧根株渐抽芽蘖，又数年始复繁盛。谱云：荔枝木坚理难老，至今有三百岁者，生结不息。今去君谟殁又五十年矣，是三百五十年间未有此寒也。[1]

可见，荔枝即便遭受极寒年份的冷害，也不会绝迹。进入常年，仍能够凭借未冻死的根系复生。

南宋时荔枝分布北限是长溪县（治今霞浦岭尾庵）。梁克家成书于淳熙九年（1182）的《三山志》记载了福州以北荔枝的分布状况。"荔支，州北自长溪、宁德、罗源至连江北境，西自古田、闽清皆不可种，以其性畏高寒。连江之南，虽有殖者，其成熟已差晚半月。直过北岭，官舍民庐及僧道所居，至连山接谷，始大蕃盛。"福州荔枝在南宋时也难免霜雪冻害，"大观庚寅冬，大霜，木皆冻死，经一二年始于旧根复生。淳熙戊戌冬大雪，亦

[1] 彭乘：《墨客挥犀》卷六"岭南无雪"，北京：中华书局，2002年，页351。

多枯折，常时霜雪寡薄。温厚之气盛于东南，故闽中所产。比巴蜀、南海尤为殊绝。蔡公襄谱之，其于果品卓然第一，非虚证也。”[1]显然《三山志》的作者是读过《墨客挥犀》的，却误将雪写为霜。遭受如此严重的霜冻，北限长溪的荔枝分布情况又如何？南宋长溪人谢翱《故园秋日曲》之一云：“空门久闭无人住，城乌应入巢其树。食尽满园绿荔枝，引雏飞去人始知。”[2]可见彼时霞浦荔枝是能成园的。宋代为了实现荔枝长途贸易，用“红盐法”保鲜。所谓“红盐法”，据《荔枝谱》云：“红盐之法，民间以盐梅卤浸佛桑花为红浆，投荔枝渍之，曝干色红而甘酸，可三四年不虫，修贡与商人皆便之，然绝无正味。”[3]《故园秋日曲》之二对“红盐”的记述：“茅茨竹外烟久青，莎鸡啁哳向田鸣。家家红盐殷新杵，绿树裹创子如雨。”[4]足见南宋时今宁德市霞浦县的荔枝数量不少。

福州北岭以北至霞浦涵江一带沿海，是福建荔枝分布的生态敏感区。霞浦的荔枝主要分布在背风向阳的海湾低地，如南乡涵江一带，且多晚熟品种。明代宁德的荔枝“名品俱出天成，虽以其核种之，终与其本不类，百果中推第一。然产于宁者，不及兴泉远甚。”[5]明正德四年之前，宁德荔枝，“海滨颇多”[6]，尤其在

[1] 淳熙《三山志》卷四十一“土俗·果实”，文渊阁四库全书本，页4b—5a。
[2] 民国《霞浦县志》卷二十五“艺文”，民国十八年铅印本，页44b。
[3] 蔡襄:《荔枝谱·第六》，宋百川学海本，页4a。
[4] 民国《霞浦县志》卷二十五“艺文”，页44b。
[5] 乾隆《宁德县志》卷一“物产·果属”，清乾隆四十六年刻本，页12a。
[6] 嘉靖《宁德县志》卷一“土产·果类”，明嘉靖刻本，页18a。

三都、六都和七都。三都黄湾的八景之一，便是“荔林晓露”。“里多荔枝树，每熟，着露丹，锦满林。林泰诗：‘海上炎蒸似探汤，绿阴清处晓风凉。累累万颗丹盈树，幻出人间锦绣乡。’”[1]

随着小冰期第一个寒冷期的到来，黄湾的荔枝遭受严重的霜冻冷害。正德四年（1509）“十月望日，大霜连日，三都、六七都荔枝、龙眼树大数围者，皆冻死，自是二果遂少。”[2]同年十二月，福州连江县“大霜，龙眼、荔枝树尽枯。”[3]嘉靖十一年（1532），福建大雪，福州出现了“越犬吠雪”现象，“大雨雪，里巷中群犬惊吠，是岁闽果不实。”[4]其实，宁德和福州荔枝遭灾之前，即弘治十四年（1501），莆田就因为“其冬隆寒，水结冰，厚半寸，荔枝冻枯。”[5]这是此期荔枝树冻死的南限。荔枝冻伤的南限则是同安县，而且是春天。嘉靖十一年（1532）“春，始雨雪。同安地温，无雪。故老皆以为瑞，次年大熟，惟荔枝、龙眼枝叶焦然，乃知此果宜温。”[6]可知树叶被冻枯萎，但荔枝树并未被冻死。

与荔枝冻死的空间分布态势不同，动物被冻死主要集中在中亚热带。闽北发生了三次，泰宁一次，嘉靖十一年（1532）十一

[1] 嘉靖《宁德县志》卷四“景物”，明嘉靖刻本，页24b。
[2] 乾隆《宁德县志》卷十“祥异”，清乾隆四十六年刻本，页6b。
[3] 嘉庆《连江县志》卷二“杂事·灾异”，嘉庆十年刻本，页40a。
[4] 万历《福州府志》卷三十三“时事”，明万历二十四年刻本，页9a。
[5] 乾隆《莆田县志》卷三十四“祥异”，清光绪五年补刊本，页5b。
[6] 康熙《同安县志》卷十“祥异志”，抄本，页2a。

月，“雪冻长溪，鱼不能泳”。[1]将乐两次，嘉靖十二年(1533)“大雨严雪，鱼鸟僵死。”[2]“嘉靖四十二年（1563）冬，淫雨三日，溪冻不流，鱼僵死”。[3]闽东福安发生了一次，“正德十六年（1521）元旦，雨雪三日，平地积三尺，数日始消，高崖阴谷，浃月不消，草枯兽死”。[4]无论是将乐还是福安，冻死鱼和兽的，主要是寒潮南下引发的持续二三日的冻雨和降雪天气。

第一次寒冷期农作物遭受霜冻冷害严重，从空间上来看，主要集中分布在中亚热带。正德十一年（1516)“秋霜陨稼”，发生在金溪流域的将乐。[5]嘉靖九年（1530）九月初二“陨霜杀禾”，波及将乐[6]和沙溪上游的宁化，“陨霜杀禾，是年饥。”[7]嘉靖十一年（1532）九月，除富屯溪流域的邵武[8]、金溪流域的泰宁[9]“陨霜杀稼”外，闽东宁德九月八日，“大霜杀稻，西乡乏食，余都薄收。[10]发生在九月的“秋霜陨稼”是由北方冷空气南侵造成临界降温所引发的。

与中亚热带陨霜农业歉收不同，南亚热带九龙江流域，大雪

[1] 乾隆《泰宁县志》卷十“稽古志·祥异”，抄本，页8b。
[2] 万历《将乐县志》卷十二“灾祥”，明万历十三年刻本，页5a。
[3] 万历《将乐县志》卷十二“灾祥”，明万历十三年刻本，页7a。
[4] 光绪《福安县志》卷三十七“祥异”，清光绪十年刊本，页4b。
[5] 康熙《宁化县志》卷七“灾异”，清同治八年重刊本，页47a。
[6] 万历《将乐县志》卷十二“灾祥”，明万历十三年刻本，页5a。
[7] 康熙《宁化县志》卷七“杂事志·灾异”，清同治八年重刊本，页47a。
[8] 万历《邵武府志》卷六二“祥异”，明万历四十七年刻本，页6a。
[9] 乾隆《泰宁县志》卷十“稽古志·祥异”页8b。
[10] 嘉靖《宁德县志》卷四“祥异”，明嘉靖刻本，页41b

过后往往是大熟。以嘉靖十一年（1532）为例，平和“十一月，雨雪尺余。癸巳（1533）、甲午（1534）岁大熟”。[1]九龙江上游的龙岩也不例外，“十一月大雨雪，平地尺余，是年大熟，斗米值银二分五厘”。[2]沿海的同安也类似，“春，始雨雪。同安地温，无雪。故老皆以为瑞，次年大熟”。[3]类似的事，也发生在嘉靖三十四年（1555）的平和县，“十二月六日，雨雪，地深数尺，次年大熟。”[4]

（二）第二个寒冷期（1620—1730）的气候与生态

从康熙朝开始，清代福建地方志不再记录霜冻冷害，而霜冻是造成福建低温冻害最严重的灾害性天气。由于无霜冻记录，导致水面结冰、河流冻结以及生物遭受寒冻冷害的记录也一并缺失。因此，第二个寒冷期的冰冻、霜冻和生物寒冻状况的分析研究只能局限于康熙朝之前。

与第一个寒冷期相比，第二个寒冷期南亚热带水面结冰的界限，由莆田向南延伸至诏安县，南移将近两个纬距（1°72′）。河流冻结的区域，第一期主要在中亚热带闽北山区的金溪流域，到第二期此地寒冷如故。康熙元年（1662）建宁县“十一月冰雪弥

[1] 康熙《平和县志》卷十二“杂览志·灾祥”，清光绪十五年重刊本，页9a。
[2] 道光《龙岩州志》卷二十“杂记·灾祥”，清光绪十六年重刊本，页2a。
[3] 康熙《同安县志》卷十“祥异志”，抄本，页2a。
[4] 康熙《漳平县志》卷九“杂事志·灾祥”，清乾隆四十六年重刻本，页1b。

旬，梅冻不开，鱼多冻死。”[1]变化主要发生在南亚热带北部沿海的福州。顺治十三年（1656)，福州“十五日大雪，山下积至一丈，平地五尺。十六日地冻冰，河水凝结，可载人行。”[2]虽然福州比建宁县偏南仅 0.65 个纬距，但海拔降低了 118 米，可见河流冻结范围扩展之广。

南亚热带降雪的最南界限是漳州府的漳浦县，总计有两次，第一次是在顺治十三年（1656）正月十六夜“大雨雪”[3]，第二次是康熙二年（1663）二月“大雨雪”[4]，漳浦县城的纬度比平和县城偏南 0°7′，可以忽略不计，但海拔相差 271 米。可见，第二次寒冷期比第一次更为寒冷。南亚热带一年之内，降雪最早时间是雍正元年（1723）正月初六，安溪县“大雪，平地积深尺余，山头数日不化”。[5]最晚的是二月，一是康熙二年（1663）二月，漳浦“大雨雪”[6]；一是雍正七年（1729）二月，长泰“霖雨二旬，余雪堆山头，畜多冻死”。[7]中亚热带降雪最早是康熙十年（1671）冬十一月，光泽“大雪，平地深三尺”。[8]最晚是康熙六十年（1721）正月二十九日，龙岩“大雪，平地尺余”。[9]

---

[1] 康熙《建宁县志》卷十二“杂事·灾异”，清康熙十一年刻本，页 5a—b。
[2]《榕城纪闻》，丙申十三年条，1956 年抄本，页 10b。
[3] 康熙《漳浦县志》卷四“风土·灾祥”，民国十七年翻印本，页 39b。
[4] 康熙《漳浦县志》卷四“风土·灾祥”，民国十七年翻印本，页 39b。
[5] 乾隆《安溪县志》卷十“祥异”，清乾隆二十二年刻本，页 23a。
[6] 康熙《漳浦县志》卷四“风土·灾祥”，民国十七年翻印本，页 38b。
[7] 乾隆《长泰县志》卷十二“杂志·灾祥”，民国二十年重刊本，页 11b。
[8] 康熙《光泽县志》卷附“祥异”，清乾隆十五年重修本，页 13a。
[9] 民国《龙岩县志》卷三“大事志·灾祥”，民国九年铅印本，页 11a。

崇祯元年（1628）三月十九日，徐霞客在顺昌县杜源，“忽雪片如掌”，行至将乐县高滩铺（今高塘镇），见“群峰积雪，有如环玉。闽中以雪为奇，得之春末为尤奇。村氓市媪，俱曝日提炉；而余赤足飞腾，良大快也！”[1] 从时间上来看，三月十九日无疑是第二个寒冷期最晚的降雪日期，但不宜将此记载纳入方志“大雪”数据序列。原因有二，其一，方志记载的“大雪”，在福建的中亚热带，是灾害性降雪，而徐霞客所见，显然并未成灾。如果将其纳入，就会出现数据标准不统一的情况。其次，武夷山高海拔和垭口地貌，是导致此次降雪的主要因素。顺昌县和将乐县位于武夷山脉的东侧，平均海拔高，顺昌最高峰郭岩山，海拔 1 384 米。将乐最高峰陇西山，海拔 1 620 米。另外，甘家隘、铁牛关等山地垭口地带有很强的大气溢流现象，越过垭口的冷空气顺着富屯溪和金溪而下，易产生大风降温和降雪天气。因此，此次降雪有很强的区域性和特殊性。徐霞客显然并不了解这一情况，因而感叹：“闽中以雪为奇，得之春末为尤奇。”其实在福建高海拔山区常下雪、积雪。

第二个寒冷期大雪的频率，南亚热带每 10 年 0.73 次，中亚热带为 2 次，福建全境为 2.72 次。南亚热带大雪次数最多的地区是仙游县，总计 4 次。中亚热带是上杭县，总计 8 次。分布范围最广的降雪，是顺治十三年（1656）正月的大雪，除建宁府、福

[1] 徐霞客：《徐霞客游记·闽游日记前》，上海：上海古籍出版社，1987 年，页 57。

宁州和 24°N 以南的诏安县外，其余都降下大雪，罗源积雪厚度达五六尺，福州、泉州、德化等地五尺多，“上元，天寒大雪，平地五尺许，故老相传，以为从前未见”。[1]其余各地一、二、三尺不等，闽西连城“旬日方消”[2]宁化和清流降雪持续的时间最长，“正月十二日雪，至十六止”。[3]同安正月十六日大雪[4]，而漳浦“正月十六夜，大雨雪。”[5]因此，此次降雪，是正月十二日从汀州府的宁化、清流等地开始降雪，直至漳浦县十六日夜间，由北向南，前后总计持续了五天。

中亚热带一年之内，陨霜最早月份是崇祯九年（1636）十二月，连江“冬十二月，大霜”。[6]最晚是六月，总计有两次，一次是顺治六年（1649），闽西漳平县“六月飞霜”[7]；一次是顺治十八年（1661）闽北的泰宁县和建宁县。泰宁县“六月不雨而寒，陨霜杀蔬。”[8]建宁县“五月，多骤雨雷雹，凄寒如初冬，每日将夕，满空赤色，虽雨亦然。六月，西南乡陨霜如雪。”[9]康熙《建宁府志》亦云：“六月初一大寒，有霜，苎叶尽白。初四见雪，初

[1] 康熙《德化县志》卷十六“杂志下·祥异”，清康熙二十六年刻本，页 12b。
[2] 民国《连城县志》卷三“大事志·附灾祥”，民国二十七年石印本，页 21b。
[3] 康熙《宁化县志》卷七“灾异”，清同治八年重刊本，页 49b。
[4] 民国《同安县志》卷三“大事记”，民国十八年铅印本，页 10b—11a。
[5] 康熙《漳浦县志》卷四“风土·灾祥”，民国十七年翻印本，页 39b。
[6] 民国《连江县志》卷三“明大事记”，民国十六年铅印本，页 44b。
[7] 康熙《漳平县志》卷九“杂事志·灾祥”，清乾隆四十六年重刻本，页 2b。
[8] 乾隆《泰宁县志》卷十“稽古志·祥异”，抄本，页 11a。
[9] 康熙《建宁县志》卷十二“杂事·异”，清乾隆二十四年刻本，页 5a。

六日晨，日见天中。”[1]虽然这三县都处在海拔1500米以上的高山包围之中，受海拔高度影响较大，但此期气候的寒冷是不争的事实。顺治十年（1653）五月，罗源“大寒如严冬，老弱煨火盖棉。”[2]罗源位于福建省东北沿海，属于中亚热带暖区。南亚热带最早陨霜的月份是康熙十三年（1674）九月，仙游县“陨霜杀稻”。[3]最晚是崇祯九年（1636）十一月，诏安“大雨霜”。从空间分布来看，南亚热带最南部的诏安县，出现了严重的霜冻天气。第二个寒冷期福建全境总计发生了8次严重的霜冻，有2次在南亚热带南部的泉州府和漳州府，中亚热带有6次，主要发生在闽西和闽北。分布最广的是顺治十一年（1654）冬天的霜冻，从莆田的仙游县延伸到漳州的漳浦县，“冬大寒，陨霜不杀虫。”[4]

荔枝在福州的西北部分布边界，是古田县的水口镇，水口又称囦关，海拔约10米，是闽江及其支流古田溪的交汇处。低海拔的闽江河谷是南亚热带气候向西北延伸的通道，水口即其北部边缘。水口以上，海拔急剧上升，仅古田县内的海拔就相差1 613.5米，属于中亚热带气候，缺乏荔枝生长的环境。宋人程师孟（1015—1092年）《宿牛头寺》诗云：“牛头寺裏千峰月，水口村边万石滩。竹叶尽来堂少暖，荔枝无处地多寒。”[5]这条由海拔

[1] 康熙《建宁府志》卷四十六“杂志·灾祥”，清康熙五年抄本，页12b。
[2] 道光《新修罗源县志》卷二十九“杂志·祥异”，清道光十一年刻本，页5b。
[3] 乾隆《仙游县志》卷五十二“摭遗志上·祥异”，清同治重刊本，3b。
[4] 康熙《漳浦县志》卷四“风土·灾祥”，民国十七年翻印本，页39b。
[5] 万历《古田县志》卷十三“诗”，明万历三十四年增补二十八年本，页14b。

高度决定的气候区边界，即使是中世纪温暖期也是很难撼动的，小冰期更是如此。故明代古田县令杨德周《署中诗》云：“海隔不知鱼味美，山寒那觅荔枝丹。”[1]清人林嗣环《荔枝话》亦云：“闽囦关以上无荔，延、建人有终身未啖荔者，汀亦止，止永定有一二株，渐向南则渐多。”[2]

霜冻冷害记载的停止，导致生物遭受冻害的资料一应缺失。因此，第二个寒冷期方志中有关荔枝受冻害的记载大幅度减少。唯一的记录是连江县的荔枝冻死事件，崇祯九年（1636）冬十二月，连江“大霜，荔支、龙眼树多枯。”这次陨霜天气，从北向南，一直延伸至漳州府诏安县。康熙《诏安县志·天文》载：“牛羊六畜多冻死，深山树木，悉为霜气所压，经春犹悴，自闽中而下至于诏安，无不皆然，亦气候之一变也。”[3]诏安“牛羊草木多冻死”，荔枝自然难逃厄运。因此，此期荔枝冻死的南界应该到了诏安县。与第一个寒冷期的南界莆田相比，南移了1.72个纬距。

中亚热带动物冻死的记录比第一个寒冷期要少，只有一次，发生在建宁县。康熙元年（1662）“冬十月暄燠如春，桃李皆华。十一月冰雪弥旬，梅冻不开，鱼多冻死。”[4]在十一月寒潮入境之前，暄燠的十月气候，导致这次降温幅度大，生态破坏也大。康

[1] 乾隆《古田县志》卷二“公署”，清乾隆十六年刊本，页30b。

[2] 林嗣环：《荔枝话》，康熙檀几丛书本，页4a。

[3] 康熙《诏安县志》卷二“天文·灾异”，清同治十三年刻本，页13a。

[4] 康熙《建宁县志》卷十二“杂事·灾异”，清康熙十一年刻本，页5a—b。

熙十年（1671），光泽县还发生了大雪封山饿死人的情况。“冬十一月，大雪，平地深三尺，山中民有绝火饿死者。”[1]但与第一个寒冷期相比，此期南亚热带出现了动物被冻死的情况，崇祯九年（1636）十二月诏安大雨霜，深满尺，牛羊草木多冻死。顺治十一年（1654）的霜冻，兴化府和漳州府动物受影响相差很大，兴化府仙游县“冬，大霜，四十余日。杀草木，六畜死，一牛九十两。”[2]而漳州府龙溪县“冬大寒，陨霜不杀虫。”[3]漳浦也是“冬大寒，陨霜不杀虫。”雍正七年（1729）二月，长泰县“霖雨二旬，余雪堆山头，畜多冻死。”值得注意的是，相对于喜热的荔枝和亚热带农作物，野生的草木无疑更抗寒，但此次寒冷期却出现了“草木多冻死”和“杀草木”的情况，应该是气候更为寒冷的迹象。

较之第一个寒冷期，史料中频频出现“陨霜杀稻”记录不同，此期只有康熙朝之前的部分资料，南亚热带只出现一次。康熙十三年（1674）秋九月，仙游县“陨霜杀稻，冬大荒，歉觔肉只鸡价四钱。”[4]而中亚热带山区，崇祯元年（1628），建宁县“春二月陨霜，是年豆、苎、油、果俱无。夏四月米价腾涌。”[5]顺治十八年（1661）发生严重的霜冻，建宁县“六月初一大寒，有霜，

---

[1] 康熙《光泽县志》卷附“祥异”，清乾隆十五年重修本，页13a。

[2] 乾隆《仙游县志》卷五十二“摭遗志上·祥异”，清同治重刊本，页3b。

[3] 乾隆《龙溪县志》卷二十“祥异”，清乾隆二十七年刻本，页6a。

[4] 乾隆《仙游县志》卷五十二“摭遗志·祥异”，清同治重刊本，页3b。

[5] 乾隆《建宁县志》卷十“灾异”，清乾隆二十四年刻本，页14b。

苎叶尽白。初四见雪。”泰宁县“六月不雨而寒，陨霜杀蔬。”[1]可见，第二个寒冷期，水稻和蔬菜主要因遭受霜冻而减产，米价上涨，甚至引发饥荒。顺治六年（1649），清流县“五月五日，霜。六月复饥，斗米三钱，途有饿殍。”[2]

韩江上游的武平、上杭和长汀，九龙江上游的龙岩，沙溪上游的连城和清流，是第二个寒冷期瑞雪丰年之地。顺治十三年（1656）正月十五日大雪，形成了北至清流，南至武平，南北长约一个纬距的瑞雪丰年之区。如清流县“正月十二日至十六日止，厚一尺有余，从来未有，是年果大丰。”[3]连城“正月望日，大雪，平地三尺，旬日方消，岁大有。”[4]武平“正月十五日大雪，平地深三尺，人为丰年之兆。”[5]此后，上杭在康熙十七年（1678）[6]和二十二年（1683），龙岩在雍正七年（1729）亦有岁大丰的记录。如康熙二十二年（1683），上杭“十一月大雪，平地尺余。二十三年大熟。”[7]雍正七年（1729）正月二十七等日，龙岩“大雪，岁大熟”。[8]

[1] 乾隆《泰宁县志》卷十“稽古·祥异”，抄本，页11a。
[2] 康熙《清流县志》卷十“祥异”，清康熙四十一年刻本，页30a。
[3] 康熙《清流县志》卷十“祥异”，清康熙四十一年刻本，页30b。
[4] 民国《连城县志》卷三“大事志·附灾祥”，民国二十七年石印本，页21b。
[5] 康熙《武平县志》卷九“祲祥志”，民国十九年铅印本，页21b。
[6] 康熙《上杭县志》卷十一“风土”，清康熙二十六年刻本页4b。
[7] 康熙《上杭县志》卷十一“风土”，页4b。
[8] 民国《龙岩县志》卷三“大事志·灾祥”，民国九年铅印本，页11a。

（三）第三个寒冷期（1830—1900）的气候与生态

因无霜冻冷害的官方记载，故第三个寒冷期福建极端低温数据缺失很多。从前两个寒冷期记载来看，霜冻引起的水面结冰和河流冻结比降雪引起的要多。此期南亚热带水面结冰的南界在金门，同治十年（1871）冬十一月，金门“雨雪三日，冰坚二寸许，长老皆以为未见也，或曰阴阳不和，酷厉之气所召云。”[1]虽然金门是个岛屿，受海洋影响，多年平均气温比同纬度陆地气温稍低，但跟厦门岛一样，它处在厦门湾内，基本上保持了大陆性气候。此次降雪和水面结冰虽引起金门人注目和议论，但就天气寒冷程度而言，还是要比诏安县结冰轻一些。中亚热带河流冻结的南界，由金溪流域移至韩江上游的连城县。光绪十八年（1892），连城“十一月二十七夜大雪，平地深三尺许，檐溜垂雪条尺余，河水结冰，鱼多冻死。”[2]沙溪上游高海拔地区，首次出现了井水结冰的情况。光绪二十三年（1897）十二月，明溪县“大雪，平地深数尺，井水结冰，人多溶雪水为炊。”[3]南亚热带无河流冻结的记录。

南亚热带降雪最南界限是金门，总计有两次降雪。同治十年（1871）“冬十一月，雨雪三日，冰坚二寸许，长老皆以为未见也，或曰阴阳不和，酷厉之气所召云。”从明代至同治十年（1871）有500多年，这是金门迎来的第一次大雪降温天气。因此，长老

[1] 民国《金门县志》卷十二“祥异”，民国抄本，页15a。
[2] 民国《连城县志》卷三“大事志·附灾祥”，民国二十七年石印本，页38a。
[3] 民国《明溪县志》卷十二“大事志”，民国三十二年铅印本，页6a。

皆从未见过，实属正常。光绪十八年（1892）“十二月初旬，雨雪三日，为年少者所未曾见。”[1]此次降雪的时间应该是十一月廿八、廿九日，而不是十二月初旬。两次降雪相隔了21年，年少者是未曾见过。此期降雪的南界较第二期偏北约0.5个纬距。中亚热带降雪最早的月份是同治八年（1869）十月初三日，宁化“大雨雪”[2]；最晚是光绪二十一年（1895）三月初三日，宁化“大雪”。[3]虽然光绪八年（1882）五月光泽“大寒，高山积雪”[4]，但光泽县境内群山连绵，千米以上山峰有570座，有“光泽在天山”之说。境内最高峰诸母岗海拔1836米，因此，其五月高山积雪，主要受高海拔影响，对区域气候变化的指示性不够显著。

南亚热带年内降雪最早是同治十一年（1872）十一月金门的降雪，最晚是道光十二年（1832）正月初六，长乐“大雪约二尺”。[5]降雪范围最大的是光绪十八年（1892）十一月廿七、廿八、廿九的大雪，西到上杭，东至平潭，北到大田，南至金门。降雪廿七日从大田、莆田开始，大田“冬十一月廿七，大雨雪三日，堆三尺许。”[6]莆田“十一月二十七日夜大雪，山林瓦屋皆白，平地雪深尺许，越四日始消”[7]，持续三日。同安、龙

[1] 民国《金门县志》卷十二“祥异”，民国抄本，页15a。
[2] 民国《宁化县志》卷二“大事志下·灾异”，民国十五年铅印本，页28a。
[3] 民国《宁化县志》卷二“大事志·灾异”，页28b。
[4] 光绪《光泽县志》卷一“时事表”，清光绪二十三年刊本，页4b。
[5] 民国《长乐县志》卷三“大事志·灾祥附”，民国六年铅印本，页9a。
[6] 民国《大田县志》卷一“大事志”，民国二十年铅印本，页29b。
[7] 民国《莆田县志》卷三“通纪”，民国抄本，页51b。

岩、上杭等地二十八日开始降雪，二十九日结束，持续两天。同安“十一月廿八日，大雪。廿九早，仍雨雪霏霏，如绵絮，地上如铺白毡，坑涧皆平，俗呼为棉花雪，问之八十老翁，均以为不经见云。”[1]降雪的厚度从一尺至三尺不等。从降雪的频率来看，此期福建全境共降雪 22 次，每十年降雪 3.14 次，中亚热带共降雪 16 次，每十年降雪 2.29 次，南亚热带共降雪 6 次，每十年降雪 0.86 次。

康熙朝后，在福建荔枝生态敏感区，荔枝遭霜冻而死的记录仅有一条，即乾隆十年（1745），“宁德大霜，荔枝几尽”。[2]大雪低温，荔枝受冻的记录也只有一条。光绪十七年（1891）连江“冬十一月大雪果树多枯”。[3]第三个寒冷期，南亚热带荔枝受冻的史料也只有一条。光绪十八年（1892）十一月二十七日夜，莆田“大雪，山林瓦屋皆白，平地雪深尺许，越四日始消，荔枝、龙眼树多冻死。”[4]与前两个寒冷期不同，此次莆田荔枝被冻死的天气不是霜冻而是降雪。因霜冻冷害史书缺载，因此，有关荔枝冻死的南界，也只能据此作出判断，即位于莆田一线。此界与第一个寒冷期的南界位置相同，比第二个寒冷期的南界诏安偏北 1.7 个纬距。

水稻、蔬菜等作物，以及树木、动物等遭受霜冻冷害的情

[1] 民国《同安县志》卷三“大事记·灾祥”，民国十八年铅印本，页 12b。

[2] 乾隆《福宁府志》卷四十三“祥异”，清光绪重刊本，页 34b。

[3] 民国《连江县志》卷三“清大事记”，民国十六年铅印本，页 58b。

[4] 民国《莆田县志》卷三“通纪”，民国抄本，页 51b。

况，亦因史料缺载已无从考证。冻雨对生态的影响，有一条记录，即道光二十四年（1844）长汀“大冻，冰折坏北山松树无数。”[1]大雪低温天气对生态的影响，主要有两个方面，其一是低温导致动植物被冻死，如光绪十八年（1892）十一月二十七夜大雪，连城“河水结冰，鱼多冻死。”又如光绪十八年（1892）十一月十八日，闽东霞浦“大雪，山木冻死”。[2]其二是树木被大雪压折，如沙县，道光十二年（1832）十二月二十四日，“大雪三昼夜，深尺许，树木俱折。”[3]道光十三年（1833）十二月二十一日，“大雪，深成尺。二十三日又大雪二昼夜，树木皆折。”[4]常绿阔叶林，很容易被大雪压折。第三个寒冷期大雪低温冷害，主要集中在长汀、连城和沙县，而在第二寒冷期这里还是瑞雪丰年的区域。

三、结果分析

（一）数据问题分析

历史气候数据，无疑是历史气候研究的基础。在使用小冰期福建霜雪冰冻史料时，以往的研究存在三个明显的问题。

[1] 光绪《长汀县志》卷三十二“祥异”，清光绪五年刊本，页9a。
[2] 民国《霞浦县志》卷三“大事”，民国十八年铅印本，页22b。
[3] 民国《沙县志》卷三“大事”，民国十七年铅印本，页20b。
[4] 民国《沙县志》卷三“大事”，民国十七年铅印本，页20b—21a。

其一，单个数据可靠性的检验问题。地方志中的“灾祥”材料，如果是当代人记载当代事，县志往往是事件最初的采集、记录和整理者；府志和省通志则据县志资料进行整理编纂。县志中的历史资料大多数是据旧志摘抄，还有一部分引自正史、类书、笔记、文集、档案等文献。如果是摘抄历史资料时发生错误，后人可以据相关史料校改，如果是采写时出现错误、歧义和语焉不详等情况，则会导致据此编辑的府志、省志乃至通志皆出现问题。明崇祯九年（1636）诏安县陨霜问题，就是这样一个问题。时至今日，仍有部分研究人员误认为诏安是小冰期福建降雪的南限。

游记史料存在的问题，主要是游客对当地情况一知半解造成的。《徐霞客游记》所云“闽中以雪为奇，得之春末犹奇”，即属于此类。福建一省之地，气候也存在着显著的地域差异。就降雪来说，正如宋人彭乘所云：“闽中无雪，建、剑、汀、邵四州有之。”可是晚至明代，不仅徐霞客认为闽中“以雪为奇”，谢肇淛也有类似的看法：

> 闽中无雪，然间十余年，亦一有之，则稚子里儿，奔走狂喜，以为未始见也。余忆万历乙酉（1585）二月初旬，天气陡寒，家中集诸弟妹，构火炙蛎房啖之，俄而雪花零落如絮，逾数刻，地下深几六七寸，童儿争聚为鸟兽，置盆中戏乐。故老云：“数十年未之见也。”至岭南则绝无矣。[1]

[1] 谢肇淛：《五杂俎》卷一“天部一”，明万历四十四年潘膺祉如韦馆刻本，页30b。

谢肇淛（1567—1624），福州长乐人，中举之前，曾随父在福州朱紫坊居住过十年。因此他的“闽中无雪”认识是基于南亚热带福州的气候状况而得出的。如果将这一认识放在整个福建，显然是不可靠的。现在武夷山脉和鹫峰山脉地区，几乎年年都有降雪[1]，何况气候寒冷的小冰期。至于康熙皇帝所云：“又闻福建地方，向来无雪，自本朝大兵到彼，然后有雪。”[2]只是政治作秀罢了。

其二，方志与奏报数据的差异问题。福建各级方志中，中亚热带“大雪”史料是指降雪达到了灾害级别才被记载下来的，其影响远不止农业生产，还涉及大雪引发的其它灾害。在福建中亚热带高海拔山区，是常年降雪区，自然不是方志“灾祥”要记录的内容。而南亚热带的大雪，大多是因为其异于寻常而被记载下来的，未必达到灾害级别。与之不同，清宫档案中地方官员每月奏报的“雨雪分寸”是服务于农业的降水资源情况的汇报，即农情汇报，二者有本质的差别。如果将清宫档案里中亚热带的“雨雪分寸”记录与地方志“灾异”中南亚热带的降雪记录一同视作寒冬的数据，显然会加重中亚热带的寒冷程度，而降低南亚热带的寒冷程度。这都未能反映出寒冬的事实。

---

[1] 黄廷炎、邱泉成：“南平市近58年冬季气候变化及特征分析”，《亚热带农业研究》，2011年，第3期。

[2]《康熙起居注》，康熙五十六年四月十六日条，北京：中华书局，1984年，页2383。

其三，霜冻数据缺失问题。方志修订的体例因时而异。明代和清顺治朝皆载记有序的霜冻资料，到了康熙朝则戛然而止，只有极个别不遵守体例的方志，零星记载一两条。这对于研究寒冬来说无疑是一个损失。至少在福建境内，陨霜要比降雪天气更为寒冷，其对生态的影响也更大。但很遗憾，前人并未注意到这一问题，因此，对荔枝受冻事件的统计与事实有较大的出入。那么据此所得出的小冰期气候变化规律[1]显然是不够准确的。

（二）气候状况分析

其一，降雪状况分析。由于冬季风强盛，中国降雪的南限大致在 24°N 一线。这条界限也是中亚热带与南亚热带之间的分界线。但受武夷山脉和海洋的影响，中亚热带与南亚热带的分界线在福建省内向北抬升了约 2 个纬距，到达 26°N 线附近，即本应在漳浦的分界线，向北移到了福州。据此可知，现在福建降雪的南限在福州一线。从表 2—1 可以看出，明清寒冷期，福建南亚热带降雪的南限下至 24°N 附近，南迁了约 2 个纬距。以 1981—2010 年 1 月福州与漳州之间的平均温差[2]计算福建南亚热带冬季气温的水平递减率，一个纬距为 1.58℃。据此可以看出，小冰期福建冬季气温比现在约低 3.16℃。现在福建降雪多出现在冬季（12—2 月），最早降雪出现在 11 月 23 日（柘荣，1979 年）最晚

[1] 李玉林："福建省近八百年气候变迁初探"，《福建热作科技》，1981 年，第 4 期。

[2] 鹿世谨、王岩：《福建气候》，北京：气象出版社，2012 年，页 489。

降雪出现在4月2日（柘荣，1974年）[1]，与表2—1中亚热带最早最晚降雪记录比较，可以看出第一个寒冷期比现在极端记录开始更早，结束更晚。第二、三个寒冷期基本上跟现代的极端记录相当，但都比12—2月这一时间范围要宽。降雪频率上来看，现在南亚热带很少降雪，属于常年无降雪区，而寒冷期都有大雪记录。从降雪频率来看，第二个寒冷期要比第三个少，但必须注意的是，从明朝到清朝，同一个数据，受时间影响，记载有逐渐增多的趋势。综合比较降雪的特征数据，可以看出，第二个寒冷期最冷，其次是第三个寒冷期，最后是第一个寒冷期。

其二，水面结冰和河流冻结状况分析。现在中国河流稳定封冻地区的南界，大致东起江苏连云港附近，经商丘附近北跨黄河，沿黄河—渭河北侧高地至宝鸡以西，即34°N线。此线以北，每年冬季河流都会出现结冰的现象。而在此线与长江干流一线附近——即30°N之间，则随着冬季气温的年际变化而变化。长江干流一线以南，现代河流很少被冻结。[2]然而，明清小冰期福建省的寒冷期，河流冻结的最南界限到达福州连城一线，即26°N线，南移了4个纬距。这是极端个例。就整体状况来看，寒冷期福建河流冻结的南界稳定在中亚热带26°50′N一线，海拔300米以上的地域。此地还受武夷山脉垭口大气溢流作用的影响，多大风降温天气。剔除海拔和地貌等因素的影响，河流冻结的南限

[1] 鹿世谨、王岩:《福建气候》，北京：气象出版社，2012年，页177。

[2] 中国科学院《中国自然地理》编辑委员会:《中国自然地理·地表水》，北京：科学出版社，1981年，页64。

也南移了约 2 个纬距。南亚热带水面结冰的南限，基本上稳定在莆田一线。极端年份南下至诏安，已非常接近北回归线，即亚热带南限。对比三个寒冷期水面结冰和河流冻结的南限，也可以看出，第二个寒冷期是最冷的。

表 2—1　小冰期寒冷期福建气候状况统计表

<table>
<tr><th colspan="3">气候要素</th><th>寒冷期Ⅰ</th><th>寒冷期Ⅱ</th><th>寒冷期Ⅲ</th></tr>
<tr><td rowspan="6">降雪</td><td>南限</td><td>南亚热带</td><td>平和县
24°14′N, 292m</td><td>漳浦县
24°07′N, 14m</td><td>金门县
24°27′N, 16m</td></tr>
<tr><td rowspan="2">最早
最晚</td><td>中亚热带</td><td>10 月
5 月 8 日</td><td>11 月
1 月 29 日</td><td>10 月 3 日
3 月 3 日</td></tr>
<tr><td>南亚热带</td><td>11 月
12 月 6 日</td><td>1 月 6 日
2 月</td><td>11 月
1 月 6 日</td></tr>
<tr><td rowspan="2">频率</td><td>中亚热带</td><td>1</td><td>2</td><td>2.29</td></tr>
<tr><td>南亚热带</td><td>0.63</td><td>0.73</td><td>0.86</td></tr>
<tr><td colspan="2">最大范围</td><td>福州—莆田—泉州—龙岩—平和一线。</td><td>除建宁府、福宁州和 24°N 以南的诏安县外，其余都降下大雪。</td><td>西到上杭，东至平潭，北到大田，南至金门。</td></tr>
<tr><td rowspan="2">冰冻</td><td colspan="2">水面结冰南限（纬度 / 海拔）</td><td>莆田
25°26′N, 18m</td><td>诏安
23°43′N, 22m</td><td>金门
24°27′N, 16m</td></tr>
<tr><td colspan="2">河流冻结区域（纬度 / 海拔）</td><td>泰宁
26°54′N, 280m
将乐
26°43′N, 148m</td><td>建宁
26°50′N, 308m
福州
26°04′N, 13m</td><td>连城
25°42′N, 364m
明溪
26°21′N, 360m</td></tr>
</table>

续表

<table>
<tr><th colspan="3">气候要素</th><th>寒冷期Ⅰ</th><th>寒冷期Ⅱ</th><th>寒冷期Ⅲ</th></tr>
<tr><td rowspan="6">陨霜</td><td>南限</td><td>南亚热带</td><td>长乐
25°57′N, 10m</td><td>诏安
23°43′N, 22m</td><td>—</td></tr>
<tr><td rowspan="2">最早
最晚</td><td>中亚热带</td><td>9月2日
12月</td><td>12月
6月</td><td>—</td></tr>
<tr><td>南亚热带</td><td>—</td><td>9月
12月</td><td>—</td></tr>
<tr><td rowspan="2">频率</td><td>南亚热带</td><td>1</td><td>2</td><td>—</td></tr>
<tr><td>中亚热带</td><td>6</td><td>6</td><td>—</td></tr>
<tr><td colspan="2">最大范围</td><td>邵武、泰宁、将乐、宁德</td><td>从仙游县到漳浦县</td><td>—</td></tr>
</table>

其三，陨霜状况分析。对比第一、第二个寒冷期的统计数据不难发现，小冰期福建的陨霜主要集中分布在闽西北山区，即金溪和富屯溪流域，而现在主要分布在闽东北的鹫峰山和太姥山一带。[1] 总体来看，明清闽东气象灾害记载的数据偏少，但也不能排除寒冷期陨霜中心发生变化的可能。南亚热带陨霜的南限，从第一个寒冷期的长乐至第二个寒冷期的诏安，南迁了 2 个纬距。从陨霜频率来看，两个寒冷期每十年分别是 7 次和 8 次，相差不多。但从陨霜数据的总体来看，第二个寒冷期比第一个寒冷期更

[1] 吴幸毓、林毅等："福建霜冻时空分布特征及环流背景分析"，《大气科学学报》，2016 年，第 4 期。

为寒冷，极端气温低 3.16℃。

其四，小冰期福建降雪陨霜等天气无疑是冬季风加强，冷空气频频南下的结果。小冰期冬季风强度可能比现代高 50% 左右。[1] 而冷空气南下的强弱主要受大气环流——东亚大槽控制。当东亚大槽偏强、偏西时，福建往往是冷冬年；而偏弱、偏东时，则是暖冬年。这是由槽后西北气流强度与槽底所及南限位置不同决定的。[2] 以福建霜冻为例，霜冻强度与形势场特征线位置有密切关系。随着形势场特征线略有南压，霜冻逐渐增强，反之减弱。当东亚大槽槽底位于约 27.0°N 时，霜冻强度为强，约 28.0°N 时为中，约 29.0°N 时为弱。[3] 极涡、东亚大槽、北美大槽和欧洲东部大槽的强弱与位置，可能与北大西洋冷事件有关。此事件又受“大洋传送带”（Greater Ocean Conveyor Belt）即“热盐环流”（Thermohaline Circulation）控制。因为海洋的极向热输送，约占海气耦合系统中极向热输送总量的 50%。而热盐环流、大气环流、厄尔尼诺等的变化，则受地球轨道参数、太阳活动和火山喷发等因素的影响，如冬季风与地轴倾斜度变化一致。[4] 从这个意义上讲，福建小冰期气候变化，是全球气候变化的一部分。

---

[1] 王绍武、闻新宇等：“东亚冬季风”，《气候变化研究进展》，2013 年，第 2 期。

[2] 鹿世谨、王岩：《福建气候》，北京：气象出版社，2012 年，页 19—20。

[3] 吴幸毓、林毅等：“福建霜冻时空分布特征及环流背景分析”，《大气科学学报》，2016 年，第 4 期。

[4] Shi Z., Liu X., Sun Y., *et al.*, Distinct responses of East Asian summer and winter monsoon to orbital forcing. *Clim Past Discussions,* 2011, 7: 943—964.

（三）生态状况分析

陨霜数据缺失，使寒冷期生态变化研究的连续性受到严重影响。据此得出的生态变化结论说服力不够。就目前获得的信息来看，小冰期福建生态变化主要体现在以下三个方面。

其一，荔枝生态变化。荔枝无疑是福建南亚热带生态变化最重要的指示植物。福州北岭至霞浦涵江之间的区域，是南亚热带与中亚热带之间的过渡区域，也是福建荔枝生长的边缘地带和生态敏感区。中世纪暖期时，最北部的霞浦尚且“家家红盐殷新杵，绿树裹创子如雨。”福州北岭以南，更是盛况空前，“一家之有，至于万株”。进入小冰期，北岭以北的荔枝生态敏感区不仅成熟时间晚，而且每个寒冷期荔枝都被反复冻死。福建的南亚热带，以泉州为界，可分为北区和南区。南亚热带北区每一个寒冷期都有荔枝冻死的记录。第一、第三寒冷期，荔枝冻死的南界都在莆田，靠近北区的南界。而在南区荔枝树很少被冻死，偶尔能看到同安荔枝“枝叶焦然”的状况，但并未冻死。最寒冷的第二个寒冷期，南亚热带南区出现了荔枝冻死的状况，冻死的南限，逼近北回归线。

其二，动物生态变化。第一个寒冷期，动物被冻死的区域主要集中在中亚热带闽西武夷山区的泰宁、将乐，以及闽东鹫峰山区的福安。第二个寒冷期，武夷山区仍然有动物冻死记录，但比第一个寒冷期要少。最大的变化是，南亚热带出现了动物被冻死的情况，由北向南，依次是仙游、长泰、龙溪和诏安。第三个寒冷期，武夷山脉动物冻死的区域略向西南方向迁移至闽西连城一带，但因陨霜记录严重缺失，因此方志数据已不足以全面反应动物实际被冻死的真实情况。总的来说，随着气候变得越来越寒冷，冻死动物的空间范围便从中亚热带的山区向南亚热带的沿海逼近，甚至一度逼近至北回归线附近的诏安县。

其三，农田生态变化。小冰期农业生态的变化出现了灾、祥两种截然不同的情况。一是陨霜杀稻。第一、第二个寒冷期都稳定地出现在武夷山脉东侧的邵武、将乐和宁化，鹫峰山脉东侧的宁德，变化则是第二个寒冷期南亚热带的仙游县出现了“陨霜杀稻，冬大荒”现象。另一是“瑞雪丰年”。第一个寒冷期出现在九龙江流域的龙岩、平和和同安。第二个寒冷期则出现在韩江上游的武平、上杭和长汀，九龙江上游的龙岩，沙溪上游的连城和清流。与第一个寒冷期相比，瑞雪丰年发生的区域无论纬度位置还是海拔高度都向更高的方向移动。

要言之，小冰期福建南亚热带的生态有向中亚热带气候变化的趋势，而中亚热带气候则有向北亚热带生态转变的趋势。但受闽中、闽西两大山带对冷空气的双重阻挡和摩擦，以及黑潮暖流的影响，形成了一个小冰期的“避风港”，故福建与同纬度地区相比气候还是要温暖一些，生态变化幅度也要小一些。

四、小结

位于中亚热带和南亚热带的福建省，其小冰期寒冷期的气候和生态变化虽然是全球变化的一部分，但也有显著的区域性特点，主要表现在以下几个方面：

其一，由于自康熙朝开始，福建霜冻数据系列不再是方志必须记录的条目之一。因此，福建冷冬数据的数量，水面结冰和河流冻结的次数，生物遭受冷害的频率和地域范围皆受其影响，在小冰期前后有较大的差异。另外，在将游记等过客记载的相关内容引入气候研究数据序列时，务必详加考证，以免被误导。

其二，在小冰期的寒冷期，福建省的降雪、河流冻结和水面结冰的南限，向南迁移了 2 个纬距，气温约降低了 3.16℃。福州至莆田之间的南亚热带北区，是寒冷期气候变化最频繁的地区。三个寒冷期寒冷程度也有差异，第二个寒冷期最冷，其气候要素的南限在极端年份又向南移动了 1 个纬距。河流结冰的区域受气候变化、海拔高度和局部地貌条件影响，主要集中在武夷山脉的金溪、富屯溪流域。

其三，在寒冷期，福建生态区域变化的总体态势是，中亚热带和南亚热带生态区有向北亚热带和中亚热带生态区演变的趋势。标志性事件有二：一是中亚热带出现了动物被冻死的状况；二是原本出现在中亚热带和南亚热带过渡区的荔枝生态敏感区，从福州北岭至宁德霞浦之间的沿海区域南移至福州至莆田之间。发生极端冷害的年份，荔枝冻死事件还出现在莆田至诏安之间的南亚热带南区。但值得注意的是，在福建省的西南部——博平岭东西两侧的九龙江和汀江流域，分别在第一、第二个寒冷期出现了“瑞雪丰年”的农业现象。同期福建其它中亚热带地区的农业却频频遭受冷害，即“陨霜杀禾”。

中国冬季遭受频频南下的强冷空气影响，无论是降雪、陨霜还是河流冻结的南限，都是世界上同纬度地区最低的。福建省受西部武夷山脉，中部鹫峰山、戴云山、博平岭等山脉的双重阻挡和摩擦，以及黑潮暖流的影响，却比中国同纬度海拔相近地区的气温要高一些，是一个气候和生态的“避风港”。

第三章

天地之气交逆

——明清时期的风信理论与航海避风

一、引言

风信，是民众，尤其是沿海民众对风的总称。风信之“信”，与潮信之“信”含义一致，即守信。“风之有信，岂非天道之常哉？”[1]言风守信，是指风在一年四季的变化有规律，包括风向、风力、冷暖、干湿等的变化。东南沿海地区受季风气候控制，冬夏风向变化显著，冬季盛行西北风或北风，寒冷干燥，夏季盛行东南风或南风，温暖湿润，呈现出显著的规律性，因此称之为风信，可谓名副其实。明清时期，东南沿海民众不仅对一年四季风的变化规律有认识，而且对极端天气下风的基本变化规律也有所掌握，譬如飓风、台风等等。清人吴震方《岭南杂记》云：“风者天地之翕辟，山泽之郁蒸，发而成声。日箕月毕之占，由来久矣。在中土崇山大川，风至不时，然多和条惠畅。若彼拔木撼山之风，岁不常有。独大海之中，台飓一至，抉樯覆舟，而人之性命随之。后之习于海道者，设为占侯之法，以定趋避，或按节序，或辨云日，或察草木，十取九验。稍师渔子，罔不通晓外洋风信。”[2]

风的季节变化，因其有规律可循，易被当地民众掌握。而对于飓风、台风的认知则要难很多。台风天气系统是一个复杂的

[1] 胡建伟:《澎湖纪略》卷一“风信”，台北：宗青图书出版有限公司，1995年，页5。

[2] 吴震方:《岭南杂记》卷上，乾隆龙威秘书本，页38b。

巨系统，不确定因素太多。其一，台风的年际变化大，有的年份有十几号台风，有的年份则很少，甚至无台风。其二，台风过境时强度如何，在明清时期是很难预报的。这给台风灾害的预防带来很大的困难。其三，台风的移动路线从大尺度空间来看有一定的规律性，但具体到局部地区则常飘忽不定，让人防不胜防。其四，台风带来的降雨强度如何也是一个未知数。如此之多的不确定因素，利用现代气象观测技术也常常是预报不准。那么，在明清时期，古人面对复杂的热带气旋活动该如何是好？

其实，古人有一套关于风信，尤其是飓风和台风系统的学说，在这里姑且称之为风信理论。这一理论涉及飓风的起源、预报、年际和季节变化、移动路线、天气过程等诸多方面。在风信理论基础上，古人还采取了一套海上航行时的趋利避害措施，且行之有效。这在最大程度上降低了船舶在海上航行遭风的风险，使得海洋运输航线始终通畅。这不仅便于国内南北贸易，也有利于国际贸易，如与东亚的朝贡贸易，以及与东南亚的走私贸易等。

中国海岸线漫长，地跨温带和热带。考虑到不同区域的气候存在较大差异，因此，本书以明清时期福建泉州府和漳州府交界的厦门湾为中心，以明清时期的福建泉州府、漳州府和台湾府为研究范围，探讨明清时期从厦门湾经台湾海峡到台湾岛——即由海岸带到外洋岛屿——当地人建立了一套怎样的风信理论？这一理论与现代气象气候学相比，到底有无科学性和实用性？另外，考虑到风信变化影响最大的是海上航行的船舶，因此，本书以厦门湾内各港口为始发港，探讨风信理论指导下的海上航行避风措施。

值得注意的是，尽管本书选取了一个非常狭窄的地理剖面来研究风信与海上航行避风措施，但并非意味着该区域的内部差异性就不存在了。事实上，台湾海峡与其东西两岸风信亦有差异，“澎、台之风与内地相反而适相宜者，内地多早西晚东，惟澎、台之风则早东午西，名曰发海西；四时皆然。台湾船只来澎湖，必得东风方可扬帆出鹿耳门；澎湖船只往台，必得西风才可进港。设早西晚东，则来澎湖船过日中始能放洋，去台船只昏暮不能进口。此风信有天造地设之奇也。”[1]

本章以厦门湾为研究的中心，原因有二：首先，厦门湾是大航海以来，中国与东、西洋之间贸易的始发港。长江流域的瓷器和丝绸，大多是从福建漳州海澄县的月港销往马尼拉，再由马尼拉大帆船横渡太平洋，运往美洲。换句话说，月港是白银资本时代太平洋航线的起点。明人王起宗云：“盖漳，海国也。其民毕力汗邪，不足供数口。岁张艅艎，赴远夷为外市，而诸夷遂如漳窔澳间物云。”[2]张燮论及明代月港所在地海澄县时，亦云：“澄，水国也。农贾杂半，走洋如适市。朝夕之皆海供，酬酢之皆夷产。闾左儿艰声切而惯译通，罢袯畚而善风占，殊足异也。”[3]至清

[1] 胡建伟:《澎湖纪略》卷一“风信”，台北：宗青图书出版有限公司，1995年，页9。

[2] 张燮著，谢方点校:《东西洋考·王起宗序》，北京：中华书局，2000年，页13。

[3] 张燮著，谢方点校:《东西洋考·小引》，北京：中华书局，2000年，页15。

代，厦门港取代了月港，成为贩洋正口。厦门岛的航运地位和战略地位在台湾内附之后，空前提升。周凯说：

> 厦门，宋曰“嘉禾屿”、明曰“中左所”。同安县十一里之一里耳。广袤不及七十里，田亩不及百十顷。区区一坞，孤县海中，有志何也？盖自台湾入版图，我国家声教所暨，岛夷卉服，悉主悉臣。求朝贡而通市者，史不绝书。厦门处泉、漳之交，扼台湾之要，为东南门户。十闽之保障，海疆之要区也。故武则命水师提督帅五营弁兵守之，文则移兴泉永道、泉防同知驻焉。商贾辐凑，帆樯云集，四方之民，杂处其间。涵濡沐浴乎圣神之化者，百有余年。士蒸蒸而蔚起，民蚩蚩以谋生。虽一里也，而规模廓于一邑矣。[1]

其次，厦门湾发达的航海事业，培养了一批熟悉航路的操舟者。“漳人以海为生，童而习之，至老不休，风涛之惊见惯，浑闲事耳。”[2]在此基础上，一些熟悉航路的学者也应运而生。他们撰写了中国明清时期几部重要的航海著作。如漳州诏安人吴朴的《渡海方程》，龙溪县张燮的《东西洋考》，以及出自漳州府人民之手、现已佚名的《顺风相送》和《指南正法》。此外康熙《台湾府志》、乾隆《泉州府志》、嘉庆《同安县志》、道光《厦门志》

---

[1] 道光《厦门志》卷首“周凯序”，厦门：鹭江出版社，1996年，页1。

[2] 陈侃：《使琉球录·使事纪略》，嘉靖刻本，页23a。

等亦载有丰富的航海史料。正是凭借这些丰富的本土著述，本章才得以顺利展开。

二、明清时期的风信理论及其科学性

“古人事天如事亲，亲之喜怒见于色，天之喜怒形于象，明于天人相感之际，而修省之事起焉。”[1]正是基于这样的天人关系理论，古人对自然现象的变化始终保持着警惕的态度。他们对于风信，尤其是风灾，亦持同样的态度。中国东南沿海地区飓风频发，因此，是沿海民众风信理论讨论的重点。

（一）飓风产生的原因——天地之气交逆

在现代大气物理学产生之前，人们要阐明飓风是如何形成的是一件十分棘手的事。古人用“天地之气交逆”理论来解释飓风的形成。《澎湖纪略》引《海外纪略》云：

> 台风乃天地之气交逆，地鼓气而海沸，天风烈而雨飘，故沉舟倾樯。若海不先沸，天风虽烈，海舟顺风而驰，同鲲鹏之徙耳。[2]

---

[1] 光绪《漳州府志》卷四十七“灾祥”，清光绪三年刻本，页1a。

[2] 胡建伟:《澎湖纪略》卷一“风信”，台北：宗青图书出版有限公司，1995年，页6。

所谓天地之气交逆，是指本该吹南风的季节，却出现了北风等反季节的风向，即逆风。交逆的原因是地鼓气和天风烈。前者导致风暴潮、天文大潮和大浪，后者则形成狂风暴雨。其实飓风是海洋与大气间能量交换引发的大气物理现象，即热带气旋。在大尺度海洋与大气相互作用中，海洋对大气的作用主要是输送热量，尤其是提供潜热来影响大气的运动；而大气则主要通过风应力向海洋提供动量，改变洋流，并重新分配海洋的热含量。因此，在一次热带气旋天气过程中，古人很难分清地与天，即海洋与大气是如何影响台风的。比如，导致海沸的风暴潮是热带气旋造成的，而天文大潮是月球和太阳的引力造成的，大浪则是潮与风共同作用的结果。因此，地鼓气和天风烈之说，就显得说服力不足。而屈大均在《广东新语》一书中，对天地之气交逆有着不同的理解：

> 粤在南方，故其风起于南者为顺，起于北者为逆。顺者为正气，天地之仁气也。逆者为飓风，始于北而终于南，从不仁以归于仁也。仁，阳也。不仁，阴也。飓起多以仲夏以午，仲夏与午，阴长阳消之始也。飓得阴气之先，初起时有雷则不成飓，未纯乎阴也。飓作数日有雷则止者，阴气为阳所夺也。起于朝者三日，于暮者七日。暮而阴气益盛，故飓发之久也。然七日而无雷，则飓亦止。七者数之尽，阴与阳皆以七日而复也。又飓之暴者不久而柔者久，柔阴之极也。奋雷者阳畜之极，故不终日。飓者阴畜之极，故多日。不终

日之雷，其雷多吉，终日之风，其风多凶。飓，终日之甚者也，凶之气也。天地之道，雷欲其有初而无终，雷而有终，斯为振恒之凶。风欲其无初而有终，风而无终，斯为终风之暴。[1]

在屈大均看来，广东省每到夏季风盛行季节，南风才是应有的风向，即顺风。一旦出现北风，则是逆风。所谓天地之气交逆，就是指出现了与盛行风向相反的风，即逆风。这一点与《海外纪略》的说法有所不同。飓风一开始的风向为北风，但伴随着台风出境或解体，最终被南风所替代，即逆归于顺，不仁归于仁。不仁与仁，又分别代表着阴与阳，因此，又可以从阴阳两方面去解释飓风的盛衰。飓风之所以产生于仲夏午间，是因为此时正是阴长阳消之始。在得到阴气，形成台风的时候，或者台风衰微的时候，一旦遇到雷这样的阳气，要么形成不了，要么很快解体。至于飓风持续时间“朝三暮七”的特征，亦与阴阳两气有关。

从现代气象学来看，屈大均真正触及飓风形成原因的论述，不是这段阴阳之气的说法，而是另一段文字：

说文有颶而无飓，或以为颶即飓也。予谓飓起于日南，日之风也。日者火之本，飓者风之本。颶与日交，风随火发，故为最烈之气，则谓飓曰颶亦可也。昌黎诗：“雷霆逼飓颶。”飓颶二字相连，则飓颶一也。颶从日者，律书。南方

[1] 屈大均：《广东新语》卷一“天语·旧风”，北京：中华书局，1985年，页11—12。

> 景风夏至至。景，大也。日至夏始大，阳气长养也。飓风大者皆以夏月发，日气过盛，故掀山簸海而訇哮不止也。唐官制有飑海道，不曰飓海者，以琼海为日南之地，飓多从琼海而起，故海曰飑海也。[1]

生活于明末清初的屈大均对飓风形成的理解已经涉及两个要素。其一是“飓起于日南，日之风也”，即飓风源地为热带海域。其二是“飑与日交，风随火发，故为最烈之气”，即飓风与太阳辐射有联系。自然界的风，主要是太阳辐射在不同地域形成气压差，导致空气水平运动。因此，从这个意义上讲，屈大均对飓风形成原因的认识与事实已经非常接近了。

明末清初西方传教士把“三际说”传入中国后，有关风与太阳辐射之间关系的学说已非常接近现代气象学的基本思想。本土也有学者注意到这一点，如揭暄所绘《日火下降旸气上升图》载：“旸蒸湿气成云，云被阴抑成雨，旸被阴激成雷，雷破云出成电，旸逐阴飞成风，无阴则旸气自聚自散矣。”“旸气冲阴出，相驱为风（见图3—1）。”这里的旸气，是指日光散发出来的“气流”，即太阳辐射。[2] 两相比较，可见屈大均显然不了解“三际说”。因此，他的说法是自己独立观察和思考的结果。

[1] 屈大均:《广东新语》卷一“天语·旧风”，北京：中华书局，1985年，页12。

[2] 孙承晟:“明清之际西方‘三际说’在中国的流传和影响”,《自然科学史研究》，2014年，第3期，页259—271。

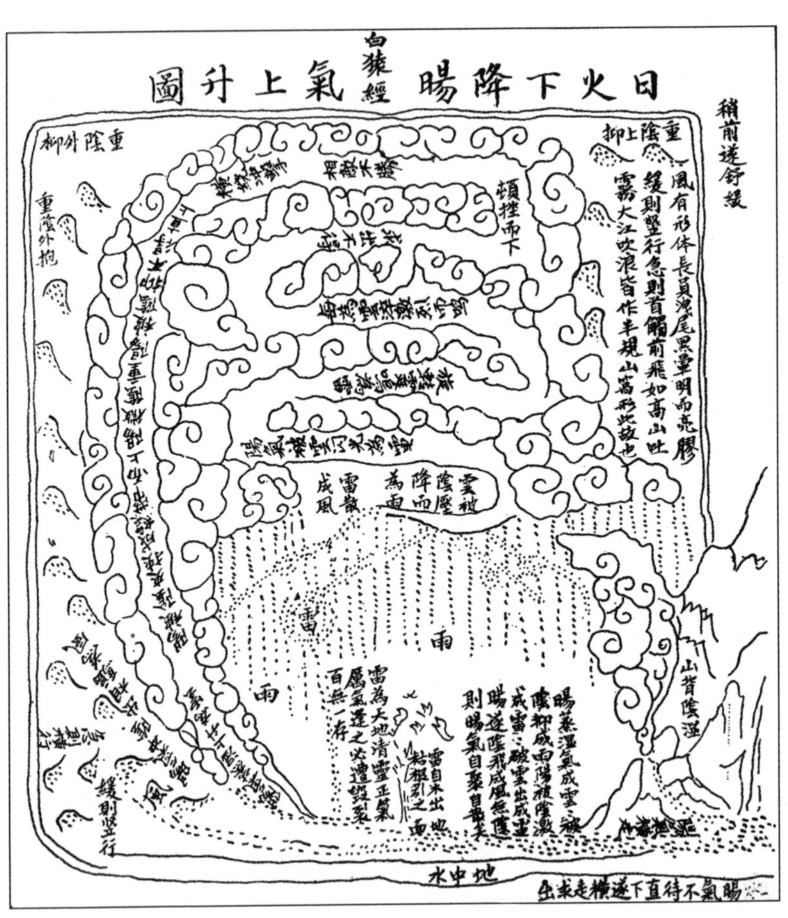

图 3—1 日火下降旸气上升图[1]

（二）从飓风到台风的概念变化

热带气旋最早通用的书面语概念应该是“飓风”。地方志的

[1]《诸葛武侯白猿经风雨占》，明万历三十二年抄本，上海图书馆藏。

撰写者在考证飓风的概念来源时，大多会提及南朝沈怀远《南越志》的记载："熙安间多飓风，飓者，具四方之风也。一曰惧风，言怖惧也。常以六七月兴。未至时，三日鸡犬为之不鸣，大者或至七日，小者一二日。外国以为黑风。"[1]故《集韵》遇韵飓字注："越人谓其四方之风曰飓。"[2]热带气旋影响的地域分布广阔，所以各地方言对其称呼也有差别。万历《漳州府志·气候》载："时作风痴，海上行舟者最忌之。"并注曰："痴，乡音读作胎，古谓飓风，言风四面俱至也。"[3]虽然明代漳州方言将飓风称为"风痴"，但从书面语来看，明代九龙江流域的方志很少用"风痴"一词描述强热带风暴，而是用"飓风"，即今所谓的台风。李荣在《台风的本字》一文中说："就现代方言的分布说，'风台'等通行于闽语地区，'风痴'通行于吴语地区。就来历说，'风台'等与'风痴'同出一源，都来自古'风痴'。换言之，风台是从'风痴'分化出来的。在字音分化之后，字形也跟着分化了。"[4]而"风台"转变为"台风"，则"不过是书面语根据汉语优势构词模式改装方言的一个实例而已。上海话'风潮、飓风、台风'三种说法或许代表三个层次。从上海郊区奉贤、南汇、嘉定与海门县四甲坝都说'风潮'，可以推知上海市区本来也说'风潮'，那

---

[1] 李昉、李穆等:《太平御览》卷九"天部九·风"，北京：中华书局，1960年，页6a—b。

[2] 丁度等:《集韵》卷七"去声上"，清文渊阁四库全书本，页31b。

[3] 万历《漳州府志》卷一"气候"，明万历元年刻本，页8b。

[4] 李荣:"台风的本字（下）"，《方言》，1991年，第2期，页84。

是最早的第一层。上海说‘飓风’可能是受书面语的影响，那是第二层。上海说‘台风’是受推广普通话的影响，这是第三层。”[1] 其实，“飓风”才是气旋天气系统中气流运动规律的最准确表述，“言风四面俱至也”。可惜，至民国，“飓风”在书面语中被“台风”一词替代，以至今天的“飓风”一词只是用来定义北大西洋的强热带风暴。至于“台风”概念完全取代“飓风”，也与著名气象气候学家竺可桢先生运用西方气象术语规范中国传统气象概念有关。1922 年 8 月 24 日，竺可桢在南通演讲时说："风暴剧烈的名为‘飓’，更剧烈的名为‘台’。这定义是有来历的。《福建省志》说：‘风大而烈者为飓，又甚者为台。飓常骤发，台则有渐。飓或瞬发倏止，台则连日夜或数日而止。大约正二三月发者为飓，五六七八月发者为台。’旁的书上讲到台、飓的分别，总没有这样清楚。照此看来，今年汕头的风暴，以发现的时期，剧烈的程度而论，不应名为飓风，应名为台风。英文报上总叫此等风暴为“Typhoon”，就是台风的译音了。中国报上反把名称弄错作飓风，这也可见中国人不讲科学的弊病了。”[2]

其实，清人用“台风”和“飓风”两个概念，还有区别不同强度气旋的用意。嘉庆《同安县志》载：

---

[1] 李荣：“台风的本字（下）”，《方言》，1991 年，第 2 期，页 84。

[2] 竺可桢：“说飓风”，《科学》，1922 年，第 9 期，页 883—894。又载竺可桢著，樊洪业主编，丁辽生等编纂《竺可桢全集》第一卷，上海：上海科技教育出版社，2004 年，页 403。

> 海中之飓，四时皆发，夏、秋为多。所视气如虹如雾，有风无雨，名为“飓”。夏至后，有北风必有台（当作灾）。信风起，而雨随之，越三四日，台即倏来。少则一昼夜，多则三日，或自南转北，或自北转南。必候西风，其台始定，然后行舟。土人谓：“正、二、三、四月发者为飓，五、六、七、八月发者为台。”台甚于飓，飓急于台。舟在洋中，遇飓可支，台则难受。盖台风散而飓风聚也。[1]

县志首先从风与雨的关系方面着手，认为“有风无雨”为“飓”，风起雨随则为“台”。台风是气旋性的天气系统，气流呈逆时针旋转，如果台风在某一地登陆，首先到达的应该是北风。夏至以后，厦门盛行风向是南风，突然有了很强的北风，一定是受热带气旋影响的结果。等西风吹来的时候，气旋已经过境，所以“必候西风，其台始定，然后行舟”。其次，县志认同“土人”按时间对热带气旋进行分类的方法，即把1—4月爆发的热带气旋称为“飓”，而把5—8月爆发的则称为“台”。随后，县志又从强度、气流运动方向及其影响进行比较说明。“台甚于飓，飓急于台”所要表达的内容，与“飓骤而祸轻，台缓而祸久且烈”[2]相似。它是指台风风速大于飓风，飓风形成比较突然，持续的时

[1] 嘉庆《同安县志》卷八“海防·风信”，清嘉庆三年刻本，页14a—14b。
[2] 胡建伟:《澎湖纪略》卷一“风信”，台北：宗青图书出版有限公司，1995年，页6。

间短，台风产生，则有先兆，且持续的时间长。从气流运行的方向来看，飓风类似于强对流天气，规模小，但气流辐聚上升速度快；台风规模大，但在局部地区人们很难感受到气流辐聚上升，即所谓“盖台风散而飓风聚也”。

其实，比嘉庆《同安县志》更早的康熙《台湾府志》，对台风和飓风不同之处的论述更为清晰：

> 风大而烈者为飓，又甚者为台。飓常骤发，台则有渐。飓或瞬发倏止，台则常连日夜，或数日而止。大约正、二、三、四月发者为飓，五、六、七、八月发者为台。[1]

关于台风和飓风暴发的具体时间，两种方志的记载比较一致。在强度方面，台风强于飓风；在规模和持续时间方面，飓风规模小，“瞬发倏止”，而台风规模大，“常连日夜，或数日而止”。

除了飓、台概念之外，还有一个重要的概念——暴。

> 飓之以时异者，谓之“暴”。每月值初三、十八日（凡风随潮发，此两日潮为最大，故潮满恒有风来），每旬值七、八、九日为暴期（谚云：“七无暴，八凄皇；八无暴，九夜不得到天光。”又云：“无事七八九，莫向江中走。”皆言其必有也）。月别有暴，或先期即至，或逾时始发，不出七日之内。

[1] 康熙《台湾府志》卷七“风土志·风信”，清康熙三十五年补刻本，页 12b—13a。

大约按其信期，系以神明故事，便于省记。[1]

“暴”主要是指每月寒潮南下或强对流天气引发的大风天气。从《同安县志》的描述来看，暴风天气与月球运行的关系非常密切，每月朔望日和每旬七、八、九日都是“暴”密集分布的时段。“一年之月，各有飓日；验之多应，舟人以为戒，避不敢行。”[2]《澎湖纪略》还强调，“大凡遇风暴日期不在本日，则在前后三日之中，又箕、壁、翼、轸四宿亦主风，皆当谨避之。”[3]为了便于记忆，每个“暴”都以神明命名，有点类似现代台风命名。对比厦门、澎湖和台湾对“暴”出现的日期和命名方式，其中厦门和台湾基本相似，而澎湖的暴日更多，记载也更为详尽，这自然与澎湖的大风天比较多有关。“澎湖风信，与内地他海迥异。周岁独春、夏风信稍平，可以种植；然有风之日，已十居五、六矣。一交秋分，直至冬杪，则无日无风，常匝月不少息；其不沸海覆舟，斯亦幸矣。”[4]康熙《台湾府志》则直接称“暴”为“飓”，见表3—1和表3—2。

---

[1] 嘉庆《同安县志》卷八“海防·风信”，清嘉庆三年刻本，页16 a。

[2] 康熙《台湾府志》卷七“风土志·风信”，清康熙三十五年补刻本，页15a。

[3] 胡建伟:《澎湖纪略》卷一“风信”，台北：宗青图书出版有限公司，1995年，页9。

[4] 光绪《澎湖厅志》卷一“封域·风潮”，台北：台湾大通书局，1984年，页36。

表 3—1　康熙年间台湾地区与道光年间厦门地区暴日统计[1][2]

月	日	台湾地区飓	厦门地区暴	台湾地区飓特征	厦门地区暴特征
正月	初四	接神飓	接神暴		
	初九	玉皇飓	玉皇暴	此日有飓，各飓皆验；此日若无飓，则各飓亦多有不验者	是日有暴，则四季飓期皆准。否则惊风骤作，多不及防。谚云：“玉皇无暴，渔家莫傲”
	十三	关帝飓	—	—	—
	十五	—	上元暴	—	—
	二十九	乌狗飓	窃九暴	—	—
二月	初二	白发飓	白须暴	—	—
三月	初三	上帝飓	元帝暴	—	—
	十五	真人飓	真人暴	真人飓多风	多风
	二十三	妈祖飓	妈祖暴	妈祖飓多雨	多雨
四月	初八	佛子飓	佛诞暴	—	—
五月	初五	屈原飓	屈原暴	系大飓旬	—
	十三	关帝飓	关帝暴	—	—
	二十		分龙暴	—	—

[1] 康熙《台湾府志》卷七“风土志 · 风信”，清康熙三十五年补刻本，页 15a—16b。
[2] 道光《厦门志》卷四“防海略 · 风信”，厦门：鹭江出版社，1996 年，页 101。

续表

月	日	台湾地区飓	厦门地区暴	台湾地区飓特征	厦门地区暴特征
六月	十二	彭祖飓	彭祖暴	自十二日起至二十四日止，皆系大飓旬	—
	十八	彭祖婆飓	彭婆暴		—
	二十四	洗炊笼飓	—		—
	二十九	—	文丞相暴	—	—
七月	十五	鬼飓	中元暴	—	—
八月	初一	灶君飓	灶君暴	—	—
	初五	—	—	大飓旬	—
	十五	魁星飓	—	—	—
九月	初九	—	重阳暴	—	—
	十六	张良飓	张良暴	—	—
	十九	观音飓	观音暴	—	—
十月	初十	水仙王飓	水仙暴	—	—
	二十六	翁爹飓	翁爹暴	—	—
十一月	二十七	普庵飓	—	—	—
	二十九	—	普庵暴	—	—
十二月	二十四	送神飓	送神暴	自二十四日至年终，每遇大风，名为“送年风”	—
	二十九	火盆飓	—		—

表3—2 乾隆年间澎湖地区暴日逐月统计[1]

<table>
<tr><th>月</th><th>日</th><th>澎湖地区暴</th><th>特征</th></tr>
<tr><td rowspan="8">正月</td><td>初三</td><td>真人暴</td><td rowspan="8">凡正月初三、初八、十一、二十五、月晦日，皆龙会日，主风</td></tr>
<tr><td>初四</td><td>接神暴</td></tr>
<tr><td>初九</td><td>玉皇暴（是日有暴，则各暴皆验；否则至期或有或无，靡所准也）</td></tr>
<tr><td>十三</td><td>刘将军暴</td></tr>
<tr><td>十五</td><td>上元暴</td></tr>
<tr><td>二十四</td><td>小妾暴</td></tr>
<tr><td>二十八</td><td>洗炊笼暴</td></tr>
<tr><td>二十九</td><td>乌狗暴（又云龙神会）</td></tr>
<tr><td rowspan="7">二月</td><td>初二</td><td>白须暴</td><td rowspan="7">凡二月初三、初九、十二，皆龙神朝上帝之日</td></tr>
<tr><td>初七</td><td>春明暴</td></tr>
<tr><td>初八</td><td>张大帝暴</td></tr>
<tr><td>十七</td><td>马和尚渡江暴</td></tr>
<tr><td>十八</td><td>达摩渡江暴</td></tr>
<tr><td>十九</td><td>观音暴</td></tr>
<tr><td>二十五</td><td>龙神朝天暴，一云是二十九日</td></tr>
</table>

[1] 胡建伟:《澎湖纪略》卷一“风信”，台北：宗青图书出版有限公司，1995年，页7—9。

续表

月	日	澎湖地区暴	特征
三月	初三	元帝暴	凡三月初三、初七、二十七，皆龙神朝星辰之日
	初七	阎王暴	
	十五	真人暴（又名真君暴）	
	十八	后土暴	
	二十三	妈祖暴（真人多风，妈祖多风）	
	二十八	东岳暴（又曰诸神朝天暴）	
四月	初一	白龙暴	凡四月初八、十二、十七，皆龙神会太白之日
	初八	佛子暴（又云太子暴）	
	十三	太保暴	
	十四	纯阳暴	
	二十三	又云太保暴	
	二十五	龙神太白暴	
五月	初一	南极暴	凡五月初五、十一、二十九，皆天帝龙王朝玉帝之日
	初五	系大暴，名屈原暴	
	初七	朱太尉暴	
	十三	关帝暴	
	十六	天地暴	
	二十一	龙母暴	
	二十九	威显暴	

续表

月	日	澎湖地区暴	特征
六月	初六	崔将军暴	凡六月初九、二十九皆地神龙王朝玉帝之日
	十二	彭祖暴	
	十八	彭婆暴	
	十九	观音暴	
	二十三	小姨暴	
	二十四	雷公暴（此暴最狠，又最准）	
	二十六	二郎神暴	
	二十八	大姨暴	
	二十九	文丞相暴	
七月	初七	乞巧暴	凡七月初七、初九、十五、二十七，皆神煞交会之日。又六月多主台，海上人谓六月防初，七月防半，虽未必尽然，有时而验
	初八	神煞交会暴（又云十八日）	
	十五	中元暴	
	十八	王母暴	
	二十一	普庵暴	
八月	初一	灶君暴	凡八月初三、初八、二十七，皆龙王大会之日
	初四	伽蓝暴	
	十五	魁星暴	
	二十一	龙神大会暴	

续表

月	日	澎湖地区暴	特征
九月	初九	重阳暴	凡九月十一、十五、十九，皆龙神朝玉帝之日。又九月自寒露至立冬止，常乍晴乍阴，风雨不时，谓之九降，又曰九月乌
	十六	张良暴	
	十七	金龙暴（又云冷风信）	
	十九	观音暴	
	二十七	冷风暴	
十月	初五	风信暴（又名朔风信）	凡十月初八、十五、二十七，皆东府君朝玉皇之
	初六	天曹暴	
	初九	水仙王暴	
	十五	下元暴	
	二十	东岳朝天暴	
	二十五	日雪栖暴	
	二十六	翁爹暴	
十一月	十四	水仙暴	凡十一月，时朔风司令，无日无风。然而南风尽绝，凡背北处皆可泊船
	二十七	普庵暴	
	二十九	西岳朝天暴	
十二月	初八	腊八暴	凡十二月自二十四至二十九，凡有南风。则应来年；如二十四则应四月、二十五则应五月、二十九则应九月，俱不差爽
	二十四	送神暴	
	二十九	火盆暴	

“台”“飓”“暴”等概念的并行使用，其实是清人对冷锋和气旋活动认识逐渐深入的结果。另外值得注意的是，真正造成海上船难的并非台风，而是不可预见的强对流天气或冷锋天气，尤其是强对流天气，令航海者防不胜防。其实，早在北宋，沈括在《梦溪笔谈》中就对该现象有清楚的记载：“江湖间唯畏大风，冬月风作有渐，船行可以备，唯盛夏风起于顾盼间，往往罹难。”[1]此“起于顾盼间”的风，主要指强对流天气引起的大风。相反，台风是一个巨型复杂的天气系统，发展过程很长，征兆也很明显，所以操舟者很容易预知和规避。

（三）风向的季节变化

关于厦门湾和台湾海峡不同季节风向的变化规律，康熙《台湾府志》载：

> 清明以后，地气自南而北，则以南风为常风；霜降以后，地气自北而南，则以北风为常风。若反其常，则台飓将作，不可行舟。南风壮而顺，北风烈而严。南风多间，北风罕断。南风驾船，非台飓之时，常患风不胜帆，故商贾以舟小为速；北风驾船，虽非台飓之时，亦患帆不胜风，故商贾以舟大为稳。[2]

[1] 沈括:《梦溪笔谈》卷二十五“杂志二”，上海：上海书店出版社，2009年，页211。

[2] 康熙《台湾府志》卷七“风土志·风信”，清康熙三十五年补刻本，页12b。

嘉庆《同安县志》亦云：

> 清明以后，南风为常。霜降以后，北风为正。南风壮而顺，北风烈而严。南风时发时息，恐风不胜帆，故舟以小为稳。北风一发难止，恐帆不胜风，故舟以大为稳。[1]

清明以后，随着太阳直射点的北移，东南季风成为台湾海峡两侧的主导风向，而霜降以后，则让位于西北季风。这一点与现代台湾海峡风向的季节变化大体一致，即每年9月至翌年5月盛行偏北风，6—8月盛行东南风或西南风。[2]冬季风的强度远大于夏季风，而且冬季风风向稳定，变化不大。相反，夏季风则时有时无，所以海上行船多有不便，所谓“南风壮而顺，北风烈而严。南风多间，北风罕断。南风驾船，非台飓之时，常患风不胜帆，故商贾以舟小为速；北风驾船，虽非台飓之时，亦患帆不胜风，故商贾以舟大为稳。”这种对风向和风速准确的描述，说明清人已经把夏季风主导下发生的强热带风暴和超强热带风暴称为“台风”，而把冬季风主导下的气旋类天气称为“飓风”。这一点与明代有了显著的区别。如万历《泉州府志·舆地志上·气候附》:“每春夏之交，梅雨连旬不止，春冬之月，时作飓风，风则

[1] 嘉庆《同安县志》卷八“海防·风信”，清嘉庆三年刻本，页13b—14a。

[2] 林新彬、刘爱鸣等:《福建省天气预报技术手册》，北京：气象出版社，2013年，页16。

挟雨，春月雨与飓风齐发，冬月雨在飓风后发，间或有干风而竟不雨者，故乡民候雨以春飓前冬飓后验之。”[1]显然，明人对热带气旋并没有做更为细致的类型划分，所以统统以飓风概括。值得注意的是，清代通论性的文本中大多数都使用“飓风”一词，而非“台风”。一方面是传统行文习惯使然，正如嘉庆《同安县志》所云：“台不载字书，今姑从俗。”[2]另一方面，飓风概念包含了强对流天气、强热带风暴、超强热带风暴等，因此，使用“飓风”一词，便于作者行文。

（四）强热带风暴和超强热带风暴的预报

强热带风暴和超强热带风暴的预报，无疑是军民最关注的事情。因此，嘉庆《同安县志·风信》对此着墨较多。热带气旋的季节变化明显，因此就有了季节性预报：

> 夏、秋之交，凡有大风即是飓。有此风必有大雨。……舟行以四、八、十月为稳，盖天气晴和也。六、七月多台（谚云：“六月防初，七月防半”），六月有雷即无台（谚云：“六月一雷止九台，七月一雷九台来”）。九月天色晦冥，狂飚叠发，俗呼为九降或为九横（上声）。台、飓俱挟雨，惟九降恒风而无雨。[3]

---

[1] 万历《泉州府志》卷一“舆地志上·气候附”，明万历四十年刻本，页6a—6b。
[2] 嘉庆《同安县志》卷八“海防·风信”，清嘉庆三年刻本，页14b。
[3] 嘉庆《同安县志》卷八“海防·风信”，清嘉庆三年刻本，页15b—16a。

对于飓风的预报，已有“大约正、二、三、四月发者为飓”的说法，此处又言“夏、秋之交，凡有大风即是飓。有此风必有大雨”，时间上出入较大。就现代气象学而言，这里的飓风是指冷、暖气团南北交锋形成的风雨天气，主要集中在夏秋之交。而台风则主要发生在六七月，其中六月上旬和七月中旬是一年中最集中的时间。当然，六月和七月是否有台风，还可以通过是否打雷来预测，“六月一雷止九台，七月一雷九台来”，同样是打雷，六月有雷即无台，而七月一雷九台来。九月冷锋天气系统活跃，所谓“九月天色晦冥，狂飚叠发，俗呼为‘九降’或‘九横’。台飓俱挟雨，惟九月恒风而无雨。”[1]《占风》歌谣主要侧重于飓风在一月之内发生的时间和影响：

风雨潮相攻，飓风难将避。
初三须有飓，初四还可惧。
望日二十三，飓风君可畏。
七八必有风，讯头有风至。
春雪百二旬，有风君须记。[2]

[1] 民国《厦门市志》卷十四“防海志·风信”，北京：方志出版社，1999年，页396。

[2] 张燮著，谢方点校：《东西洋考》卷九“舟师考·占验”，北京：中华书局，2000年，页187。

占风歌谣重在提醒民众，朔望日前后的高潮位与风暴潮叠加，大风巨浪，来势凶猛，须多加提防。另外，台风活动与太阴或月相的变化也有一定的关系。卡朋特（Carpenter）等研究发现，在北大西洋和西北太平洋台风形成日期中，存在一个太阴朔望周期，长度为29.53天。在新月和满月附近形成的台风或飓风的数量比上、下弦时约多20%，且新月比满月时的数量更多。[1]这正是“初三须有飓，初四还可惧。望日二十三，飓风君可畏”所反映的事实。

飓风爆发的天气预报涉及的范围较为广泛：

> 西北风倏起，或日早白暮黑，天边有断虹、散霞如破帆、鲎尾；西北黑云骤生，昏夜星辰闪动，海水骤变，水面多秽，及海蛇浮游于上，蝼蛄放洋，乌鲻波弄，必有飓风将至，须急收安澳。[2]

首先是从风向变化方面的预报。“西北风倏起”之所以能作为预报台风的因子，是因为“清明以后，地气自南而北，则以南风为常风；霜降以后，地气自北而南，则以北风为常风。若反其

[1] Carpenter *et al*. Observed Relationships Between Lunar Tidal Cycles and Formation of Hurricanes and Tropical Cyclones. *Monthly Weather Review*, Vol. 100(1972). No.6. 转引自陈联寿、丁一汇：《西太平洋台风概论》，北京：科学出版社，1979年，页146。

[2] 嘉庆《同安县志》卷八“海防·风信”，清嘉庆三年刻本，页13b。

常，则台飓将作，不可行舟。”[1]热带气旋一般生成于南海中北部海面、菲律宾群岛以东和琉球群岛附近海面、马里亚纳群岛附近海面以及马绍尔群岛附近海面。受太平洋高压和亚洲低压之间的气压梯度力和科氏力的控制，基本上是由南向北，由东南向西北方向移动，因此，率先影响我国东南沿海的台风气流是台风环流系统的左侧气流，即北风或西北风。“占台风者，每视风向反常为戒。如夏月应南而反北，秋冬与春应北而反南（三月廿三日妈祖暴后便应南风，白露后至三月皆应北风。唯七月北风多主台），旋必成台。其至也渐，人得而避之。……春风畏始，冬风虑终。又非常之风，常当在七月。腊月自廿四日至廿九日有南风，则占来年有台。如廿四日，则应四月；廿五日，则应五月。按日占月，至廿九日为应九月也。”[2]

其二是“占天”。预测原则是：“暮看西北黑，半夜看风雨。”[3]这里的“西北黑”，是指夕阳西下时，凡西方浓云密布，将有风雨。除台风天气系统外，中国任何种类的风暴或降水天气系统，都是随大气环流从西向东移行。故西方出现了和地平线连在一起的浓云，俗称“根云”，预示着风雨将要来临。至于从看到西方密布“根云”起，至风雨开始的时间，取决于天气系统移行的快慢及其结构。有的系统移行迅速，有的缓慢；有的雨区很

[1] 康熙《台湾府志》卷七“风土志 · 风信”，清康熙三十五年补刻本，页12b。
[2] 嘉庆《同安县志》卷八“海防 · 风信”，清嘉庆三年刻本，页15a—15b。
[3] 张燮著，谢方点校：《东西洋考》卷九“舟师考 · 占验”，北京：中华书局，2000年，页186。

大，有的雨区很小；有的伴生强风，有的很弱。[1]台风到来的日色与通常降雨征兆相差不多，“日早白暮黑”。[2]但台风天气系统登陆后的移动方向与通常的天气系统不同，基本上是自东向西移动的。

其三是“占虹”。“凡虹皆阴阳不正之气交感而成，日光映之则黄”。[3]关于利用彩虹占雨的方法，《东西洋考》载：“虹下雨雷，晴明可期。断虹晚见，不明天变。”[4]可见“断虹晚见”是预报台风的因子之一。据《农政全书·论虹》载：“俗呼曰鲎。谚云：‘东鲎晴，西鲎雨。’谚云：‘对日鲎，不到昼。’主雨。言西鲎也。若鲎下便雨，还主晴。”[5]所谓东虹，是指傍晚太阳照射在东边天空的云上形成的彩虹，而西虹则是指早晨太阳照射在西边的云上形成的彩虹。一般情况下，降雨天气过程受西风带的影响是由西向东发展的，当东虹出现时，当地降雨天气过程行将结束，所以东虹晴。与之相反，早晨西边出现彩虹时，降雨天气过程才开始，所以西虹雨。当台风天气系统出现时，天气过程与通常盛行西风控制的天气过程相反，是从东向西发展的，所以“断虹晚见，不明天变”。断虹，即残虹。是浓云或密雨把太阳遮蔽的结

[1] 郛正明：“中国沿海天气歌谣分析”，《大连海运学院学报》，1959年第1期，页24。

[2] 嘉庆《同安县志》卷八“海防·风信”，清嘉庆三年刻本，页13b。

[3] 嘉靖《惠安县志》卷四“杂占”，明嘉靖九年刻本，页5b。

[4] 张燮著，谢方点校：《东西洋考》卷九“舟师考·占验”，北京：中华书局，1981年，页187。

[5] 徐光启：《农政全书》卷十一“农事·占候”，崇祯平露堂本，页18a。吴语中谓“虹”为“鲎”。

果，所以必然有大雨。故康熙《台湾府志》亦云："天边有断虹，亦台将至。止现一片如船帆者，曰'破帆'；稍及半天如鲎尾者，曰'屈鲎'。出于北方，又甚于他方也。"[1]

其四是"占云、占星"。歌谣《占云》预报大雨的方法是："日没黑云接，风雨不可说。云布满山低，连宵雨乱飞；云从龙门起，飓风连急雨。西北黑云生，雷雨必声訇"。[2]"龙门"，即郢城之东门，泛指东方。"黑云"是指强对流天气系统形成的积雨云。黑云生在东方或西北天空，自然与飓风天气过程由东向西发展有关。"占星"则根据星辰闪动情况预测风雨，所谓"昏夜星辰闪动，亦大风将作"。[3]昏夜星辰闪动，其实是热带风暴和强热带风暴导致其外围大气扰动，密度分布不均，以及大量热量从低纬度向高纬度输送的结果。另外，闪电亦可以预报飓风。《农政全书·论电》载："夏秋之间，夜晴而见远电，俗谓之热闪。在南，主久晴。在北，主便雨。谚云：'南闪半年，北闪眼前。'北闪俗谓之北辰闪，主雨立至。谚云：'北辰三夜，无雨大怪。'言必有大风雨也。"[4]《东西洋考》亦云："电光西南，明日炎炎。电光西北，雨下连宿"。[5]因此，这才会有"辰阙电飞，大飓可

[1] 康熙《台湾府志》卷七"风土志·风信"，清康熙三十五年补刻本，页14a。
[2] 张燮著，谢方点校：《东西洋考》卷九"舟师考·占验"，北京：中华书局，1981年，页186—187。
[3] 康熙《诏安县志》卷二"天文志·风气"，清同治十三年刻本，页7a。
[4] 徐光启：《农政全书》卷十一"农事"，明崇祯平露堂本，页18b。
[5] 张燮著，谢方点校：《东西洋考》卷九"舟师考·占验"，北京：中华书局，2000年，页188。

期”的预报方法。

其五是“占海”。海中长周期的气压波会引起同样波长的波浪，即通常所说的“长浪”。海面长浪自低气压中心并向远方传播时，它的行进速度比低气压的移动速度快得多，即长浪的波锋传播速度比台风移动速度快，约2 200—3 600海里/昼夜，且传播的距离远，最远达6 000海里。因此，长浪比台风抵达海岸边约早1—3天。长浪引发的第一个现象是海吼。

> 海吼俗称海叫。小吼如击花腔鼓，点点作撒豆声，乍远乍近，若断若连；临流听之，有成连鼓琴之致。大吼如万马奔腾，钲鼓响震，三峡崩流，万鼎共沸；惟钱塘八月怒潮，差可彷佛，触耳骇愕。余常濡足海岸，俯瞰溟渤，而静渌渊渟，曾无波瀫，不知声之何从出；然远海云气已渐兴，而风雨不旋踵至矣。海上人习闻不怪，曰：“是雨征也”。若冬月吼，常不雨，多主风。[1]

嘉靖《惠安县志》亦云：“海啸主风。”[2]当远海由于气压变动、移动而产生的水位升降伴随长浪传至近岸时，随着水深变浅，长浪波锋引起潮形突变，波高就有显著增加的趋势。同时，海流上下层流动方向相反，浪击礁石的声音大，导致海响异常。

---

[1] 乾隆《续修台湾府志》卷一“封域·附考”，清乾隆十二年刻本，页20b—21a。
[2] 嘉靖《惠安县志》卷四“杂占”，明嘉靖九年刻本，页7a。

台风前24—36小时有海响，声似打鼓，时上时下，潮水有大有小，是刮台风的征兆。第二个现象是“海水骤变，水面多秽如米糠，及有海蛇浮游于水面，亦台将至。”[1]“蝼蛄放洋，大飓难当。两日不至，三日无妨。海泛沙尘，大飓难禁。若近沙岸，仔细思寻。”[2]当长浪传播至近岸时，长波触及海底，大量海底沉积物和营养盐类被搅动泛起，海水变色，呈现红色，俗称海血，有腥味，盐度增大，海底冒气泡。[3]营养盐类吸引浮游生物大量聚集，进而吸引蝼蛄虾和海蛇出动觅食。

台湾海峡两岸以及华南地区的民众都有用知风草占验台风的习惯。知风草（Eragrostis Ferruginea〈Thunb.〉Beauv.），为禾本科画眉草属植物，在全国大部分地区都有分布。用知风草占验台风，主要集中在海南岛及周边地区。南宋祝穆所著《方舆胜览·琼州》载:“知风草，丛生，若藤蔓。土人视其叶之节有无，以知一岁之风候。”[4]知风草在莆田称苦芦草，“田野有一样草，俗呼苦芦草，其茎长，其叶光，若今岁叶上结一节，则来岁作一风痴，试之颇验。”[5]占验方法是用今年的苦芦草叶上拔节的数

[1] 康熙《台湾府志》卷七“风土志·风信”，清康熙三十五年补刻本，页14a。

[2] 张燮著，谢方点校:《东西洋考》卷九“舟师考·占验”，北京：中华书局，2000年，页188。

[3] 中山大学地理系水文专业“台风暴潮”研究小组:“华南沿海应用长浪方法辅助台风暴潮预报的展望”，《中山大学学报·自然科学版》，1974年，第4期，页106—116。

[4] 祝穆撰，祝洙增订，施和金点校:《方舆胜览》卷四十三“海外四州·琼州”，北京：中华书局，2003年，页770。

[5] 弘治《兴化府志》卷十五“礼记·气候灾祥通志”，清同治十年刻本，页2b。

量，占验明年台风登陆的次数。这种涉及气候年际变化的预报，其原理和准确性如何，尚待进一步探讨。台湾原住民称知风草为识风草，“土番识风草，此草生无节，则周年俱无台；一节，则台一次，二节二次，多节则多次者，今人亦多识此草。”[1]这里没有交代是占验当年还是来年的台风次数。

综上所述，不难发现，古人所利用的气象预报因子，其现象主要发生在北方、西北方，如“西北风倏起”“暮看西北黑，半夜看风雨”“屈鲎出于北方，又甚于他方”“辰阙电飞，大飓可期”等。这一现象自然与热带气旋到来之前，北风导致北方、西北方大气率先剧烈运动有关，即大陆性气团与海洋性气团剧烈碰撞，导致暖气团被顶托上升，形成锋面雷雨天气。

（五）台风的天气过程

宋元丰三年（1080）所立温州海坛山《海神庙碑》对台风天气过程的描述颇为细腻：

> 方未风时，蒸溽特甚，而波涛山涌，若有物驱之，此邦谓之“海动”。既而暴风大起，其色如烟，其声如潮，振动天地，拔木飘瓦，甚惊畏者不敢屋居以惧覆压；风稍息则雨大倾，雨稍霁则风复作，一日之间，或晴或雨者无虑百数，此邦谓之“风痴”。其始发于东北，微者一昼夜，甚者三数

[1] 康熙《台湾府志》卷七“风土志·风信”，清康熙三十五年补刻本，页14b。

> 日；已而复有西南之风，随其一昼夜或三数日以报之，此邦谓之“风报”。风痴已可惧，然比岁常有；而风报或无，果有则势尤恶。[1]

“方未风时，蒸溽特甚”道出台风到来之前闷热天气的体感，“海动”即长浪。“风稍息则雨大倾，雨稍霁则风复作。一日之间，或晴或雨者无虑百数”，相当精确地描述了台风天气系统过境时风雨交替的特点。有关台风天气过程中风向的变化，如嘉庆《同安县志》云：

> 飓风起自东北者，必自北而西；自西北者，必自北而东，而俱至南乃息，谓之回南，凡二昼夜乃息。若不落西、不回南，则逾月复作。作必对时。日作次日止，夜作次夜止。盖其暴者不久，或数时，或一日夜。其柔者久，或二、三夜。有一岁再三作者，有数岁不作者。凡岁有打鬼节，则有一飓。有二打鬼节，即有二飓。鬼，鬼宿也。打节者，或立春、立夏等节，值鬼宿也。飓初起时，有雷则不成。飓作数日，有雷而止。[2]

屈大均《广东新语》对飓风风向变化过程的解释是：

---

[1] 赵屼：“海神庙碑”，《温州历代碑刻集》，上海：上海社会科学院出版社，2002年，页5。

[2] 嘉庆《同安县志》卷八“海防·风信”，清嘉庆三年刻本，页14b。

> 飓者，具四方之风也。凡风飓以东北方而始，必以北以西而中。以西北方而始，必以北以东而中，而皆以南而终。盖南方之风，以南为正。始于不正终于正，故飓必回南乃止，归于其本方也。[1]

飓风“俱至南乃息”，原因有二：其一，气旋的东部气流由南向北流动，即南风；其二，当一次气旋天气过程结束后，广东和福建又被夏季盛行风向即南风所控制。所以屈大均才有“南方之风，以南为正”的说法。

要言之，传统中国东南沿海民众对风信的认识，尤其是对台风的认识，已经与现代气象气候学非常接近了，屈大均把台风产生与太阳辐射联系起来，是相当深入的认识。只是囿于现代大气物理学的滞后，无法更深入讨论而已。尽管还没有直接触及风信的核心理论，但对风信现象的观察和规律的认识，包括风信的分类、台风的预报、季节变化和天气过程等方面，已经具备了较高的水准，且有成熟的经验总结。

三、风信理论与航海避风

“海舶在大洋中，不啻太虚一尘，渺无涯际，惟藉樯舵坚实，

[1] 屈大均:《广东新语》卷一“天语·旧风”，北京：中华书局，1985 年，页 12。

绳椗完固，庶几乘波御风，乃有依赖。每遇飓风忽至，骇浪如山，舵折樯倾，绳断底裂，技力不得施，智巧无所用。”[1]因此，掌握包括风信在内的海况，趋利避害，无疑是海上航行安全的重中之重。故道光《厦门志·凡例》云：“附以风信、潮信、占验及台澎海道、南北洋海道，俾哨弁、贾舶得所取资。”[2]那么，人烟辐辏，梯航云屯，东南海疆一大都会的厦门，其航海者是如何应对海上风信变化的？其主要从三个方面着手，即设置避风澳、增强抗风能力以及选择正确的航行时间。

首先看避风澳的设置与选择。避风澳，除具有小海湾的一般特征外，不同季节里对岸边山地高度的要求也是不同的。“凡滨山寻澳泊船之处，南风则以南负山而北面海者为澳，北风则以北负山而南面海者为澳。南风则寻南风澳，北风则寻北风澳，此其常也。独五、六月应属南风，而遇北风之时，不可泊北风澳；盖以北风转南之时，呼吸变更，台雨严厉，以北风而受南风，驾避不及，随刻粉碎矣。”[3]《涌幢小品》据避风状况，将避风澳分为不同等级：“兵船在海遇晚，宜酌量收泊安隩，以防夜半发风。尝按沿海之中，上等安隩可避四面飓风者，凡二十三处……中等安隩可避两面飓风者一十八处……其余下等安隩可避一面飓风……

[1] 郁永河：《稗海纪游·海上纪略》，台北：台湾银行经济研究室，1959年，页60—61。

[2] 道光《厦门志》卷首“凡例”，厦门：鹭江出版社，1996年，页8。

[3] 康熙《台湾府志》卷七“风土志·风信”，清康熙三十五年补刻本，页14b—15a。

必不得已，寄泊一宵，若停久恐风反，则迅不能支。”[1]厦门虽有十五个隔水相通的港口，渡船乘潮往来，但港口只是船舶营运时的停靠点，停泊休整则在澳。厦门有五大澳，即神前澳、塔头澳、涵前澳、高崎澳、鼓浪屿澳，主要供商船、渔船和渡船在小风天气条件下停泊。一旦遇到大风，则需另行寻找停泊避风之澳。厦门有五个避风澳（见表3—3），分布在不同的岛屿上，可以避的风向和强度也有差异。除了避风澳，还有规模更小的避风地，即避风坞，分布在岛屿的各个角落，供渔船随时停靠避风。

表3—3 厦门哨船、商船停泊避风之澳

澳	位置、澳内航行条件	避风方向
曾厝垵澳	在厦门南海滨，与南太武山隔海相望。沙地宽平、湾澳稍稳	可避北风
内厝澳	在鼓浪屿西，与厦门相望。湾澳甚稳	可避飓风
青浦澳	在青浦目屿，与厦门隔海，居于西南。湾澳颇稳	可泊避风
浯屿澳	在浯屿西，前对岛美村。湾澳平稳	可泊避风
大担澳	在大担屿西天后宫前	可暂寄泊

以厦门湾为中心点，向外辐射的内洋航线总计有三条：一是向东的台澎海道，一是向北的北洋海道，一是向南的南洋海道。各个航线除了要注意不同季节的出航时间外，还要注意沿线避风澳的空间分布。道光《厦门志》重点关注了三条航线在福建省内

[1] 光绪《定海厅志》卷二十“军政”，上海：上海古籍出版社，2011年，页539。

的避风问题。

1. 台澎海道的避风澳。台湾海峡，被称为“横洋”。厦门放洋，至澎湖七更，至台湾鹿耳门十一更。跨越横洋的船舶，因风向不同，在不同的岛屿上停泊。“径趋台厦不入澎湖者，南风泊船必于八罩，北风泊船必于西屿头。入澎湖泊船，必于妈宫澳步岸。”澎湖为台厦往来船只之要津，但澎湖岛屿纵横，水道复杂。“澎湖岛屿大小相间，有名号者三十六岛，水底皆大石参错。其北曰‘北硗’，舟触之必破。故舟行惟从西屿头入，或寄泊西屿内，或妈宫澳，或八罩，或镇海屿，渡东吉洋，始入鹿耳门。”横渡台湾海峡最危险的水域是黑水、红沟，因此，在这片水域，操舟者既要注意风向，还要时刻关注海流。

> 初渡红水沟，再渡黑水沟。（水势稍洼故谓之沟）红沟色赤而夷，黑沟色墨而险。沟广百里，自北流南，不知源出何所。厦船远渡横洋，固畏飓风，又畏无风。大海无橹摇棹拨之理，千里、万里，只藉一帆风力，湍流迅驶。倘顺流而南，则不知所之矣。操舟者认定针路，又以风信计水程迟速，望见澎湖西屿头、花屿、猫屿为准。若过黑水沟，计程应至澎湖，而诸屿不见，定失所向，急仍收泊原处，以候风信。若夫风涛喷薄，悍怒激斗，瞬息万状。子午稍错，北则坠于南澳气，南则入于万水朝，东有不返之忧，或犯吕宋、暹罗、交趾诸外地，亦莫可知。海风无定，而遭风者亦不一例。常有两舟并行，一变而此顺彼逆，祸福攸分，出于顷

刻。此厦船渡台海道之险阻也。[1]

在台湾海峡航行时，船舶既受风、雾的影响，又受潮汐、海流和波浪的影响。单就潮流来说，台湾海峡连接东海和南海，是两个海区海水交换的一个重要通道，海流极为复杂。特别是澎湖附近海域，既有受海洋地貌影响的上升流，还有北上的黑潮的西部分支和南海流，又有南下的浙闽沿岸流以及冬季的表层西南流，且其流速常常是台湾海峡西部水域流速的四倍左右，所谓的“黑水红沟”就是指这些复杂的海流。

船舶即便航行至鹿耳门，也会因风向不顺，难以靠岸，因此返航的也不少："如海舶乘风已抵鹿耳门，忽为东风所逆，不得入，而门外铁板沙又不得泊，又必仍返澎湖。若遇月黑莫辨澎湖岛澳，又不得不重回厦门以待天明者，往往有之。"[2]

2. 南洋海道的避风澳。与穿越台湾海峡中途只有澎湖列岛可以避风的海道不同，南洋海道是近岸航行，因此，一路上有许多澳可以避风。从厦门至广东和福建交界的南澳岛，沿途有十三个澳可以避风，但各澳所避风向不同。另外，船舶到达一澳，在避风的同时，也要补充柴火和淡水，因此能否提供樵、汲也成了衡量各澳功能的重要指标。

---

[1] 道光《厦门志》卷四“防海略·附台澎海道”，厦门：鹭江出版社，1996年，页106。

[2] 道光《厦门志》卷四“防海略·（附）台澎海道考”，厦门：鹭江出版社，1996年，页106。

南洋海道沿岸共有十三澳，其中镇南澳和铜山澳，澳中有澳，因此共计可细分为十五澳（见表3—4）。其中，能避北风的澳有十个，能避南风的澳有七个，南北风都能避的澳有五个。能樵的澳有四个，能汲的澳有十三个。同时要注意的是，能避风的，未必能避飓风，譬如漳浦县的将军澳，“澳内打水三四托沙泥地。西势海底有大石，驶船往来不可太近，宜防之。北风可寄泊。若天时变异，将发飓风，不可泊也。”[1]

表3—4　南洋海道沿岸十三澳避风樵汲统计

澳		北风	南风	樵	汲	属地
浯屿澳	—	√	√	—	√	海澄县
麦坑澳	—	—	√	—	√	
镇南澳	—	√	—	—	√	
	澳外东势	√	—	—	√	
将军澳	—	√	—	—	—	漳浦县
六鳌澳	—	—	—	√	√	
杏仔澳	—	—	√	—	√	
古雷澳	—	—	—	—	√	
铜山澳	内澳	√	√	√	√	诏安县
	外澳	—	—	—	—	
苏尖澳	—	√	—	√	√	

[1] 道光《厦门志》卷四“防海略·（附）南洋海道考”，厦门：鹭江出版社，1996年，页107。

续表

澳		北风	南风	樵	汲	属地
溜澳角	—	√	—	—	√	诏安县
宫仔前澳	—	√	√	—	√	
悬钟澳	—	√	√	—	√	
南澳城	—	√	√	√	√	

3. 北洋海道的避风澳。厦门至北关之间的北洋海道，沿岸有三十七澳，加上澳中之澳，可细分为五十四个（见表 3—5）。其中，可避北风的澳有二十三个，避南风的有十八个，南北风都可以避的七个。当然，每一个澳的海底地貌千差万别，所以避风也要因地制宜。比如门扇后，“内打水三四托泥地，可泊船取汲。惟门中有沙线，有礁石，驶船过门甚难，须柁人熟手者细心防之。北风可以戗驶出入，宜认取山屿而过。若水退三分以下、东风，切不可出门。或大南风亦不可出入。”[1]可以避飓风的澳是娘宫澳和定海。但娘宫澳避飓风，船须在较高潮位时驶入。“娘宫之东有港，即火烧港，内是泥埕，可泊船避飓风。潮长八分，方能入港。”[2]而定海则无此要求，“有城，有妈祖庙。澳在定海过西长沙。澳内打水二托是泥地，北风可泊船……又过西，有山鼻

[1] 道光《厦门志》卷四“防海略·（附）北洋海道考”，厦门：鹭江出版社，1996 年，页 110。

[2] 道光《厦门志》卷四“防海略·（附）北洋海道考”，厦门：鹭江出版社，1996 年，页 110—111。

极长，内名布袋澳，可避飓风。”[1]另外，在五十四个澳中，能樵的澳有九个，能汲的澳有二十一个。

表 3—5 北洋海道沿岸三十七澳避风樵汲统计

澳		北风	南风	樵	汲	属地
大担屿澳	—	√	—	—	√	同安县
塔仔脚	—	√	—	—	—	
料罗	—	√	√	√	√	
	烈屿澳	—	—	—	√	
	湖下澳	—	—	—	√	
	金山澳	—	—	—	√	
围头澳	—	√	—	√	√	晋江县
峻里	—	√	—	—	—	
深沪澳	—	—	√	—	√	
永宁澳	—	√	√	√	√	
山鼻外澳	—	—	—	—	—	
祥芝	—	—	√	—	—	
大坠门	—	√	—	—	—	晋江、惠安交界
獭窟澳	—	—	√	—	—	惠安县
崇武澳	—	√	—	√	√	

[1] 道光《厦门志》卷四“防海略·(附)北洋海道考”，厦门：鹭江出版社，1996年，页111—112。

续表

澳		北风	南风	樵	汲	属地
湄洲	妈祖澳	—	√	—	—	莆田县
	蚝壳埕	—	—	√	√	
	岐头澳	—	—	√	√	
	莆禧	√	—	—	—	
平海	—	√	—	√	√	
	后澳	—	√	—	—	
南日	鲎壳澳	√	—	√	√	福清、莆田交界
	西寨澳	—	√	—	—	
	镜仔澳	√	—	—	—	
门扇后	—	√	—	—	—	福清县
草屿	—	√	√	—	—	
	沙坞澳	√	√	—	√	
娘宫澳	—	√	—	—	—	
	火烧港	—	—	—	—	
平潭澳	—	—	—	—	—	
鼓屿	—	√	√	—	√	长乐县
磁澳	—	—	—	—	—	福州府
白犬	—	—	—	—	—	
南竿塘	—	—	—	√	√	
定海	—	√	—	—	—	
	小埕澳	—	—	—	—	
	布袋澳	—	—	—	—	

续表

澳		北风	南风	樵	汲	属地
小埕	—	—	√	—	—	福州府
黄岐	—	—	—	—	√	
北茭	—	—	—	—	—	
罗湖	内澳	√	—	—	√	福宁府
	外澳	√	—	—	√	
	闾峡澳	—	√	—	—	
大金澳	—	√	√	—	—	
	斗米澳	—	√	—	—	
三沙澳	—	—	—	—	—	
烽火门	—	—	—	—	—	
大小嵛山	—	—	√	—	—	
	七都港、八都港	—	—	—	—	
棕蓑澳	—	—	—	—	—	
水澳	—	—	√	—	√	
沙埕	—	√	√	—	—	
南关	—	√	—	—	—	
北关	—	—	—	—	√	

三条海路沿岸避风澳的设置，方便船舶就近避风。但各航线距岸远近不同，避风便捷程度又有所不同。南洋和北洋海道，基

本上是贴着海岸航行，一旦遭风，可以就近寻找避风澳避风。台澎海道则不然，“台澎洋面，横截两重，潮流迅急，岛澳丛杂，暗礁浅沙，处处险恶，与内地炯然不同。非二十分熟悉谙练，夫宁易以驾驶哉……不幸而中流风烈，操纵失宜，顷刻之间，不在浙之东、广之南，则扶桑天外，一往不可复返。即使收入台港，礁线相迎，不知趋避，冲磕一声，奋飞无翼”。[1]

另一个非常重要的避风措施是船舶的抗风设计。在帆船时代，利用风力和抗风是船舶设计中的一对矛盾。因此，在不同季节和不同风向中，操舟者会使用不同抗风等级的船只。“南风驾船，非台飓之时，常患风不胜帆，故商贾以舟小为速；北风驾船，虽非台飓之时，亦患帆不胜风，故商贾以舟大为稳。”[2]因此，清代，在不同的海洋航线上，不同季节，人们会选择不同的船舶，如北洋水浅，多沙山脚，运输宜用舱浅之船，故以沙船为首；多行北洋，少行南洋，则用身长腹阔，头锐尾高的三不像船；南北洋皆行，则用身长舱深，头尾皆方的蜑船；专行北洋，则用身长腹阔，头尾不高，樯短无棚的卫船。[3]“南方木性与水相宜，故海舟以福建为上，广东西船次之，昌明州船又次之”。[4]福船，“其底尖，其上阔，其首昂而口张，其尾高耸。设柁楼三重

[1] 蓝鼎元:《东征集》卷四“论哨船兵丁换班书”，载氏著，蒋炳钊、王钿点校:《鹿洲全集（下）》，厦门：厦门大学出版社，1995年，页570。
[2] 康熙《台湾府志》卷七“风土志·风信”，清康熙三十五年补刻本，页12b。
[3] 贺长龄编:《江苏海运全案》卷十二，清道光六年刻本，页20a—23a。
[4] 徐梦莘:《三朝北盟会编》，上海：上海古籍出版社，1987年，页1278。

于上……最下一层不可居，惟实土石，以防轻飘之患”。[1]广船，“其制下窄上宽，状若两翼，在里海则稳，在外洋则动摇”。[2]

值得注意的是，中国建造横洋大船的技术，在清代并没有向更先进的方向发展。具体到战船、商船、渔船的抗风技术发展道路又各自不同。

战船，康熙十七年（1687），建设水师提标，以赶缯船和赶艍船为兵船。乾隆十四年（1749），以海洋凭虚御风，全凭帆力；大蓬旁加插花、桅杆顶上加头巾顶。乾隆六十年（1795），因赶缯船笨重，驾驶不甚得力，改为同安梭船式。嘉庆十一年（1806），因剿捕海寇于外洋，添造大横洋船二十只。其中的十只，用来配载班兵、硝磺、俸饷各差务，渡台湾澎湖。嘉庆十六年（1811），十二艘船皆因船体窄小不堪涉历外洋，裁汰。[3]不难看出，为了海军作战方便，战船虽然在改进和替换的速度方面比较缓慢，但为了克服风浪，尚处于改进之中。

与之相反，商船和渔船的规模与质量，被清政府严格控制。商船，“自厦门贩货，往来内洋及南北通商者，有横洋船、贩艚船。横洋船者，由厦门对渡台湾鹿耳门，涉黑水洋。黑水南北流

[1] 郑若曾撰，李致忠点校：《筹海图编》卷十三“经略・兵船”，北京：中华书局，2007年，页862。

[2] 茅元仪辑：《武备志》卷一一六“军资乘・水战船・广东船”，台北：华世出版社，1984年，第11册，页4775。

[3] 道光《厦门志》卷三“兵制略・战船”，厦门：鹭江出版社，1996年，页76—77。

甚险，船则东西横渡，故谓之‘横洋’。船身梁头二丈以上，往来贸易，配运台谷，以充内地兵糈。台防同知稽查运配厦门，厦防同知稽查收仓转运。横洋船亦有自台湾载糖至天津贸易者，其船较大，谓之“糖船”，统谓之“透北船”。以其违例，加倍配谷。贩艚船又分南艚、北艚。南艚者，贩货至漳州、南澳、广东各处贸易之船。北艚者，至温州、宁波、上海、天津、登莱、锦州贸易之船。船身略小，梁头一丈八九尺至二丈余不等，不配台谷，统谓之‘贩艚船’。”康熙四十二年（1703），“商贾船许用双桅，其梁头不得过一丈八尺，舵水人等不得过二十八名；其一丈六七尺梁头者，不得过二十四名；一丈四五尺梁头者，不得过十六名；一丈二三尺梁头者，不得过十四名。出洋渔船，止许单桅，梁头不得过一丈，舵水人等不得过二十名，并揽载客货。”乾隆三十七年（1772）规定，“无论商、渔船照，一年一换。如有风信不顺，余限三月。如逾限不赴原籍换照，不准出洋，拿家属听比；如在他口，押令回籍，不许挂往他处。又船户届期换照，及商换渔照，均须查明人船是否在籍，察验旧照相符无弊，方准换结。如有代呈请换者，严查人船着落拿究。又凡有大小已编之船，不准重复验烙。”[1]这样严格地管控商船和渔船的尺寸，目的当然是禁止走私贸易和民众偷渡台湾或下南洋。但这也反映出当时横洋船的制造技术，已经完全能够适应台湾海峡和南海的风浪。中国造船技术之所以没有向更先进的方向发展，显然是因为

---

[1] 道光《厦门志》卷五“船政略·商船”，厦门：鹭江出版社，1996年，页129—131。

一纸政令使然。因此，晚清时期当见到英国所造呷板船时，民众只能啧啧称奇：

> 吕宋呷板船船式，头尾系方形。大者梁头约阔三四丈，长十丈，高五丈余，舵水一百余人，装货二万余石。小者梁头约阔二三丈，长八丈，高四丈余，舵水六七十人，装货一万余担。船用番木制造，坚固不畏飓风。船舨、船底俱用铜板镶钉。底无龙骨，不畏礁线。舱分三层：第一层船主、货客、舵工栖止；第二层水手住宿；第三层装载货物。船内水柜、鼎灶等物，俱生铁铸成。船尾有番木舵一门，船头铁碇二根，船中番桅三枝，每枝长九丈、十丈不等。桅作三节，布帆三层。每节用活笋系绳索数十条，或起或落，甚利便。遇飓风，用桅一节；微风用桅二节；无风用桅三节。以索抽帆，随手旋转，四面风皆可驾驶，巧捷无比。[1]

如果遭遇极端天气，台飓大作，巨浪滔天，所谓的船舶抗风设计其实无济于事。船行海上，遭遇暴风，最常见的是折断帆桅，使船舶失去动力，随浪漂流；其次是舵折篷坏，刮断椗索，船舶失控；最严重的是船舶在狂风巨浪的驱使下冲礁击碎。由于船桅是最容易被风吹断的，所以，至乾隆六年（1741），福建水师置办桅木已经成为一件很困难的事。

---

[1] 道光《厦门志》卷五“船政略·番船”，厦门：鹭江出版社，1996年，页141—142。

> 由是修造船只，虽仍各道监督，而桅木为料物中之巨材，战舰中之首重，则悉委之于一二征员武弁矣。且查闽省固属产木之区，但是设立战船百年以来，岁岁取材，又民需用，砍伐络绎迩来，不惟临近水次之木殆尽，即深山穷谷之中，亦渐次稀少。即便觅有可用之材，迨委员会同地方官，传唤业主议价，其间或系逼近民间庐墓，或系祖山公产，一人阻挠，必致不售，往返讲议，耽延月日已多。即幸而成交，由深山运赴水次曲涧，悬崖架梁筑坝，数百人夫，穷日趱运，不过数里计，到南台非数月不能。然更有待禾稼登场，无碍田园，始行挽运，经历年余者。夫以求材之艰难，挽运之不易，而所持者，惟此无关痛痒、顾此失彼之征员，一旦贻误，即严行参处，而于水汛船工究无益也。[1]

其实，船桅之所以供不应求，易被狂风折断固然是原因之一，最主要的原因是遭遇大风时，船员们如果在降下船帆时，仍然不能降低船舶在风浪中摆动的倾角，只好砍断桅杆自救。对于这一点，遭风的战船船员很少述及，但遭风的外国漂流民会讲出来，如乾隆十四年（1749），遭风漂流到台湾的吕宋番船为了自

[1] 中国第一历史档案馆、海峡两岸出版交流中心编：《明清宫藏台湾档案汇编》第十六册，“乾隆六年二月二十二日，闽浙总督德沛等奏折”，北京：九州出版社，2009年，页166—167。

救，大小桅俱砍断。[1]又如道光三十年（1850），琉球船舶“在洋忽遇狂风大作，该难夷等急将头桅砍断，随风漂流”。[2]

另外一个重要措施，是选择最佳出航时间，避开大风，尤其是飓风。季风气候最典型的特征是风向季节变化大，冬夏风向几乎相反。热带气旋，是东南季风天气里的极端天气状况，夏季低纬度大量的辐射能量仅仅通过常规的水汽输送是不够的。因此，热带气旋就会适时出现，把大量的热量和水汽在短时间内输送到高纬度地区，故热带气旋活动有分明的季节性。由于长期在海洋风场里航行，民众对航线上的大风日期有着相当深刻的认识，如《顺风相送》和《指南正法》，对每月的恶风天气做了详尽的统计（表3—6、表3—7）。

表3—6 《顺风相送·逐月恶风法》统计[3]

月	日	时	风
正月	初十、廿一日，乃大将军降日逢大杀	午时后	有风，无风则大雨
二月	初九、十二、廿四日	酉时	有大风雨
三月	初三、十七、廿七日	午时后	有大风雨

[1]《明清宫藏台湾档案汇编》第二十九册，“乾隆十四年七月三十日，福建巡抚潘思榘奏折”，页241。

[2]《明清宫藏台湾档案汇编》第一百七十三册，“道光三十年四月二十八日，福建巡抚徐继畬奏折”，页110。

[3] 向达校注：《两种海道针经·顺风相送·逐月恶风法》，北京：中华书局，2000年，页26—27。

续表

月	日	时	风
四月	初八、十九、廿三日	午时分	有大风雨
五月	初五、十一、十九日	申酉时	有大风雨
六月	十九、二十日	卯申时	主有大风
七月	初七、初九日神杀交会，十五、十七日	午时	大风
八月	初三、初八日童神大会，十七、廿七日	午时	大风
九月	十一、十五、十七、十九日		主有大风雨
十月	十五、十八、十九、廿七日，得府君朝上界	卯时	有大风雨
十一月	初一、初三日	—	主大风雨
十二月	初二、初五、初六、初八、廿八日	—	主大狂风，云则无差

表 3—7 《指南正法·逐月恶风法》统计[1]

月	日	时	风
正月	初十，念二，天神降逢大杀	午时后	有风，无风即雨或雨平
二月	初三、十一、十四、念七，天神下降交会	酉时	有大风

[1] 向达校注:《两种海道针经·指南正法·逐月恶风法》，北京：中华书局，2000 年，页 113。

续表

月	日	时	风
三月	初三、十七、念七，诸神上界逢星辰	午后	有大风
四月	初八、十五、念三，诸神逢太白	午后	有大风
五月	初五、十二、十九，诸天王上界之日	申时	有风
六月	十一、十九、二十，乃地合	申时	主大风
七月	初七、初九、十五、十七、十九	—	主大风
八月	初五、初八、十二、念七日	—	主风
九月	十一、十五、十七、十九日	—	主风
十月	十五、十八、念九，府君朝上界	卯时	大风
十一月	初一、初十、十九	—	有大风
十二月	初五、初六、二十、念八	—	有大风

尽管人们对恶风的规律有了足够的认识，但每个季节航行时，同样要认真地对天气“察言观色”。如《顺风相送·逐月恶风法》云：

春夏二季必有大风，若天色温热，其午后或云起，或雷声，必有暴风，风急，宜避之。秋冬虽无暴风，每日行船，先观四方天色明净，五更初解览，至辰时以来，天色不变。若有微风，不问顺不顺，行船不妨。

云从东起必有东风，从西起必有西风，南北亦然。云片片相逐围绕日光，主有风。云行急主大风，日月晕主大风。云脚日色已赤，太白昼见，三星摇动，主大风。每遇日入，夜观于四方之上，若有星摇动，主有大风。人头颊热，灯火焰明，禽鸟翻飞，鸢飞冲天，俱主大风。[1]

《指南正法·定针风云法》亦云：

春夏二季必有暴风。若天色湿热，午时后或风雷声所作之处，必有暴风，宜急避之。秋冬二季虽无暴风，每日行船，先观西方天色清明，由五更至辰时天色光光无变，虽有微风，无论顺逆，行船无虞。[2]

至清代，人们对极端天气，尤其是飓风的活动规律有了更加清晰的认识，甚至对每一条航线上的飓风活动规律都进行了深入的分析：

过洋，以四月、七月、十月为稳。盖四月少飓日、七月寒暑初交、十月小阳春候，天气多晴顺也。最忌六月、九

[1] 向达校注:《两种海道针经·顺风相送·逐月恶风法》，北京：中华书局，2000年，页26。

[2] 向达校注:《两种海道针经·指南正法·定针风云法》，北京：中华书局，2000年，页113。

月，以六月多台、九月多九降也。十月以后，北风常作。然台飓无定期，舟人视风隙以来往。五、六、七、八月应属南风；台将发，则北风先至，转而东南，又转而南，又转而西南，始至。台飓俱多带雨，九降则无雨而风。五、六、七月间，风雨俱至，即俗所谓“西北雨”“风时雨”也。舟人视天色有点黑，则收帆严舵以待之；瞬息之间，风雨骤至，随刻即止。若预待少迟，则收帆不及，而或至覆舟焉。[1]

徐宗乾《测海录》亦云：“自厦来台，宜西北风。自台往厦，宜东南风。”台湾海峡两岸民众，正是基于对当地风信规律的正确认识，无论是空间上还是时间上，都建立了一整套应对风灾的预案，让船舶遭风的风险降到最低。当然，海上风信极为复杂，瞬息万变，尽管古人已经做了很多努力，囿于当时的气象气候理论、观测手段、观测时效等因素，海难还是常常发生。因此，徐宗乾感叹：

海可测乎？测之以天时而已，测之以风信而已。航海者惟舟师是恃，而终有未可恃者，一则尽信成说，而未知波涛之不易于测也；一则任天听命，而未知顺逆之不难于测也。余，海滨人也。生于海、官于海、在官言官，亦在海言海。爰取前人防洋筹海诸书，参之以台阳志乘及稗官杂记、里

[1] 康熙《台湾府志》卷七“风土志·风信”，清康熙三十五年补刻本，页13a—13b。

俗传闻，条分其说，归于简明，俾海上游者便览观焉。要之，测之于海、测之于天，仍测之于人而已，测之于人之心而已。[1]

明清时期，人们对风信的认识，虽然只是经验总结，且已达到较高水准，但天气系统毕竟是一个复杂的巨系统，真正意义上的天气预报尚且需要等待超级计算机对海量观察数据处理后才能实现。因此，徐宗乾把航海避风的方法最终归结到人和人心，无疑是正确的。因为每次避风到要凭借每个操舟者的航行经验和随机应变来完成避风的任务。但徐宗乾对当时风灾认识不清，预报不准，船舶抗风能力差等现实表现出的无奈，也溢于言表。

四、小结

海上不得顺风，寸尺为艰。在前科学时代，中国航海者拥有什么样的风信知识和避风措施，是一个事关航海者能走多远的大问题。换句话说，风信知识的科学与否，在一定程度上决定了时人看世界的视野。

处在台湾海峡西岸的厦门湾，是明清时期中国民间远洋航海和白银资本贸易的中心。无论从航海著作的空间分布来看，还是从作为下南洋移民的出发地来看，都充分说明了这一点。

[1] 徐宗乾：《测海录序》，载《斯未信斋文编》卷三“艺文”，台北：台湾大通书局，1987年，页141—142。

对帆船时代的航海者来说，风既是船舶远洋航行的动力，也是船舶海上遇难的罪魁祸首，因此，他们对风信的重视，远高于内陆民众。

尽管明清时期，西方的“三际”理论已经被传教士带到中国，但在传统士人的知识系统中，飓风乃是天地之气交逆的结果，屈大均还敏锐地观察到了飓风与太阳辐射之间的关联关系。尽管那时候人们还没法从太阳辐射、气温、气压的角度——大气物理学的角度去阐释风信，但与现代科学已经非常接近了。古人通过长期的观察，已经基本掌握了飓风活动的各种现象和规律，譬如飓风的分类、预报、天气过程、季节变化、空间分布等等。从明代单一概念“飓风”，到清代“飓风”“台风”“风暴”等概念并行，再到民国只保留了“台风”概念，其实是一个本土对风信认识逐渐深入，并最终接受西方科学话语体系整合的过程。原本传统最贴近热带气旋特点的“飓风”概念，最终却只用来定义北大西洋的热带气旋。至于飓风预报的各种现象，几乎都可以用现代气象学来解释，而且大多数符合事实。即便神秘的海吼，也可以用长浪理论来解释清楚。甚至在某种程度上，关于风信的理论，传统中国与现代西方科学的差别只是在科学发展的不同阶段中，人们的解释范式不同而已。

海上船舶的避风知识，显然是操舟者长期海上航行的经验总结，一旦形成规矩，则成为后来者的“航海手册”。海上航行避风，涉及的项目不外乎空间、时间、船舶和操舟者四个方面。空间上，从厦门湾出发的航线，在明清的大部分时间里，主要是贴近旧大陆的近岸航线，因此，航海者在航线上每隔一段距离就会设立一个避风澳，一旦遭遇大风，船舶能在最短的时间内入澳避风樵汲。时间上，人们主要从一年之内的不同季节和一月之内的暴日分布两个方面着手，选择最佳的出航时间，避开大风天。早在郑和下西洋之后，福船的抗风技术已基本成熟。至清代，我们看到的不是技术进步，而是政府为了防止民众私自出洋，严格控制船舶的规模和造船技术。与之相对照，在这个阶段，西方无论是在风信理论方面，还是在船舶设计建造的技术方面，在自由贸易背景下，民众的创造性得以自由发挥，创造出了远超中国的航海技术以及与之相关的自然科学。因此，可以肯定的说，操舟者能力如何，既受气象气候学发展水平的制约，也受造船技术水平的羁绊，而此二者发展水平如何完全取决于操舟者所在国家的政治制度。在一个政府钳制海洋贸易意识和船舶技术的国度，民众是没有机会探索新世界、发现新大陆的。

第四章

明代漳州府“南门桥洪水杀人”的地学真相与“先儒尝言”

——基于明代九龙江口洪灾的认知史考察

在前科学时代，影响自然科学进步的因素很多，而思想、信仰的影响尤为显著。因为科学的每一次重大进步，首先是思维范式发生转换。而思维范式的每次转换，无一不涉及人们的思想和信仰，特别是宗教信仰。在中世纪欧洲，民众的思想被基督教所禁锢，不能越雷池一步。而在传统中国，由于政治势力的强势，虽然没有出现类似的宗教钳制，但正统学说——儒学对思想禁锢的作用绝不亚于宗教，因此有学者把中国前科学时代向科学时代的转变过程称为“走出中世纪”。[1]

在西方，地学无疑是现代科学中的先行科学。“日心说”和“地理大发现”瓦解了基督教信仰的基础，使上帝失去了立足之地。在中国，现代地学的发展并不意味着传统地学与儒教之间没有冲突。当这种冲突在某一地方发生，地方政府的官方文献——地方志的文本撰写，如何在地学真相与“先儒之言”之间做出选择？如果选择了后者，他们又是如何彰显先儒圣明，并掩盖地学事实真相的？该问题的解决，有助于我们了解传统中国思维范式向现代科学思维范式转换过程中，传统是如何制约现代的。

本书选取公共基础设施——桥梁作为研究的切入点。理由有三，其一，桥梁是人与自然的交汇点。众所周知，桥梁是人类与河流斗争的结果，因此通过桥梁的建造与维修，能透视人类与自然的关系，尤其是人类与洪水之间的颉颃关系。其二，桥梁是政

---

[1] 朱维铮：《走出中世纪》（增订本），上海：复旦大学出版社，2007年，页1—50。

治与社会的交汇点。特别是城市附属的桥梁，处于要道之上，交通繁忙，一日不可或缺，其畅通与否，还关系到治所的安全，因此，桥梁的建造和维护主要由政府负责。而地方志中的《修桥记》，在彰显执政官员政绩的同时，也会记载修桥的故事和意图作为教化后人的文本。其三，桥梁是世俗与宗教的交汇点。在佛教看来，建桥度人是“恒当受其福”的善举。正如《增一阿含经》所云，尔时，世尊告诸比丘：“比丘当知：复有五施令得大福。云何为五？一者造作园观，二者造作林树，三者造作桥梁，四者造作大船，五者与当来、过去造作房舍住处。是谓，比丘！有此五事令得其福。”[1]因此，于官于民，建造和维修桥梁，都是一种功德无量的宗教行为。

一、“南门桥洪水杀人”与流域环境

坐落在漳州府城通津门外，九龙江西溪上的南门桥（即今中山桥），原名薛公桥。始建于南宋绍兴年间（1131—1162），是一个多灾多难的古桥。灾难云者，非一般所言的桥梁毁坏之事，而是指其引发的洪水“杀人之祸”。据《大明漳州府志》转引南宋淳祐三年（1243）《漳郡志》云：

初南门临溪流，其上流有沙坂直出，其南岸有大圆石，

[1]《增一阿含经》卷二十七“邪聚品”，《大正藏》，第125册，页699。

> 溪面不甚宏阔。绍兴间，作浮桥，正当圆石。水自沙坂末折入，北汇于南门楼之前。遇潦至，则撤浮桥而杀之，潦不为害。嘉定改元，郡守薛杨祖因其旧址而易以石桥，磊趾于渊，酾为七道，郡人得之，呼为“薛公桥”。侍郎陈谠书石。自薛公桥之既成也，潦水暴至，则沙坂以西田皆浸矣。嘉定壬申，赵守汝谠因浚沙坂为港，乃于薛公桥石堤之南作乾桥十间，以杀潦水之势。又以乾桥之南，石堤庳下，每月潮大，人不可渡，复作小桥二十四间，接以石堤二十三丈，以抵于岸。于是桥堤相连属，横亘江中。水日冲射，土日消蚀，旧时南岸圆石，今已在江中矣。累政君子不知杀水，惟求以止水，桥益增大，堤益巩固，洪水无从发泄，遂至漂屋杀人，不可救止，不但沙坂以西田受浸而已也。[1]

因南门浮桥改建石桥而引发的洪水灾害、“漂屋杀人”、浸没田地，不止发生在南宋。“明三百年间，屡遭水患”。[2]“成化十年，为祸尤甚，毁屋千百区，浮尸蔽江，桥堤冲决”。[3]难道一座桥梁的修建，真的可以引发如此惨重且频发的水灾吗？虽然明清以来的诸多方志作者多持肯定的观点，但问题远非这么简单。

[1] 正德《大明漳州府志》卷三十三“道路志”，北京：中华书局，2012年，页708。

[2] 光绪《漳州府志》卷六“规制”，清光绪三年刻本，页1b。

[3] 正德《大明漳州府志》卷三十三“道路志”，北京：中华书局，2012年，页708。

首先，我们从桥梁的选址和建筑结构上来分析，是不是桥梁导致了洪水杀人。漳州城，初在漳浦，移徙龙溪县治，龙溪成为漳州的附郭县，因此，有理由相信，南门浮桥修建的时间，要早于漳州子城的修筑时间，自然也早于漳州府外城修筑的时间。由“其南岸有大圆石，溪面不甚宏阔”来看，虽然桥之北岸为西溪冲积平原，建筑条件不甚理想，但南岸有大圆石这一天然桥墩，且溪面不甚宏阔，因此，选择在此建浮桥，是比较理想的。如果把浮桥改建为长三十一丈五尺，广二丈四尺，七间石梁桥，则不合理。一方面，在原本狭窄的溪流横截面上，多建了六个用条石交错叠砌的舰首形桥墩，减少了过流量，在上游形成低流速区，易致泥沙沉积，沙洲发育。另一方面，在洪水淹没桥面时，桥梁的作用类似于拦河坝。两者都在一定程度上影响洪水下泄的速度。

如果说浮桥改建石桥导致洪水泛滥尚属合理，但南门桥经南宋赵汝谠扩建后，还有人称洪涝灾害是石桥使然，则于理不通。史载，“南门溪为桥三，为堤亦三，共长一百五十二丈五尺。第一，宋薛公桥也。……其南为石堤，长一十五丈。第二，宋乾桥也。其桥十间，长三十丈，广二丈一尺。其南为石堤，长二十九丈。第三宋小桥也。其桥凡二十四间，长二十三丈五尺。其南为石堤，长二十三丈五尺。”[1]八十五丈长的桥，就算桥洞和桥墩各占桥梁一半的宽度，也比“三十五丈”无桥河道过流能力强。这

[1] 正德《大明漳州府志》卷三十三“道路志”，北京：中华书局，2012年，页708。

样浅显的道理，难道明代人真的不明白？还有一种说法为："北溪尝言：'南桥盍造于东门下水云馆。'盖水势至此，湾环回洑，北溪意欲避其冲而就其缓也。"[1]所谓"避其冲也"，是指南门桥所在地方，河道收束，"溪面不甚宏阔"，相较于宽阔的河床，流速较大，容易侵蚀桥墩。问题是，南门容易被洪水冲圮，与洪水杀人之祸也没关系。

如果说南门桥在选址和建筑结构方面，都不是造成洪水杀人的根本原因，那么问题究竟出在哪里呢？我们不妨分析一下漳州平原的地理环境，看能否找到答案。

明人陈天定于《北溪纪胜》一文中，论及九龙江北溪水灾原因时说：

> 自柳营入江，山高水狭，三五里岩壑，绝人居，古名蓬莱峡。上抵龙潭，取道五十里，舟行则信宿。《诗》所谓"溯回从之，道阻且长"也。两岸俱龙溪治，下为廿二都，上为廿三四都，烟火丛稠，人事耕学，楼堡相望，滨江比庐。每雨潦，辄遭淹没。盖江从宁、岩、平、长发起源，合流而下者，七八昼夜，末又佐以长泰之水。入峡腹大口小，若军持，易盈难泄，势使然也。[2]

---

[1] 正德《大明漳州府志》卷三十三"道路志"，北京：中华书局，2012年，页709。

[2] 乾隆《龙溪县志》卷二十四"艺文"，清乾隆二十七年刻本，页56a。

其实，九龙江西溪谷地也是“腹大口小，若军持，易盈难泄”的河谷盆地，北部的凤凰山与南部的文山隔江相对，形成了葫芦口。从第四纪环境演变过程来看，末次冰期后，漳州盆地海水内侵，是一个溺谷型河口湾，即厦门湾的一部分。全新世末期，随着海平面下降，海水逐渐退出漳州平原，在盆地中心低洼地带，发育成了九龙江西溪谷地。[1]但九龙江口受狭窄的溺谷型河口湾的制约，潮流的作用要远小于径流作用，因此，九龙江西溪带来的泥沙，在下游河谷盆地不断堆积，形成河谷冲积平原。平原一旦形成，受平原地形影响，西溪在下游地带流速更加缓慢。加上九龙江口是一块沉陷地块，更有利于沉积物堆积，因此，不仅在河口地带堆积成许茂洲、紫泥洲和玉枕洲，江心地带也多有沙洲发育，可谓“潮汐往来，洲渚出没”。[2]

上文提到的“沙坂”，即并岸的沙洲。由“水自沙坂末折入，北汇于南门楼之前”，可知沙坂位于薛公桥上游的北岸。这些不断浮出水面，且向两侧并岸的沙洲，正是漳州平原不断扩大的主要方式。在地质历史时期，当河床越积越高，沙洲让河床越来越弯曲狭窄，径流无法正常通行的时候，便通过自然改道来重建新的河床。周而复始，沉积层越来越厚，平原面积也逐步扩大。随着人类的定居开发，尤其是城市出现后，河流的改道过程便告终止。如漳州府漳浦县鹿溪河道被人类固定和占据后发生的环境变化，史载：

[1] 张璞：“福建漳州晚第四纪以来的环境演变”，北京：中国地质大学博士学位论文，2005年。

[2] 正德《大明漳州府志》卷七“山川志”，北京：中华书局，2012年，页138。

> 邑之南门外有石桥曰五凤桥，乃官道之冲，闽广之要会。……弘治壬子岁夏秋之交，霖雨时作，潦涨屡兴，邑中之水且没膝上腰，而所谓五凤桥者，沉没无迹，车马不通，道者病焉。邑侯王公喟然叹曰："天时失序，洪水为灾，小民怨咨，行旅兴嗟，其宰之咎乎？"坊老林璠、徐嵩偕众进曰："天时虽有适然之运，而人事亦不可不修也。邑之地势北高而南下，邑城之阳，不百步许有大溪焉。溪势潆洄深广，乃暴涨所趋，舟楫所由，而亦风气所关。近因附邑愚民壅水筑陂，鳞次栉比。由是沙泥淤塞，日浅日夷，溪势反高，而视邑斯下矣。以故，稍遇巨雨，即泛滥不收，横流奔决，激射城隅，鼓荡桥道。而居者时有卑湿沮洳之患。舍今不治，后宁有极？而吾民其鱼鳖乎？"[1]

虽然鹿溪不属于九龙江流域，但环境问题如出一辙，很有借鉴意义。又如明代漳州府"城东南址旧筑土为堤，以捍溪流，然潦至辄坏。"成化九年（1473），"巡抚福建副都御史张瑄命作石堤，城址始固。十八年，知府姜谅复规措木石甃筑外堤，高一丈三尺，长一百余丈，广一十丈。作亭其上，匾曰'保安'"。[2]这

[1] 赵浑："新修漳浦五凤桥记"，载《大明漳州府志》卷二十四"艺文志"，北京：中华书局，2012年，页537。

[2] 正德《大明漳州府志》卷二十八"兵政志"，北京：中华书局，2012年，页617—618。

样的“保安”工程，只是保障了府城的安全。随着河道的不断固定，河流的水灾危险性却在潜滋暗长。所以，虽然桥梁建筑规模不断扩大，洪涝灾害却并没有因此而绝迹。

南宋以来，九龙江流域又渐次开发。这种变化由漳州的道路变化可窥其一斑。有载：

> 漳路四出，北抵于泉，南抵于潮，西抵于汀，东抵于镇海。南北为车马往来大路，一日一程，官行有驿，旅行有店舍。其路皆坦平，无宋人日暮途远、四顾荒凉之苦。惟西路自南靖县界至龙岩县，山路险峻，行者皆蒙蓬蒿，披荆棘，不见天日。近因开设漳南道，两司巡守官往来，其道路始渐开辟，亦计程而设公馆，其行始无碍。东路至镇海，驿行四日，併行三日。若水行，一潮可至月港，月港登岸，一日至镇海，其路不甚艰阻。[1]

从宋人“日暮途远、四顾荒凉”，到明人“官行有驿，旅行有店舍”，足见其繁荣。河流含沙量，无疑会随着人口增加、田地开辟和道路修筑而增加。九龙江口沙洲的增长过程亦能说明河流含沙量逐年增加的趋势。“1489年之前，九龙江口就已经存在许茂洲、乌礁洲和紫泥洲。最晚至1763年，乌礁洲与紫泥洲已经合并为一洲，从而奠定了九龙江口沙洲与河流‘两洲三港’的

[1] 正德《大明漳州府志》卷三十三“道路志”，北京：中华书局，2012年，页706。

分布格局。自1692年至今，沙洲前界自西向东大约推移了5千米，每年平均推移约19米，且沙洲推移的速度是越来越快。”[1]

形成洪水灾害的第二条件是河口潮流的顶托。漳州平原是九龙江的河口平原。距今2500年前的春秋时期，厦门海湾向西深入至今漳州芗城一带，九龙江西溪潮区界远在天宝以西。随着九龙江的进一步开发，河流侵蚀带来的泥沙在江口一带淤积，海水东退，潮区界逐渐东移。[2]至明代，“潮由濠门、海沧之二夹港入，分为三派也。一派入柳营江，至北溪止；一派入浮宫，至南溪止；一派自泥仔、乌礁入于福河，绕郡城过通津门，至西溪止。谚云：‘初三、十八流水长至渡头，复分小派，于浦头[3]抵于东湖小港，则龙溪一县实兼有之。”[4]九龙江口，每月潮水大小变化的规律是：“其为大小也，各应侯而至。如每月初三日潮大，初十日潮小，十八日潮大，二十五日潮小。率八日而一变。”[5]南宋绍定三年（1230），漳州府开城门七，明初仍旧。其中东曰朝天门，南曰通津门。元至正二十六年（1366），在外城外浚东、西

[1] 李智君、殷秀云：“近500年来九龙江口的环境演变及其民众与海争田”，《中国社会经济史研究》，2012年，第2期。

[2] 福建省龙海县地方志编纂委员会：《龙海县志》，北京：东方出版社，1993年，页57。

[3] “浦头渡，在二十七都。”载《大明漳州府志》卷三十三“道路志”，北京：中华书局，2012年，页711。

[4] 万历癸丑《漳州府志》卷三“山川·海”，闵梦得修，厦门：厦门大学出版社影印本，2012年，页254。

[5] 正德《大明漳州府志》卷七“山川志”，北京：中华书局，2012年，页155。

二濠，与西溪相通。朝天门外东濠一带，即著名的浦头渡，再向东进入东湖。[1]也就是说，每月初三、十八大潮时，潮区界北至浦头渡和东湖小港。向西绕郡城过通津门，至西溪止。这样的潮汐背景，若遇到天文大潮，潮位更高。因此，西溪很容易在漳州府城一带，受潮水顶托，形成高水位，淹没周边低洼地带，导致大量泥沙沉积。

无论从九龙江所处的地貌条件，还是河口潮流顶托的条件，都看不出南门桥是诱发洪水杀人之祸的直接原因。当然，此二者都没有涉及洪灾的主角——洪水以及洪水形成的天气系统。

二、“南门桥洪水杀人”与天气系统

有关南门桥圮于水的史料，大多数记载为“洪水暴发”或“洪水复发”。至于是什么样的天气导致洪水爆发，或未明言，或语焉不详。因此，利用史料和现代气象学知识，重建明代漳州府水灾的天气系统就成了解开桥梁杀人谜团的必要工作之一。也许有人要问，知道是洪水冲毁桥梁即可，非要知道造成水灾的天气吗？答案是肯定的。

不同的天气，形成的洪水灾害对九龙江河口地带的影响强度存在较大差异。以成化十年（1474）七月的水灾为例，《大明漳

[1]　“东湖，旧在城东朝天门外，居水千余亩。宋绍兴间，郡守刘才邵、林安宅、赵汝谠、庄夏相继修治。今悉变为田矣。”载《大明漳州府志》卷三十三“道路志”，北京：中华书局，2012年，页718。

州府志·灾祥》载：

> 十年秋七月戊午夜，暴雨不止，山崩裂，洪潦奄至，城垣几没，南门石桥倾圮二间，军民庐舍坏者不可胜计。人民漂溺，浮尸蔽江。[1]

洪灾发生的时间点为“七月戊午夜”[2]，有两点值得注意：其一是初五，距离每月初三的高潮位很近，仍属于天文大潮期。其二，厦门湾初五夜里的潮位变化是：“亥时初涨，子时涨半，丑时涨满；寅时初退，卯时退半，辰时退竭。”[3]也就是说，这天夜里 0:00—6:00 潮位都涨至一半以上，其中 1:00—3:00 是高潮位。厦门湾潮型为正规半日潮，平均高潮位 5.66 米，低潮位 1.74 米，平均潮差 3.96 米。[4]因此，这天夜里恰逢天文大潮，九龙江口的洪水受到高约 6 米的潮水顶托，排泄极为不畅。

“暴雨不止”是造成这次洪水灾害的天气。有学者认为这次暴雨是台风天气造成的，其实完全没证据，且把南门桥圮误作虎

---

[1] 正德《大明漳州府志》卷十一“风俗志·灾祥”，北京：中华书局，2012 年，页 215。

[2] 正德《大明漳州府志》卷十四“纪传志·张瑰传”记载：“成化十年出知漳州府，其年四月到任。……其秋八月，山水大发，坏田庐，人民漂溺不可胜计。”故此“八月”之说有误。

[3] 道光《厦门志》卷四“防海略·潮信”，厦门：鹭江出版社，1996 年，页 96。

[4] 阎庆彬、李志高主编《中国港口大全》，北京：海洋出版社，1993 年，页 206。

渡桥圮。[1]关于这次暴雨灾害，距事发时间最近的《大明漳州府志》共有5处记载，没有一次提到风。熟悉明代福建《灾祥志》的学者都知道，明代尚没有台风的概念，所有气旋，统统称飓风。即便某一次飓风史料，未明确点明是“飓风”，也会有“大风拔屋”之类的记载，故此次灾害的天气为暴雨天气而非台风天气。当然这只是据史料记载的习惯得出的结论，需要更确凿的证据加以佐证。《大明漳州府志·血印典》记载的一条史料，能充分证明这个一点。有载：

> 成化十年甲午秋七月戊午夜，暴雨不止，龙溪县洪潦奄至，城垣几没，人民陷溺死者不可胜数，而旁县如南靖、长泰、漳浦水祸皆及焉。知府张瑰目激心骇，具船张筏，救援甚多；不待上报，急开库发廪，买棺以殓死者，具食与衣以给生者。当道责其擅专，瑰谢曰:“事亟矣！待报而发，民死尽矣。某不敢顾一己之罪而缓万民之死。”当道慰免之。其年奏，奉户部勘合，龙溪县免征米一万二千八百六十四石七斗九升六合四勺，漳浦县免征米三百二十四石三斗七升三合七勺，长泰县免征米四百五石七斗四升八合五勺，南靖县免征米六千七百八十七石八斗一升六合。[2]

---

[1] 宋德众、蔡诗树:《中国气象灾害大典·福建卷》，北京：气象出版社，2007年，页17。

[2] 正德《大明漳州府志》卷十二“风俗志·恤典”，北京：中华书局，2012年，页243。

上述四县免征米的数量，一定跟灾情成正比关系的，即免征米多的县，肯定比免征米少的县灾情严重。通过表4—1可见四县的灾情状况。

表4—1 成化十年漳州水灾免征米统计表

受灾县	龙溪县	南靖县	长泰县	漳浦县
免征米石	12 864.796 4	6 787.816 0	405.748 5	324.373 7

如果这次水灾是台风灾害，那么必须从海上登陆，事实上，无论是广东潮州、还是福建厦门都没有灾害发生，唯一的可能是从漳浦县南部的古雷半岛登陆，但这样就无法解释漳浦是这次受灾最低县这一事实。所以，这次水灾是暴雨天气引发的，与台风无关。

那么，这次暴雨为什么会引发如此严重的灾害呢？九龙江流域，是由西部的玳瑁山，北部的戴云山和南部的博平岭围拢而成的喇叭口地形，地势由河口向北迅速抬升。由于戴云山和博平岭之间的九龙江北溪河谷狭窄，因此华安县城以北的北溪上游流域，基本上处在山地的背风坡，受地形雨影响很小，是福建省暴雨最少的地区之一。华安县城以南的迎风坡，尤其是南靖县，受喇叭口地形影响，是福建省暴雨最多的三个县之一。[1]九龙江中上游各支流，其流域略呈扇形，受山地地形影响，河道纵坡比降

[1] 林新彬、刘爱鸣等:《福建省天气预报技术手册》，北京：气象出版社，2013年，页23。

大，汇流速度快，可谓“坡陡流急”，因此九龙江流域一旦发生暴雨，往往形成洪水。而这次暴雨波及西溪和北溪中下游等九龙江的全部支流，可谓全流域涨水。

“暴雨不止”，即降水强度大，持续时间长，因此洪水流量大，持续时间长。而这天夜里又恰逢天文大潮，江口的潮位高，排水不畅，因此造成严重的洪灾。

类似的暴雨天气引发的洪水灾害，在明朝的漳州府并非个案。如万历四十五年（1617）的暴雨。“六月大雨连日不止，西、北二溪水涨，城垣不浸者仅尺许，城外沿溪海澄等处，民舍悉漂去，溺死者不可胜数。”[1]这次暴雨同样没有大风的记载，因此可以肯定不是台风雨。连续的暴雨天气，在山区很容易引发崩塌、滑坡和泥石流等地质灾害，这次暴雨也不例外。在平和县，“夏六月大水，莲叶径后埔，谢家住屋后山崩，一家九人尽压死，遂埋其中，因名九人墓”。[2]与成化十年暴雨不同，这次暴雨持续时间更长，范围更广，波及诏安、南靖等县[3]，因此九龙江西溪与北溪同时暴发洪水，不仅使处于西溪河口的漳州府城“城垣不浸者仅尺许”，还导致“城外沿溪海澄等处，民舍悉漂去，溺死者不可胜数。”远离江口的海澄被淹，距离较近，且易发生水灾

[1] 光绪《漳州府志》卷四十七“灾祥”，清光绪三年刻本，页9a。

[2] 康熙《平和县志》卷十二“杂览·灾祥”，清康熙五十八年刻本，页11a—b。

[3] “四十五年六月，大雨连日夜不止，水涨溺者无算。”载乾隆《南靖县志》卷八《祥异》，乾隆八年刻本，页3b。“水灾大作，淹没多人。”载民国《诏安县志》卷五“大事”，民国三十一年铅印本。

的石码镇，自然也不例外。乾隆《海澄县志》记载这次暴雨发生的准确时间是“六月二十”[1]，即同样是距离天文大潮十八日很近，江口很容易受天文大潮顶托。

表4—2　明代九龙江流域暴雨洪涝灾情统计

时间	灾情	范围	桥梁	潮位	资料出处
成化十年（1474）七月戊午夜	暴雨不止，山崩裂，洪潦奄至，城垣几没，南门石桥倾圮二间，军民庐舍坏者不可胜计。人民漂溺，浮尸蔽江	龙溪、南靖、长泰、漳浦	南门石桥倾圮二间	大潮	正德《大明漳州府志》卷十一《风俗志·灾祥》
弘治十六年（1503）秋八月	漂没民居	长泰	—	—	万历癸酉《漳州府志》卷三十二《灾祥志》
嘉靖十二年（1533）五月十三日	龙岩大雨	龙岩	东桥西桥坏	—	同上
嘉靖二十四年（1545）六月	大雨雹并大水漂庐，禾稼伤	长泰、龙岩	—	—	同上
嘉靖二十六年（1547）春三月	大雨水涨，败田庐	龙岩	—	—	同上

[1]“六月二十日大风雨连日不止，洪水涨溢，淹没庐舍。”载乾隆《海澄县志》卷十八“灾祥”，清乾隆二十七年刻本，页4a。

续表

时间	灾情	范围	桥梁	潮位	资料出处
嘉靖四十二年（1563）年夏	大水高三丈余，坏龙溪、南靖民田千余顷，……漂流民居百余家	龙溪、南靖	南桥趾俱崩	不详	同上
嘉靖四十三年（1564）秋	复大水，渰男妇五十余口，漂民庐二百余区	南靖	—	—	同上
万历四十一年（1613）五月二十六日	大水，民田庐舍，漂损甚多	龙溪、长泰、南靖	城南新桥冲坏	低潮	同上
万历四十五年（1617）六月二十日	大雨连日不止，西北二溪水涨，城垣不浸者仅尺许，城外沿溪海澄等处，民舍悉漂去，溺死者不可胜数	龙溪、平和、诏安、南靖、同安	—	高潮	光绪《漳州府志》卷四十七《灾祥》

明代九龙江流域因暴雨引发的洪水灾害共计有九次（见表4—2），从时间上看，大部分应该是春夏锋面雨天气系统所致，其中波及龙溪县者总计四次，与上游的龙岩、南靖和长泰相比，受灾次数处在伯仲之间，但受灾程度却远大于后者。三次大水，造成大量民居被冲毁，溺死者不可胜数。有两次府城几乎全部被淹。究其原因，一是暴雨强度大，持续时间久；二是暴雨范围

广，几乎覆盖九龙江全流域；三是有两次水灾都发生在厦门湾天文大潮期间，而且都造成众多民众伤亡，低潮期则不然；当然，之所以会造成大量生命和财产损失，也与下游江口经济发达，人员稠密有关。值得注意的是，四次大水，南门桥和新桥共计被冲坏三次，其中南门桥两次，新桥一次，可见暴雨洪灾与桥梁冲坏的关联度很高。

引发九龙江流域洪灾的天气还有台风，明代方志称台风为“飓风”。仔细分析史料会发现，此飓风有台风和强对流天气之别。

首先来讨论台风。九龙江流域所处的位置，处于登陆或影响我国的热带气旋（包括热带风暴、强热带风暴、台风、强台风和超强台风）的两条主要路径之间，即西移路径（菲律宾以东洋面—南海—华南、海南登陆）与西北路径（菲律宾以东洋面—台湾和台湾海峡—华南沿海、华东沿海登陆）之间，深受两个方向登陆热带气旋的影响。九龙江流域每年登陆或影响的台风频率，在福建省，仅次于闽东地区，属于第二易受台风影响的地区。在九龙江流域内，北溪流域上游地区伸入内地，为群山环抱，台风影响相对较小。西溪流域，距海岸较近，受台风影响较大。

与暴雨天气原地形成不同，台风是从菲律宾以东洋面形成，然后在沿海地区登陆，因此其风雨天气有一个由南向北、由沿海向内地移动的过程。以隆庆四年（1570）夏六月初六日的飓风为例。万历元年《漳州府志》卷十二《灾祥》载：

夏六月初六日，飓风大作连昼夜，暴雨不止，水涨没桥，坏十余梁，漂流田产人畜不计，南门内水没屋脊。[1]

万历癸丑《漳州府志》卷三十二《灾祥志》载：

夏六月初六日，龙溪、漳浦、长泰、南靖、平和五县，烈风暴雨，洪水漂没民居不可胜数，郡南桥坏。[2]

何乔远《闽书》、康熙《漳浦县志》、康熙《平和县志》以及乾隆《龙溪县志》都有这次台风灾害的记载，但基本上都是摘引上述两段文字，无法补充更多的灾害信息。可以确定此次台风是从漳浦登陆的。从“六月初六”的时间来看，虽然九龙江是高潮位，但灾情主要集中在河流两岸，如“漂流田产人畜”“漂没民居”，府城也是“南门内水没屋脊”，横跨在河流上的桥梁，亦遭厄运。“水涨没桥，坏十余梁”，多灾多难的南门桥，也是名列其中。但这次台风中，未见沿海地区海水涨溢的灾害记录，因此，这次台风风暴潮灾害几乎看不出来。万历三十一年（1603）八月初五的这次灾害则不然。据《明史》载：“八月，泉州诸府海

[1] 罗青宵修、谢彬纂：万历元年《漳州府志》卷十二“灾祥”，厦门：厦门大学出版社，2010年，页370。

[2] 闵梦得修：万历癸丑《漳州府志》卷三十二“灾祥志”，厦门：厦门大学出版社影印本，2012年，页2121。

水暴涨，溺死万余人。”[1]《明神宗实录》卷三八七载：“福建泉州府等处大雨潦，海水暴涨，飓风骤作，淹死者万有余人，漂荡民居物畜无算。”[2]正史之所以把这次台风系于泉州，是因同安为台风登陆地点，受灾最严重，但就受灾面积而论，漳州府更大（见表4—3）。

这次遭受台风灾害的府县都位于沿海地区。[3]处于台风中心的同安、龙溪和海澄三县，方志中只有“飓风”记载，却未见暴雨，记载暴雨的是外围的长泰和铜山两县。他们的共同特征是“海水暴涨”，其中同安“潮涌数丈”，同安西部的龙溪、海澄两县“海水溢堤岸，骤起丈余”，东部的晋江县安平镇则“海水暴涨，城外水深六、七尺，高过桥四五尺”。显然同安县的潮水涌起更高。同安县城、石美镇和安平镇有船“泊于庭院者”，“有大番船漂冲入石美镇城，压坏民舍”者，有“船蹦桥横入埭”者。台风中心地区的同安、龙溪和海澄人员死亡“不可胜计”。外围的漳浦、长泰和铜山则是由“数千人”到“数十人”不等。同安的“董水石梁漂折二十余丈”。可见造成这次损失惨重的灾害，主要是台风引发的“海溢”而非“暴雨”。那么这次“海溢”为何如此严重呢？

---

[1]《明史》卷二十八“五行”，北京：中华书局，1974年，页453。

[2]《明神宗实录》卷三百八十七，台北：台湾“中央”研究院历史语言研究所校印，1962年，页2。

[3] 因九龙江北溪潮区界延伸至长泰境内，因此，长泰亦受潮汐影响，称其为沿海地区当不为过。

表4—3　万历三十一年八月初五台风风暴潮灾害分布表

府	县	台风风暴潮灾害	资料出处
泉州府	同安	飓风大作，潮涌数丈，沿海民居、埭田漂没，甚众，船有泊于庭院者，几为巨浸，董水石梁漂折二十余丈	民国《同安县志》卷三《大事记》
	晋江安平	东南风大作，海水暴涨，城外水深六、七尺，高过桥四五尺，船踰桥横入埭。漂没人家，各港澳课船破坏殆尽，淹没人口不可胜计	1983年编《安海志》卷九《祥异》
漳州府		飓风大作，坏公廨城垣民房。是日海溢堤岸，骤起丈余，浸没沿海百里，海澄龙溪数千余家，人畜死者不可胜计，有大番船漂冲入石美镇城内，压坏民舍	万历癸丑《漳州府志》卷三十二《灾祥志》
	龙溪	飓风大作，坏公廨城垣民屋，是日海溢，高堤岸丈余，人畜死者不可胜计，有大番船漂冲入石美镇城，压坏民舍	乾隆《龙溪县志》卷二十《祥异》
	海澄	飓风大作，坏公廨城垣民舍，是日海水溢堤岸，骤起丈余，浸没沿海数千余家，人畜死者不可胜数	乾隆《海澄县志》卷十八《灾祥》
	漳浦	大水，飓风暴作，滨海溺死者数千人	康熙《漳浦县志》卷四《风土志·灾祥》
	长泰	烈风暴雨，大水漂没民居，沿海地方尤甚，淹死数千人，或以为海啸	乾隆《长泰县志》卷十二《杂志·灾祥》
	铜山	大雨飓风暴作，海滨溺死数十人	乾隆《铜山志》卷九

据万历癸酉《漳州府志》，这次“海溢”发生时间是“八月初五未时”。初五距天文大潮初三，相隔一日，依然是八月的高

潮位。而初五这一日潮水又是“未时涨满”。[1]也就是说，海溢发生时，潮位恰好在天文大潮时期的高潮位。这是引发大“海溢”的原因之一。

原因之二是台风引发的风暴潮。风暴潮是指海面在风暴强迫力作用下，偏离正常天文潮，出现异常升高或降低的现象。其中海面升高异常，亦称“风暴增水”或“风暴海啸”，乾隆《长泰县志》“或以为海啸”，即指风暴海啸，而非通常所指的地震引发的海啸。这次风暴潮与天文大潮叠加，无疑是引发这次海面异常升高的重要因素。

据厦门验潮站1990—2008年的资料统计，此十八年风暴潮引发的增水共计54次，其中在100—150厘米之间的增水有18次，没有高于150厘米的增水。[2]考虑到天文大潮6米左右的高潮位，两项叠加，高潮位约8米左右，跟“潮涌数丈”相差甚远。其实，“飓风大作”，不仅引发风暴潮，还会引发风浪。正是烈风巨浪让处在高潮位的“大番船漂冲入石美镇城，压坏民舍”。这是海溢灾害特别严重的原因之三。另外值得注意的是，此次受灾最重的同安、龙溪和海澄都处于河口地带，径流起到了推波助澜的作用。

综观明代九龙江流域，因台风引发的重大洪水灾害共有四次（见表4—4），其中台风引发风暴潮灾害，只有一次。导致九龙

---

[1] 道光《厦门志》卷四“防海略·潮信”，厦门：鹭江出版社，页96。

[2] 林新彬、刘爱鸣等：《福建省天气预报技术手册》，北京：气象出版社，2013年，页82。

江流域桥梁冲毁的灾害有两次，南门桥和柳营江桥各一次。

表 4—4　明代九龙江流域台风灾情统计

时间	灾情	范围	桥梁	潮位	资料出处
天顺五年（1461）五月戊午夜	风雨大作，拔木走石，洪水发，漂人畜甚众，东门内外谯楼皆圮。龙溪县圆山崩，松木随陷。漳浦县漂人畜尤甚	龙溪、漳浦、云霄	—	高潮	正德《大明漳州府志》卷十一《风俗志·灾祥》
天顺七年（1463）七月	疾风暴雨，北溪洪水涨，平地深五丈	龙溪	柳营江桥亭漂没无遗	不详	
隆庆四年（1570）夏六月初六日	烈风暴雨，洪水漂没民居不可胜数	龙溪	郡南桥坏	高潮	万历癸丑《漳州府志》卷三十二《灾祥志》
万历十八年（1590）六月二十一日	大风自卯至辰，吹折东门、北门二楼，拔木坏屋不可胜数	龙溪、长泰、平和	—	高潮	
万历三十一年（1603）八月初五日未时	飓风大作，坏公廨城垣民房。是日海溢堤岸，骤起丈余，浸没沿海百里，海澄龙溪数千余家，人畜死者不可胜计，有大番船漂冲入石美镇城内，压坏民舍	龙溪、长泰、漳浦	—	高潮	

明代发生在九龙江流域的所谓“飓风”，在没有引发暴雨和风暴潮的前提下，也会导致人员伤亡。如嘉靖二十八年（1549）五月五日，“南河竞渡，城中男妇尽出，粧採莲船游玩，忽午后飓风大作，船覆，溺死者六十余人。”[1]这里的飓风，显然是局部强对流天气，与我们通常所说的台风无关。

至此，大体可以得出一个结论，九龙江西溪之所以会有洪水杀人之祸，是气候、地形、天文大潮、风暴潮和九龙江水系空间分布格局等众多因素耦合的结果。正如方志记载西溪南门一段时所言：“南门溪，在南厢。首受西溪诸水，抱城脚东流，至福河与北溪水合。溪面宏阔，潮汐吞吐。每洪水发，多漂人家。”[2]即南门桥有没有，是浮桥还是石桥，是大石桥还是小石桥，都不影响洪水的爆发。那么，南宋时期，所谓南门桥引发洪水“杀人之祸”的真相又是什么呢？

三、“南门桥洪水杀人”与“先儒尝言”

闽中山溪层累环绕，难以枚举，故多桥梁。而福建河流的共同特征，正如明人所云：“溪流溢出，自高而下，云使鸟疾，翻飞湍泻，势若建瓴。秋冬涸泉，丝流稍缓，春夏洪流，轰豗澎湃，响振林木。至若阴云骤兴，乍雨滂沛，则浚崖飞瀑，万丈卸倾，

[1] 罗青宵修、谢彬纂：万历《漳州府志》卷十二“灾祥”，厦门：厦门大学出版社，2010年，第370页。

[2] 正德《大明漳州府志》卷七“山川志”，北京：中华书局，2012年，页133。

平地倏忽，宛若大川，昔之浅波，变为虞渊矣。”[1]这样的水文特征，对架设在江河上的众多桥梁极为不利。因此修建桥梁是闽中公共基础设施建设和维护的重要组成部分。从宋、明两朝留存下来的大量《修桥记》来看，修建桥梁的资金主要来自主政官员捐俸。“惠民莫先于为政，作善莫大于修桥”，因此，修桥便成了地方官员行使仁政的重要举措之一。何况还有人给官员在“晋绅冠盖，游旅往来”之处撰文立碑，彰显其事，可谓青史留名，两全其美。修桥资金的第二个来源是民众捐献。既然造桥是能够得到福报的善举，因此无论是僧侣还是俗众，都乐意捐资修桥。

然而，这样的仁政之举，却在南宋漳州城南门桥的改建和扩建中遭遇尴尬局面。薛杨祖和赵汝谠不仅没有因改建和扩建南门桥获得仁政之美誉，反而成了洪水杀人之祸的始作俑者。“累政君子不知杀水，惟求以止水，桥益增大，堤益巩固，洪水无从发泄，遂至漂屋杀人，不可救止，不但沙坂以西田受浸而已也。”[2]其实，只要九龙江流域发生特大洪水，就会导致大量民众溺死，南门桥存在与否，基本上改变不了这一事实。然而在南宋的漳州，有人却反其道而行，认为是南门桥的改建和扩建导致了洪水杀人之祸，颠倒因果关系。可见，南门桥导致洪水杀人之祸的认识误区，早在南宋就已形成了。

宋人这样撰写淳祐《漳郡志》的原因是什么？最大的可能性

[1] 陈良谏：“重建兴龙桥记”，载万历《福州属县志·罗源县志》卷七“艺文志”，北京：方志出版社，2007年，页105。

[2] 正德《大明漳州府志》卷三十三“道路志”，北京：中华书局，2012年，页708。

是《漳郡志》的作者确实没搞清楚九龙江洪水频发的自然原因。当然也不能排除有人借此给薛杨祖和赵汝说制造舆论，抹杀其在漳州的政绩。还有一种可能是有人用薛杨祖和赵汝说的执政行为不当，彰显陈淳的言论乃是“恒久之至道，不刊之鸿教”。陈淳(1152—1217)，字安卿，号北溪，漳州龙溪人，是朱熹绍熙元年任漳州知州时的弟子，其造诣由“文公数语人以‘南来，吾道喜得陈淳’，门人有疑问不合者，则称淳善问”可知。“其所著有《语孟大学中庸口义》《字义》《详讲》《礼》《诗》《女学》等书，门人录其语，号《筠谷濑口金山所闻》”[1]，陈淳去世后“配享文公祠下”。[2]因此当陈淳提出“南桥盍造于东门下水云馆”时，则不仅仅是一个当地学者的“真知灼见”，而是“圣人之言”。这样说也许有点夸张，说成“本土圣人之言”当不为过。明清方志中习惯称朱熹和陈淳为“先儒”。

面对记载着“陈北溪尝言”的宋人文本与南门桥杀人的地理真相，明代方志作者必须在相互矛盾的二者——“尊经”与“格物”之间做出选择。处在前科学时代的明清方志作者共同选择了“尊经”。

在《大明漳州府志·道路志》中，针对正德四年(1509)洪水和火灾毁坏的南门桥，主修漳州知府陈洪谟罗列了自己修复的

[1]《宋史》卷四百三十“陈淳传”，北京：中华书局，1977年，页12788—12789。

[2] 正德《大明漳州府志》卷二十五“人物传”，北京：中华书局，2012年，页563—564。

举措，并意味深长地说：“其用心可谓勤，爱民可谓至矣。然以事理度之，水祸疑未□也，盖人力不可与水争雄长。”然后征引“陈北溪尝言”，申说：“诚能告于全漳之人共迁桥于彼，不惟风气完聚，而杀人之祸可免矣。谨录鄙见于此，以俟为政者择焉。”陈洪谟只是已坏桥梁的修复者，不是建造者，因此他有足够的勇气彰显自己的功劳，而质疑前人造桥的选址。

其实，九龙江水灾频发，政府官员承受的民众舆论压力不能说没有。“夫灾祥之来，其大系于天下，其小系于一方。考其所自，皆有以召之也。《礼》遇灾而减膳撤乐，遇祥而称贺，不过循古典耳，不足以称天意也。盖天示人以祥，是诱之以修德之劝也；示人以灾，是开之以悔过之门也。故遇灾祥而反诸政治，则德益修而生民蒙福矣。”[1] 按照这样一套灾祥与政治的互动理论，水灾频发当然是官员为政不仁的结果。当新任知府遇到重大水灾时，这种压力更是空前巨大。方志的撰写者在这个时候当然不能把罪责全推到当政者的身上。知府张瑰的经历颇具代表性，史载：

> 成化十年（张瑰）出知漳州府，其年四月到任。有大鸟集廷树，举首高丈余，人以为骇。瑰援弓射之，中颈飞去，继而为弩手射死。其秋八月，山水大发，坏田庐，人民漂

[1] 正德《大明漳州府志》卷十一“风俗志·灾祥”，北京：中华书局，2012 年，页 215—216。

溺不可胜计。瑰具船张筏，救援甚多。先发廪赈济，而后上报。上司恶其专，瑰曰："待报而后发，民死尽矣！"是年，奏减六县租有差。城南桥冲坏，来往阻碍，即为修理。港道淤塞，灌溉不便，俱为疏通。又留意学校，以漳学纯《易经》，乃延请莆田《书经》魁郑思亨授以《书经》，后各有成就。解郡，郡人为立去思碑。[1]

据《国语·鲁语》载：

海鸟曰"爰居"，止于鲁东门之外二日。臧文仲使国人祭之。展禽曰："越哉，臧孙之为政也！夫祀，国之大节也，而节，政之所成也。故慎制祀以为国典。今无故而加典，非政之宜也。……是岁也，海多大风，冬暖。[2]

显然在古人眼里，大鸟的出现是灾害天气的先兆。张瑰下车伊始，就遭遇到不祥之兆和水灾，民间能没有议论吗？况且象征着官员恶政的杀人之桥又一次被冲毁了。这些难道不是官员为政不仁而遭"天谴"的结果吗？如何在这样的困局中让张瑰走出来，就成了方志撰写者不得不考虑的问题。好在张瑰是一位"善厥职"的知府，他射伤了象征着灾难的巨鸟而不是祭祀，他及时

[1] 正德《大明漳州府志》卷十四"纪传志"，北京：中华书局，2012 年，页 276。
[2]《国语》卷四"鲁语"，上海：上海古籍出版社，1998 年，页 165—170。

救援赈济灾民而不是坐以待毙，因此，当张瑰“解郡，郡人为立去思碑”。看上去张瑰是用自己的努力消除了民众对知府执政的质疑。然而下面一段“论曰”，还是露出了方志作者有意替张瑰开脱的蛛丝马迹。

> 论曰：瑰遇异鸟而射之，此之为见与臧文仲祀爰居者异矣。遇水灾，先发廪而后申报，此之为心与汲黯矫制以活河南水旱之贫民者类矣。其他若修桥梁、通水利、兴学校，又皆郡政之先务也。若瑰也，可谓善厥职矣。[1]

如果民间没有把大鸟、水祸与张瑰到任联系在一起，作者还需用“瑰遇异鸟而射之，此之为见与臧文仲祀爰居者异矣。”之类的语句来辩解吗？张瑰的困境似乎是解脱了，但是桥还在南门外，洪水还会再来，“尊经”与“格物”之间的矛盾并未消除，该怎么办呢？知府韩擢勇敢地站了出来，建造新桥。

> 知府韩擢上采先儒之论，下顺舆情，乃于东门水云馆之前，树址建桥二十八间，长九十丈，广二丈四尺。南接于岸，北建文昌阁，南建观音楼，申请当道，捐俸而佐以锾，士民欢欣输助，不数月而功告成，刻“文昌桥”三大字。[2]

---

[1] 正德《大明漳州府志》卷十四“纪传志”，北京：中华书局，2012年，页276。

[2] 万历癸丑《漳州府志》卷二十八“坊里·桥梁”，厦门：厦门大学出版社影印本，2012年，页1922—1923。

文昌者，寓意文运昌盛。然而，不幸的是，韩擢“上采先儒之论，下顺舆情”而建立的新桥，不仅没有一劳永逸，而是“会守迁去，桥渐顷圮”。当初“议者以新桥之建，可以缓水势，省民财，接八卦楼以包络元气”，现在该作何解释？这真让人尴尬和沮丧。能说先儒错了吗？当然不能，只能找这样的借口搪塞：“惜承委县尉胡宪者，董役鲁莽，致中流柱址稍欹。”更尴尬的是，这样的新桥，还维修吗？如果维修，如何做到理论上的自洽？且看《郡侯袁公重修桥梁记》载：

> 桥梁载郡乘者五十有奇，惟文昌、虎渡二桥最为吃紧。虎渡桥，三省之通衢也。文昌桥，别名新桥，大宋北溪陈先生与紫阳朱夫子所议建也。万历己亥，郡守韩即其议处建为桥，而旧时桥据府治上者，亦以昔贤议撤去，韩侯升任，而两桥并峙矣。峙旧桥者，从一方民便也；峙新桥者，从全漳民便也。[1]

建设新桥，原本是先儒陈淳一人倡导，到这位作者笔下，成了朱熹与陈淳一同“所议建也”，工程的神圣性与合法性提升到了最高档次。既然南门桥是杀人之桥，新桥建成，当然要把罪魁

[1] 万历癸丑《漳州府志》卷二十八“坊里·桥梁”，厦门：厦门大学出版社影印本，页1926—1927。

祸首南门桥撤去而后快。事实上，韩守并没有这样做，而是让新旧“两桥并峙矣”，理由是“峙旧桥者，从一方民便也；峙新桥者，从全漳民便也。”相距不过一里的两座桥，服务对象尽然有“一方”与“全漳”民便之别，有谁相信？纯属文字游戏。真相是领着圣人旨意而建的新桥与旧桥一样很容易被洪水冲毁，保留两座桥，如果冲毁一座还能留一座，更有利于南北交通。那么袁业泗在修复水毁的新桥时，又是怎么想的呢？史载：

> 袁侯自令龙溪时，既割俸资一百二十两，以为民计。四十三年，莅郡之三载也。谓文昌桥不葺且废，复援俸如干，鸠工运石，砌筑之时，巡行劳来，功竣而士若民咸快已。又盼江以东曰：“此陈布衣里也。溪水一脉，夫非曩者晦翁所尝其味云：‘此地有贤人者哉！’”桥制所从来久远，令其石梁没入江，铺以木板，此岂长久计耶？亟命官董其事，匠饩以时给领，盖呼耶许歌欸乃者，甚适也，犹之治新桥然。二桥皆重大之役。当官者眎为传舍，畴首其事，侯于天下犹家也。不惮拮据，务为永久之利，不为一时锲急之图。以故并臻厥成，侯有大造于漳，漳民其世世戴侯之功勿朽。夫宁独漳哉，缙绅冠盖，游旅往来，并志侯德云。[1]

[1] 万历癸丑《漳州府志》卷二十八“坊里·桥梁”，厦门：厦门大学出版社影印本，页1927—1928。

字里行间，彰显的是袁业泗在圣人故里修桥的自豪感和敬业精神，以及双桥通行时从漳州民众到往来过客对其的感恩戴德，只字不提桥梁杀人之祸。可见，《重修桥梁记》纯粹是地方官员从政的功德碑。方志中大量收入各种“记”，表扬当事人只是其功用之一，更大的功用在于教化后来者。

当事人可以邀功请赏，文过饰非，但当新桥一再被洪水冲毁时，方志作者也难免质疑：“陈北溪尝言：‘南桥盍造于东门下水云馆。’意以水势至此，湾环回洑，当避其冲而就其缓。但重大之役，未可以轻议也。以今观之，如嘉靖甲子至隆庆庚午，未及数年，桥已两坏，费财动踰千万，为政者变而通之可也。”[1]但这种质疑仅仅落在“为政者”身上，是他们不善于变通，而不是先儒有错，更不会把注意力转移到洪水杀人之祸的地学本质上。其实，在当时的孕灾环境与桥梁建造技术条件下，“为政者”已经没有其它的变通之道可供选择了，所以，无论是旧桥还是新桥，只能是毁了修，修了毁。在这样的舆论压力下，漳州官员还有谁敢毫无顾虑地捐俸修桥呢？

> 古者修理桥梁多出于官，今也多出于民。如近者南门桥二次修理，实召僧行钦、智海主之。二僧果能广乞民财以集厥事，书之以见漳民之好义，而浮屠氏之能致人有如此云。[2]

---

[1] 万历癸丑《漳州府志》卷二十八“坊里·桥梁”，厦门：厦门大学出版社影印本，页 1923。

[2] 万年元年《漳州府志》卷二“规制志”，明万历元年刻本，页 70。

这条按语，论及漳州民风、信仰，大体没错。但政府官员不再捐俸修桥，多少折射出了官员心态的变化。无论谁来出资修理南门桥，九龙江洪灾易发的事实基本没变，无论是旧桥还是新桥，易被冲毁的事实没变，而南北两岸交通一日不可或缺的事实也没有变，要变的只能是方志撰写者的文本了。乾隆《龙溪县志·南桥》载：

> 按陈北溪谓南桥当水之冲，上闭水势，于民居不便，亦形势所忌也。古记屡云：“南桥宜断。”或秋汛啮决石梁，则是年甲乙榜必多占数人，历试皆验。然苟水不为灾是利涉者，亦岂可废耶。[1]

至清代，被洪水频频冲断的南门桥，与漳州科举上榜人数挂上钩。这其实是宋代以来，将科举考试与水利设施和桥梁联系起来的惯常手法，此处不赘。当然，这样的联系其实是相当危险的，如果赶上好年景，十数年九龙江不发洪水或者发了洪水桥却没毁，那漳州举子应试，不成了年年都是小年吗？这是玩笑话。但桥梁冲断之频繁，方志撰写者之执拗，还是让人印象深刻。可见，清人宁可用这样的“善意”来化解先儒之言的虚妄，也不愿意直言洪水杀人之祸的真相。

[1] 乾隆《龙溪县志》卷六“水利·津梁”，清乾隆二十七年刻本，页16b。

那么说出真相来会有什么后果呢？首当其冲的恐怕是陈淳，即本土先儒的神圣形象受损。这在“尊经”时代，绝非小事。其次，恐怕是漳州府治的神圣性受损。原本在漳浦的府治，因瘴气太多，徙至“两溪合流，四山环胜，科第浡兴，硕儒叠出”的龙溪县现如今却是洪水频发，“人民漂溺，浮尸蔽江”，不正说明漳州府治选址不合理吗？那么，罪魁祸首能推给谁呢？只能是南门桥了。否则有谁愿意说家乡的首善之区，竟然是一个为官不仁，屡遭“天谴”的地方呢？

四、小结

如果说南宋嘉定元年，薛杨祖把漳州城南门桥由浮桥改建为石桥，还有可能导致九龙江西溪洪水淹没两岸农田，冲毁庐舍，溺毙人民。那么至嘉定壬申赵汝说把石桥扩建为原桥近三倍长时，还有人说是桥梁引发“洪水杀人”之祸，则于理不合。

其实，九龙江之所以会发生洪水杀人之祸，是气候、区域地貌、天文大潮、风暴潮和水系时空分布等因素耦合的结果。漳州断陷盆地，在第四纪以来以冲击海积为主，因此，河道沙洲发育，不利于行洪，九龙江上游又多山地，水系呈扇形分布，流程短，落差大，流速快，流域强降水很容易在河口汇集形成洪水；九龙江流域春季的暴雨天气和夏秋台风天气本来就容易产生强降水，受流域喇叭口地形汇聚和抬升，进一步提高了暴雨的强度。如果在洪水期间，河口海水又正好处于天文大潮期间，或在此基础上叠加了风暴潮和风浪，洪灾便不可避免。加之自明代以来，九龙江流域溯源开发，水土流失导致河流含沙量增加，河床更趋不稳定，而河口和两岸的人口密度、城市面积和经济规模又都在提高和扩大，因此，洪灾是一次重于一次，且频率越来越高。

这样的地学真相，明清两代漳州本土修志作者难道真的不明白吗？非也。淳祐《漳郡志》所言的南门桥引发“洪水杀人”之祸，很可能就是指浮桥改建为石桥之初的情况。然而，当本土圣人陈淳质疑了南门桥选址的合理性之后，形成于南宋的“南门桥杀人”之说，就被其巨大的影响力所绑架，成为定论。这样，后人修志，就要面对两个定论，一是桥梁杀人，一是“陈北溪尝言”。所以，方志作者在不断质疑当政者反复维修杀人之桥的同时，也质疑当政者为什么不按“陈北溪尝言”建造新桥。在他们看来，“北溪尝言”是唯一能免除漳州洪水杀人之祸的先儒指示。即便面对新桥建造后洪水杀人之祸并没有消失，而新桥却屡屡被洪水冲毁这样的尴尬局面，他们仍然认为“北溪尝言”没错，是当政者不会变通。

仅就漳州南门桥梁而言，方志文本如此迷信“陈北溪尝言”，而不愿意深入探究洪水杀人的地学真相，充其量是蒙蔽那些不明真相的读书人，不会造成更严重的损失，因为南门桥本非罪魁祸首。而这样的“迷信”一旦成为知识分子的主流价值观，会从精神层面扼杀民众追求自然真相的愿望。这与以探索自然真相为目的的现代地学精神完全相悖。中国现代地学之所以是舶来品，与这样的方志书写理念脱不了干系，其影响可谓深远。

第五章

近500年来九龙江口的环境演变及其民众与海争田

河口是海洋系统和陆地系统之间的交界面，是全球变化最敏感的地带之一。由于海水和淡水在此交汇混合，各环境因子变化较为强烈，因此，是生物多样性最为丰富，也是人类活动最为密集的地域之一。九龙江口是末次冰期后，海水内侵所形成的一个溺谷型河口湾。口门宽仅 3.5 千米，湾内却长达 30 千米。与中国国内的其他大河相比，九龙江流域开发比较晚。据明人陈天定《北溪纪胜》云："北溪九龙江，实郡右臂。唐镇府以前，插柳为营，渡江以后，揭鸿置塞，外设巡逻行台，渐次开辟，内犹山深林密，萑苻时警。近者于西溪水口筑城守镇，海寇虽不敢内窥，然恐余波未平，伏莽窃发……自柳营入江，山高水狭，三五里岩壑绝人居，古名蓬莱峡。"可见九龙江流域的大规模开发主要在明清时期。伴随九龙江流域的日益开发，不仅沿岸地带的环境问题凸显："滨江比庐，每雨潦，辄遭淹没。盖江从宁、严、平、长发其源，合流而下者，七八昼夜，末又佐以长泰之水，入峡腹大口小，若军持易盈难泄，势使然也。"[1]河口环境变化也渐趋剧烈，主要表现为大量泥沙在河口淤积，沙洲发育，抬高了河床，降低了行洪量，加大了洪水期海水淹没范围，使河口两岸和沙洲土壤盐化，地皆斥卤。

本书以明清史料为主，结合多次实地考察，对九龙江河口的环境演变，特别是河口沙洲的历史发育过程进行复原，同时对江口地区民众应对区域环境的措施——"与海争田"现象进行梳理，

---

[1] 乾隆《龙溪县志》卷二十四"艺文·记"，清乾隆二十七年刻本，页 55b—56a。

以期揭示近500年来中国东部基岩海岸区河口环境演变及其对区域社会经济的影响。

一、近500年来九龙江口的环境演变

九龙江是福建省第二大河，其河口属厦门湾的一部分。九龙江口以沉积地貌为主，包括河口三角洲和北岸边滩——海沧以西的冲积平原。因此九龙江口地貌的演变主要体现为高建设性三角洲的增长过程，即河口沙洲不断发育的过程。

明代最早记载九龙江口沙洲情况的，是成书于弘治二年（1489）的《八闽通志》：

> 龙溪县，海在府城东南，潮汐分三派入县境，中一派自泥仔洲、乌礁洲、许墓洲三门入，复合流，环绕郡治，经通津门外，至西溪而止；左一派由濠门山下入，经柳营江桥至北溪而止；右一派由海门山下入，至南溪而止；县境一二三都、四五都、八都诸澳皆通潮汐。[1]

可见，早在1487年之前，九龙江口已经形成三个江心洲，分别是许墓洲、乌礁洲和泥仔洲。

成书于嘉靖十四年（1535）的《龙溪县志》所载舆图，为我

[1] 弘治《八闽通志》卷十二“地理·潮汐”，明弘治四年刻本，页23b。

们提供了较为丰富的九龙江口的地理信息（见图 5—1）。

图 5—1　嘉靖《龙溪县志 · 舆图》（局部）

从图中我们可以看出，九龙江口有三洲，分别是许茂洲、乌礁洲、泥仔洲。其中许茂洲应该就是《八闽通志》中“许墓洲”的谐音，茂与墓在闽南话中皆读 mù。书中还记载了二十八都有“许茂洲社”“乌礁洲社”。[1] 虽然明代没有“泥仔洲社”，但在泥仔洲上有“紫泥社”[2]，泥仔洲后更名为紫泥洲，可能是用社名代

[1] 嘉靖《龙溪县志》卷一“地理 · 甲社”，明嘉靖刻本，页 6b。

[2] 嘉靖《龙溪县志》卷一“地理 · 甲社”，明嘉靖刻本，页 5a。

替了原来的沙洲名称的结果。“社”的存在，说明这三个江心洲的面积已经很广阔，足以开垦为农田，并有居民居住。泥仔洲“四围洋岸”[1]，说明泥仔洲土地面积已相当可观，使得人们愿意花大力气建立洋岸，以防止潮水淹没土地，降低土壤盐分。万历四十八年（1620），何乔远所著的《闽书》脱稿，其中在记载锦江时提到：

> 有洲曰许懋，曰乌礁，曰紫泥，江流经焉，分为南北。南流至海澄界，其北流历白石、青礁、石美镇，东与南流合纳浮宫之水，入于海。其小水有白水、洋溪，有东港，有汰溪，有金沙溪。[2]

也就是说，万历年间，属于十一都“紫泥社”的泥仔洲就不再用旧称，而用社名“紫泥”了。

综上所述，明代九龙江口的沙洲变化的特点是：其一，沙洲的存在证明在1489年之前的九龙江，河流和海潮的水动力机制中，河流的淤积要大于海潮的侵蚀；其二，最迟在1535年，许茂、乌礁和紫泥三个沙洲已得到开发，人口的数量达到了独立建“社”的标准。

[1] 嘉靖《龙溪县志》卷一“地理·川”，明嘉靖刻本，页20a。
[2] 何乔远:《闽书》卷二十八“方域志·漳州府”，明崇祯刻本，页15b。

清代最先记载这一地区沙洲情况的是顾炎武的《肇域志》[1]，但其内容摘自《闽书》。顾氏于1652年完成初稿的《天下郡国利病书》，也有反映此处环境与社会的记载：

> 而海滨民犬牙争訾，至纷斗相贼杀，又莫如埭田。埭田者，即傍海洲田也。当龙澄接壤，江海之中浮三洲，曰许茂、曰乌礁、曰紫泥，地虽斥卤，而筑长堤以捍潮水，岁长泥泊，久且可田，土人射利者争趋焉。[2]

可见在清初，九龙江口沙洲的周边，不断有傍海"埭田"浮出水面。因其归属不明，往往成为民众竞相争夺的"新大陆"，因此纷争不断，甚至相互"贼杀"。从文中看以看出，三个沙洲主体的位置，是在龙溪县和海澄县的"接壤"地带，即今石码镇和海澄镇之间的山后村以北的海域。由民众"筑长堤以捍潮水"来看，沙洲上可利用的土地面积在进一步扩大，人们有利可图。甚至有人建议堵塞潮水入港水口，以便淤积更多耕地。如《海澄县筑塞港口议》云：

> 今县治滨海，潮水由海门入，中流有泥仔、乌礁、许茂

[1] 顾炎武：《肇域志》第三册《福建·漳州府》(原第三十五册)，上海：上海古籍出版社，2004年，页2149—2150。

[2] 顾炎武：《天下郡国利病书》之"福建备录·漳州府志·田赋考"，《顾炎武全集》第十六册，上海古籍出版社，2011年，页3074。

三洲，分为二派……若从下流于泥仔尾隘处设法填塞，海咸不通，淤泥数年，可以成田……况堪舆家谓此方闭塞可固内气，若此举可成，亦兴利扼险，为新县奠安之良策也。[1]

成书于康熙三十一年（1692）的《读史方舆纪要》记载了一条非常重要的九龙江口的信息：

南与南溪合流，谓之福河，俗曰福浒。又东为锦江，中有许茂、乌礁、紫泥等洲，江流经此，分为南北。南流至海澄县界，北流历白石、青礁、石美镇，东与南流合，纳浮宫水入海。[2]

海澄县的西界，据光绪《漳州府志》载："海澄县，府东南五十里，东界海门（六十五里），西界龙溪（石马龙溪海桥一十五里）。"[3]一般情况下，普通民众并不十分清楚两个县的准确分界线，因此，这里的"海澄县界"应该是指海澄县治所在地——海澄镇。据此推测1692年之前，九龙江南流与北流的汇合处是在北至石美镇东界，南至海澄县西界的南北连线上。换言之，此时许茂洲与紫泥洲东部边沿，当在海澄镇与石美镇一线

[1] 顾炎武:《天下郡国利病书》之"福建备录·漳州府志"，页3116。

[2] 顾祖禹:《读史方舆纪要》卷九十九"福建五·漳州府"，北京：中华书局，2005年，页4546。

[3] 光绪《漳州府志》卷三"疆域·疆界"，清光绪三年刻本，页4b。

（见图 5—2）。这条界线为此后沙洲的演变建立了一个坐标点。

图 5—2 乾隆《龙溪县志 · 舆图》（局部）

三个沙洲的地理位置关系，当如《读史方舆纪要》所云：“又自圭屿以西，有紫泥洲，西接乌礁、许茂诸洲，又西北数里，即柳营江合诸溪处也，谓之三汊河。”[1] 即紫泥洲位于乌礁、许茂洲的东部。

[1] 顾祖禹：《读史方舆纪要》卷九十九“福建五 · 漳州府”，页 4567。

至清康熙三十八年（1699），沙洲的位置变化不大，《闽粤巡视纪略》载："石马镇亦名石码镇，在邑之西，其北支海亦名锦江，龙江之所委也。许茂、乌礁、紫泥三洲星列，迤逦而东。"[1]也就是说许茂、乌礁和紫泥三洲相距并不远，这为日后乌礁洲与紫泥洲的合并，奠定了基础。

最明显的变化发生于1699—1763年间，成书于年清乾隆廿七年（1762）的《龙溪县志》载：

> 锦江在福河东，分为二洲，曰许茂，曰乌礁（旧志云，昔称三洲，乌礁、紫泥、许茂也，按紫泥与乌礁相连，昔日犹隔一小港，今则合而为一矣），支为三港，其夹以许茂、乌礁者为中港，乌礁之南夹以石码、海澄者为南港，许茂之北夹以玉洲者为北港。[2]

可见，最晚在1762年，乌礁洲与紫泥洲已经合并为一洲，即大乌礁洲。但乌礁与紫泥二洲之间的水道并未完全断流。乾隆《龙溪县志·舆图》证明了这一点，见图5—2。

值得注意的是，从图中看出，在紫泥洲的下游出现了一个新的沙洲，即漏仔洲。乾隆《海澄县志·舆图》有同样的记载（见图5—3）。漏仔洲即今天的玉枕洲。乾隆《海澄县志·名迹

[1] 杜臻:《闽粤巡视纪略》闽卷上，清康熙三十八年刻本，页33a。
[2] 乾隆《龙溪县志》卷二"山川"，清乾隆二十七年刻本，页13a。

志》载：

> 碧邙洲，在澄江中流，正当邑治之背，俗呼漏野洲，初本浩淼，嘉靖间始浮洲出，未几而邑治建以洲，为玉枕，盖地灵所钟，旺气自开也。今则日壅日高，田庐稠密，遂为沃壤，邑治之兴其尤未艾。[1]

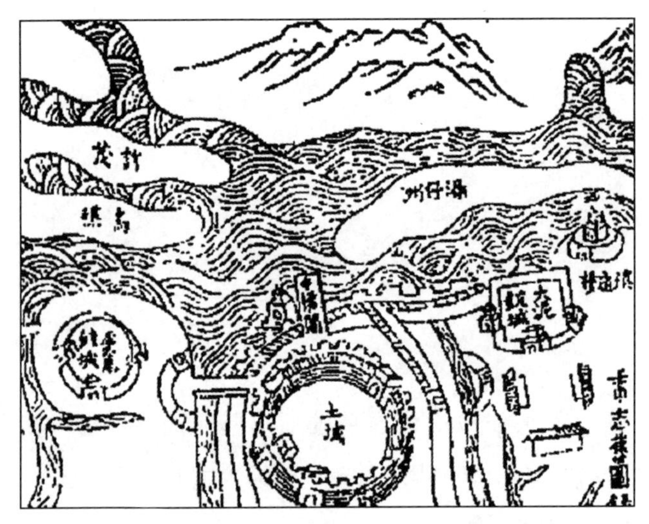

图 5—3　乾隆《海澄县志·舆图》(局部)[2]

“漏野洲”即“漏仔洲”。闽南话中，“野”读 yě，“仔”读 ɑ̄，读音颇为相近。早在明嘉靖年间，漏仔洲就已出现，但估计当时面积很小，低潮时露出水面，高潮时大部分被淹没，“漏野”

[1] 乾隆《海澄县志》卷十七“名迹志·洲屿”，清乾隆二十七年刻本，页 8a—b。

[2] 乾隆《海澄县志》卷首“舆图”，清乾隆二十七年刻本，页 2a。

之名就是明证。故之前的史料都未予载记。真正被命名为玉枕洲，恐怕是在漏仔洲“日壅日高，田庐稠密，遂为沃壤”以后的事，否则一个随潮出没的沙洲，何谈“地灵所钟”。

至此，九龙江口沙洲的分布，已具现代江口“两洲三港”的空间格局。蓝鼎元《鹿洲初集》载：

> 锦江，中浮二洲间之，遂支为三港，其洲曰许茂、曰乌礁，其夹以许茂、乌礁者为中港，乌礁之南夹以石码、海澄者为南港，许茂之北夹以玉洲者为北港，经白石、青礁、石美，东与中、南二港合，纳南溪、浮宫之水，入于海。[1]

成书于同治十年（1871）的《福建通志》亦载：

> 锦江，中浮二洲，北曰许茂，南曰乌礁（亦曰紫泥，名有三而洲仅二。《旧志》于锦江下注列三洲，失考）。乌礁之南直石码海澄为南港，许茂之北为北港（无水，有玉洲在此），间于许茂、乌礁间为中港，而江亦分南北二流焉，南流由乌礁南迳海澄界，与北流合于镇东，北流为经流，由许茂、乌礁二洲间，历白石、青礁、石美镇东，与南流合（其间有官港，上通北溪，下通石美，又有月港，海艘聚泊，为

[1] 蓝鼎元:《鹿洲初集》卷十二“说·漳州府图说”，文渊阁四库全书本，页7b—8a。

漳南大市镇），纳南溪及浮宫之水入于海。[1]

尽管玉枕洲已经淤积为田庐稠密的沃壤之区，但其规模还不足与许茂、乌礁二洲相埒，因此时至今日，也没有“三洲四港”的划分。又据光绪《漳州府志》载：

> 锦江，中浮二洲间之，遂支为三港，其洲曰许茂、曰乌礁（万历旧志称三洲，一曰紫泥，按紫泥与乌礁相连，昔日犹隔一大港，今则合而为一矣），其夹以许茂、乌礁者为中港，乌礁之南夹以石码、海澄者为南港，许茂之北夹以玉洲者为北港，经白石、青礁、石美、壶屿，东与中南二港合，纳南溪、浮宫之水入于海。[2]

可见，最晚至光绪三年（1877），九龙江口的沙洲东界，已达壶屿至上寮村一带。

要言之，明清时期九龙江口沙洲变化有如下特点：

其一，1489 年之前就已经存在许茂洲、乌礁洲和紫泥洲。最晚至 1763 年，乌礁洲与紫泥洲已经合并为一洲，即新的乌礁洲，有时也称紫泥洲。从而奠定了九龙江口沙洲与河流“两洲三港”的分布格局。

---

[1] 同治《福建通志》卷九“山川・漳州府”，清同治十年重刊本，台北：华文书局股份有限公司，1968 年，页 318。

[2] 光绪《漳州府志》卷四“山川”，清光绪三年刻本，页 7b。

其二，最晚至1763年，玉枕洲已从江中升起。

其三，1692年，九龙江沙洲推移的东界，是在石美村至海澄镇一带，1877年推移的东界，是在壶屿至上寮村一带。185年间，沙洲向东推移了2.8千米，平均每年向东推移约15米。1877年至今，沙洲的边界在133年间向东推移了3.2千米，平均每年推移约24米。1692年至今，每年平均推移约19米。可见，沙洲推移的速度越来越快（见图5—4）。

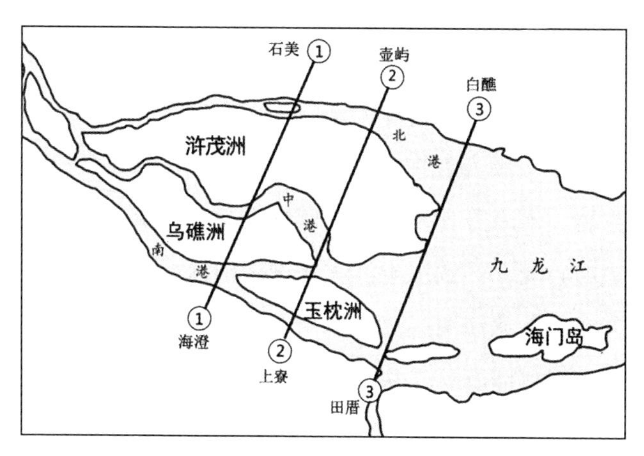

图5—4 近500年来九龙江口沙洲前缘推移过程图

说明：图中①为1692年沙洲东界。②为1877年沙洲东界。③为现在沙洲东界。

其四，沙洲纵向扩展的同时，也在横向发展，对比图5—1、图5—2、图5—3、图5—4，很容易看出这一点。同时受径流来沙、潮流强弱、区域地貌、新构造运动和地转偏向力等因素的影响，不仅许茂洲和乌礁洲不久会并为一洲（目前中港在枯水期已经断流，河道近于淤塞），而且它们最终会向北并岸，成为北岸平原的一部分。

二、江口环境及其民众与海争田

其实，明清时期九龙口的环境变化，是其漫长历史环境变化的一部分。距今2500年前的春秋时期，厦门海湾向西深入至今漳州芗城一带，九龙江西溪潮区界远在天宝以西。随着九龙江的进一步开发，河流侵蚀带来的泥沙在江口一带淤积，海水东退，潮区界逐渐东移。唐代，柳营江（今江东）地“当溪海之交”，为河口区。北溪潮区界在绿洲潮口（今浦南）一带。西溪潮区界在今芗城之西。随着九龙江流域的人口增加，丘陵坡地的开发，特别是番薯、玉米等丘陵坡地农作物的引进，加速了流域内土地利用方式的转变，导致水土流失加剧，河流含沙量增加，江口淤积严重。今日九龙江潮区界继续向东后退：北溪大潮至郭坑篁渡铁桥，枯水期只能到达江东桥。西溪大潮可达漳州新桥，枯水期只能到达官田。南溪潮水可上溯至东泗乡松浦村。[1]

潮区界与沙洲东界，自河口不断向海迁移，也就意味着每年有大量的新增土地在九龙江河口地带浮出水面。这对于“八山一水一分田”的福建民众来说，无疑是很具诱惑力的事情。因此民众与海争田，愈演愈烈。

---

[1] 福建省龙海县地方志编纂委员会:《龙海县志》，北京：东方出版社，1993年，页57。

首先是“堰海以田”。虽然九龙江口属于弱潮浅海型河口，潮流的作用弱于径流作用。但遇到台风时，情况就大不一样。倘若台风风暴潮与天文大潮叠加，风暴潮的狂风巨浪溯江而上，风、浪、潮、洪耦合，所及之处，往往在十几小时，甚至在数小时之内，崩岸伤稼，“漂死者无算”，造成巨大破坏。如明万历三十一年（1603）八月初五日未时，海澄县“飓风大作，坏公廨、城垣、民舍。是日海水溢堤岸，骤起丈余，浸没沿海数千余家，人畜死者不可胜数。”[1]这次风暴潮，“潮涌数丈，沿海民居、埭田漂没甚众，船有泊于庭院者，丙洲几为巨浸，董水石梁漂折二十余间。”[2]康熙四十九年（1710）“闰七月初五夜，潮水暴涨，飘没沿海庐舍千有余家，棺柩无数，民皆架梁奔命，死少伤多。计崩海岸八十余丈，知县韩钟捐俸百金修筑”。[3]

与沿岸地带相比，沙洲四周环水，海拔很低，一旦遇到大的风暴潮，极易被淹没，万历年间丙洲被风暴潮淹没就是一例。因此，沙洲筑堤，成为人们与海争田的主要手段。九龙江口的泥仔洲，早在明嘉靖年间就已“四围洋岸”[4]，而许茂和乌礁二洲，至迟在1652年也“筑长堤以捍潮水”。值得注意的是，筑堤捍潮并非一朝一夕的水利工程，一方面是因为已经建好的海堤经常被洪水、海潮和风暴潮冲啮，旋修旋毁。如民国三十二年（1943），

[1] 乾隆《海澄县志》卷十八“灾祥”，清乾隆二十七年刻本，页3a。
[2] 民国《同安县志》卷三“大事记”，民国十八年铅印本，页10b。
[3] 乾隆《海澄县志》卷十八“灾祥”，清乾隆二十七年刻本，页8a。
[4] 嘉靖《龙溪县志》卷一“地理・川”，明嘉靖刻本，页20a。

海澄县发生了严重的水灾，"所属沿河堤岸受洪水冲击，决口大小共有二十八处"，其中九龙江口的山谷乡被冲决的堤岸就有多处："厝保草尾社，堤岸决口1处，长25公尺，深4—5公尺。草尾至海澄一带，河堤顶断续损蚀，长度合计约有2公里，深度约1公尺。乌礁洲背北部分河堤，堤顶断续损蚀，长度合计约有1.5公里，深度平均约1公尺。有大绝口一处。玉枕洲以北部分河堤，堤顶损蚀长度约1公里，深度约为1公尺，内有大绝口2处。"[1]另一面是沙洲每年都在扩大，海堤自然也要堤外加堤，向海推移。

其次是"引潮洗田"。九龙江口的龙溪、海澄二县，濒临大海，号为"水邑"。随着江口沙洲的快速发育，原有河床被逐渐抬高，降低了行洪量，以至潮涨时，"舟高于城"，加大了洪水期海水淹没范围，使河口两岸和沙洲土壤盐化，地皆斥卤，可谓"海水一荡涤，地数载不毛"。[2]《封君曾槐江公兴建水利祠碑》称："澄水邑也，其六八二都，堰海以田，计三万亩有奇，地固斥卤，镃畚之下与海若争权。"[3]因此，民众在修筑防潮堤岸的同时，一方面引河水灌溉，降低土壤盐分。乾隆《龙溪县志》载：

> 邑面海多卤田，抱山多蹭田，地形殊而水利亦异。……

[1] 漳州市档案局:《水利局民国档案》第四卷"呈报派员查勘海澄堤岸决口勘察报告"，页25—26。

[2] 乾隆《龙溪县志》卷六"水利"，清乾隆二十七年刻本，页2a。

[3] 乾隆《海澄县志》卷二二"艺文志·记"，清乾隆二十七年刻本，页15a。

南方势注，下极溪潭，泉港之饶，然去海浸近，凹而易泄，故筑陂设闸，较西北为多。由南而东则海壖矣，咸卤不可用，非有支津交渠，以旁注远达，则田皆弃地。宋丁知几开官港，通柳营江之水，自文甲至石美三十余里，溉田二百余顷。后人因而筑陂建闸，一时疏凿之功及万世矣。且咸卤非惟不可用，又苦潮啮，海水一荡涤，地数载不毛。故十一都之岸十有三，二十八都之岸三十有三，二十九都之埭十有七，多为之所以防之，而后斥卤不忧，畚插无阻焉。[1]

另一方面在沿岸堤岸开斗门，引淡潮水以拒卤。王志道《曾公陂水利遗爱记》云：

曾若槐先生所居，在澄六八都，滨海之区，岁为咸潮所注，里人枵腹者十而九。成、弘以来，姜郡守复修南陂，林养斋有呈塞引咸之禁，然其兴举未备者，数未至也。先生尊人槐江公，方子矜，即以乡里民命为己任。计此堰海以田者三万亩有奇。咸即以筑御，而堤捍未坚，咸且乘而中之，淡虽以塞潴，而承纳不深，淡仍溢而去之。必砌石如限，高下有度，启闭以时，使潮则逆驾淡以入，汐则淡不随咸以出。遂条便宜，上之当道，咸是其议。开斗门于上曾，而两都之田，无不均溉，淡者愿巨费弗捐，注而复湮。辛丑，先生登

[1] 乾隆《龙溪县志》卷六“水利”，清乾隆二十七年刻本，页2a。

第，以觐归，力成父志，增原设二斗门而三之，俾西北二溪之淡入者，益沛以濡。更就西溪筑石陂六，以御东南大潮之咸，排之使远。后先拮据，凡四载乃成，民荷稼穑之依，谁之力哉？甲寅岁，飓霖为变，斗门冲溃。先生时居封翁艰，亟图修葺，立风日中董之。捐资不赡，始计溉亩敛费，毋溢毋糜，民莫不踊跃。于是斥卤之化为膏沃者，永以一劳而逸。[1]

这种引淡冲咸的方法，使江口低洼海卤之地，转变为沃壤，是江口沿岸民众与海争田的方式之一。

与海争田的同时，民众相互之间对新增土地的争夺，也是愈演愈烈，以至械斗残杀。“海滨民犬牙争狺，至纷斗相贼杀，又莫如埭田。埭田者，即傍海洲田也。当龙澄接壤，江海之中浮三洲，曰许茂、曰乌礁、曰紫泥，地虽斥卤，而筑长堤以捍潮水，崴长泥泊，久且可田，土人射利者，争趋焉。”不仅沙洲新增土地是民众争夺的对象，两岸新增土地也不例外。谢宗泽《邑令刘公惠民泥泊碑》载：

三都地逶迤，独庐、渐美倚山，萦一带水，潮汐、泥沙交而为泊。蛏、蚬、螺、蛎诸鲜繁轫其中，居民朝夕采焉，足以自给，号为海田。泊之界，东抵钟林港，西至屿兜，南

[1] 乾隆《海澄县志》卷二二“艺文志·记”，页3a—3b。

> 与长江毗限，北则浙之民有也。薪谷往来，鱼艘阗骈，时取浙之错，贩易交贸，上输课米一石二斗，下赡乡民数百家，历掌多年，共恬无患。迩有邻乡巨姓者，族豪人黠，瘠众自肥，集强砌堰，肆掠诸鲜。乡民苦之，相率走控，郡使君杜公、下邑父母刘公鞫之。公细询舆论，具得其状，遂以法法其尤者，榜而立之界，俾黠者知悉，于是浙得长有其泊如故。[1]

对新增土地的争夺，不仅持续时间长，而且引发了严重的社会问题。《马巷集·小刀会匪纪略》载：

> 黄得美有田在龙溪浒茂洲，常受强佃抗租之苦，越境控追，官不为直，乃约族叔黄位（一说得美养子）同入会以凌佃，由是江党渐盛。"[2]

黄得美因为土地之争，最终聚众起事，即"小刀会"，他们不仅占领厦门，还波及上海，影响可谓不小。

河口民众之间不仅有新增土地归属权之争，还有水权之争。民国时期，龙溪县石码登第社和鸿团社就为了建立一个水闸，双方争执不下，最终对簿公堂（见图5—5）：

---

[1] 乾隆《海澄县志》卷二三"艺文志·记"，清乾隆二十七年刻本，页11a—11b。

[2] 黄家鼎："马巷集·小刀会匪纪略"，载《台湾文献汇刊》，第四辑，第十八册，厦门：厦门大学出版社，2004年，页279—280。

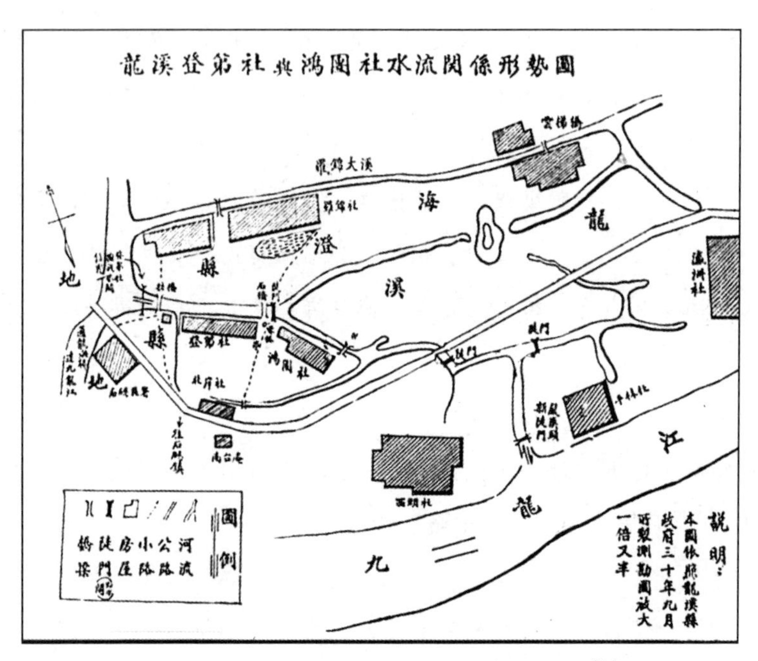

图 5—5　龙溪登第社与鸿团社水流关系形势图[1]

登第社临九龙江，有河一道，河口通江，河身穿登第社而达鸿团社。两社之田，均籍九龙江潮水，溉入河道，取而灌溉。鸿团社在其社口（即河之中段）已设有水闸蓄水，每月朔望放进潮水，二次可供农田一月之用。惟在登第社河道一段，河身长六百六十一公尺，因鸿团社人无理阻挠，未能建设水闸，因是无储蓄之水，以至登第社在两岸之田

[1] 漳州市档案局《水利局民国档案》卷十“准龙溪县府函以石码登第社建闸争执检附原案嘱查照”，页 62。

四百四十二亩，常有缺水之患。[1]

可见，登第社建立水闸的目的，是为了把用水权力控制在自己手里。但登第社在鸿团社涨潮时淡水流入的上游，一旦修水闸，就意味着鸿团社的用水权力掌握在登第社手里。换而言之，不修闸，水权属鸿团社，修闸，水权属登第社。更为重要的是，由于涨潮时引入的淡水都是靠狭长的河道来储存的，而登第社靠近河口，一旦修闸，就意味着淡水根本无法进入内河，藉此灌溉的七个乡将无水可用。因此，鸿团社民众申诉说：

> 窃民等世居石码区鸿团、北岸、蔡港、西头、平林、瀛洲、云梯等七乡人民，以农为业，所有农田灌溉、居民饮料，均藉潮水以资利赖。当唐宋之世，先代为子孙谋水利计，即于下马凿一港，阔如十丈，引潮水由港口陈棣直抵鸿团，北岸、蔡港、西头、平林、瀛洲、云梯等七乡，兼支流灌溉登第社公路边田园，故设斗门于鸿团之界，历唐经宋，至今已有千余（年）矣。[2]
>
> 窃代表等，以七乡千倾良田，万民饮料，所侍为生命线之登第港口，被登第保长方吴庆惑于风水之说，鼓动乡愚，

[1] 漳州市档案局《水利局民国档案》卷十“准龙溪县府函以石码登第社建闸争执检附原案嘱查照”，页60。

[2] 漳州市档案局《水利局民国档案》卷二十二“呈为登第建水闸鸿团等七乡农田受害忌请严督察除”，页6。

勾结武力，串同县府，贪污渎职技术人员，假藉振兴水利，增加生产为题，欺朦层峰，瞒准建闸，以圆迷信之梦，不顾妨害七乡农田水利。呈县各级政府，暨钧处，依照前明所断案，严令折深在案。旋奉钧处同知，以案奉省厅电饬查勘。嘱代表等静候政府解决，不得滋生事端。[1]

值得注意的是，九龙江口争地、争水权现象，发生在月港衰落之后。因为在月港兴盛之际（1465—1644），同样是这片“田多斥卤”的河口地带，民众却有比“与海争田”更好的谋生之道。乾隆《海澄县志·风土志》引旧志云：

田多斥卤，筑堤障潮，寻源导润，有千门共举之绪，无百年不坏之程。岁虽再熟，获少满篝，霜淫夏旺，个中良苦。于是饶心计者，视波涛为阡陌，倚帆樯为耒耜。盖富家以财，贫人以躯；输中华之产，驰异域之邦，易其方物，利可十倍。故民乐轻生，鼓枻相继，亦既习惯，谓生涯无踰此耳。方其风回帆转，宝贿填舟，家家赛神，钟鼓响答。东北巨贾，竞鹜争驰，以舶主上中之产，转盻逢辰，容致巨万，若微遭倾覆，破产随之，亦循环之数也。成弘之际，称小苏

[1] 漳州市档案局《水利局民国档案》卷二十二“呈为登第建水闸鸿团等七乡农田受害忌请严督察除”，页26。

杭者，非月港乎？[1]

闽中本就土地迫狭，有可耕之人，无可耕之地，而河口地带“田尽斥卤，耕者无所望岁”，迫使九龙江口民众不得不走向海洋，“视波涛为阡陌，倚帆樯为耒耜”，也使月港盛极一时。然而月港必定是一个走私贸易港，其存在本身就是非法的，海澄县就是为了治理这一混乱局面而设立的。《周侯新开水门碑记》载：“澄以寇盗充斥，龙邑鞭长不相及也，于是割龙邑为澄。”[2]又乾隆《海澄县志》载：

> 澄在郡东南五十里，本龙溪县八九都地，旧名月港。唐宋以来为海滨一大聚落，明正德间豪民私造巨舶，扬帆外国，交易射利，因而诱寇内讧，法绳不能止。嘉靖九年，巡抚都御史胡琏议移巡海道驻漳弹压之，于海沧置安边馆，岁择诸郡别驾一员镇其地。二十七年，巡海道柯乔议设县治于月港，都御史朱纨、巡按御史金城咸具疏闻，会地方宁息事寝不行。三十年，复于月港建靖海馆，以郡卒往来巡缉。至三十五年，海寇谢老突犯波心，屠掠甚惨，巡抚都御史阮鹗谕居民筑土堡为防御计，亡何，倭奴传警，顽民乘机构逆，结巢盘踞，殆同化外。四十二年巡抚谭纶下令招抚，仍请设

[1] 乾隆《海澄县志》卷十五“风土志·风俗考”，清乾隆二十七年刻本，页1b—2a。

[2] 乾隆《海澄县志》卷二十二“艺文志·记”，清乾隆二十七年刻本，页23a。

海防同知，颛理海上事，更靖海馆为海防馆。然跋扈既久，驯服未易。其明年，巡海道周贤宣计擒巨魁张维等，骈戮以殉，境内始戢。时听选官李英、陈銮在都下扣阍合申设县之请，有旨下闽当道议覆。知府唐九德议割龙溪一都至九都及二十八都之五图，并漳浦县二十三都九图，凑立一县，时嘉靖四十四年也。[1]

由于走私贸易使正常贸易无法进行，为了打击走私贸易的商人和海盗，有人甚至以牺牲月港的正常贸易为代价，建议阻断南港水道，填塞月港。《海澄县筑塞港口议》载：

癸酉志云：县治之设，业有成绩，且城垣壮固，亦似可守。但凡设城邑，必以水泉为先。今城中卤地不可为井，惟汲淡潮城外。万一寇至，水门关闭，安所得水？又县治去海咫尺，贼舟无所防限，乘风顷刻直至月港。潮涨之时，舟高于城，深可危惧，所以议者辄有筑塞港口之说。但其间利害相半，众论不一，具载如左：

一议云：今县治滨海，潮水由海门入。中流有泥仔、乌礁、许茂三洲，分为二派：一派迤东从海沧而上，一派迤南而西，约十里许至月港。咸水夕涨，沿边土田失收，且奸徒驾艇为非，往来不测，贼舰乘潮，瞬息可至，若从下流于泥

[1] 乾隆《海澄县志》卷一“舆地志 · 建置”，清乾隆二十七年刻本，页1b—2a。

仔尾隘处设法填塞，海咸不通，淤泥数年，可以成田。西溪并南溪淡水，汇于八九都，灌溉永赖。且海船必由东北沿海沧、石美而上，横过福河，下至港口，水道迂曲，信宿方达月港。奸贼出入，势甚掣肘，况堪舆家谓此方闭塞，可固内气，若此举可成，亦兴利扼险，为新县奠安之良策也。查得嘉靖十六年，乡民曾请乡官御史陈迁，鸠工垒石兴筑，未及成工。今一带基址俱生泥泊，因而为之，其力为易。

一议云：县治所以设于月港者，正以其地近海，潮汐吞吐，气象豪雄，舟楫流通，商贾辐辏。今若填塞，则商贾舟楫无所停住，或泊于坝外，则有风波冲击之虞。若由福河入月港，水道迂远，其势非在福，河必在石马。而近县之处，泉货不通，生意萧条，深为未便。且江流泛涨，功恐难成，即幸而成，势必溃决，三洲地方，先受其害。就使不决，北边石美一带，不能免于崩颓。且旧有二港，泄水江东、南门二桥以里，尚有洪水之灾，若止留一港，则下流壅塞，水灾愈甚，今若欲兴水利，须另设法疏通；若欲为县防患，莫若查照当日原议，于港口再立一桥，筑垣其上，接连港口九都二堡，下设水闸，以通小船，其大船止泊于闸外，仍于闸外多布石钉，不许大船近闸。如此，则不惟城中居民无乏水之忧，贼船不得突至城下，而港口九都二堡亦可恃以无虞矣。查得近日修造浮桥，势难御贼，且滞商船，又有修补之费，恐非长策。[1]

之所以出现筑塞港口的讨论，表面上看似乎主要是为了打击走私贸易和海盗，其实是月港早已衰落，有没有这个港口对于当地民众来说都已无足轻重了，甚至还不如围海造田更有效益。假如月港还像兴盛时期那样，“两涯商贾辐辏”[2]，有谁还会在乎那几亩子虚乌有的盐碱地呢？

月港衰落后，人们的谋生之道又回到了“以农立国”的老路上，即与海争田。值得注意的是，即使当初走私贸易不在国家刻意打击之列，厦门港也没有乘势崛起，月港也不可能持续繁荣了。因为随着江口沙洲的极度发育，如嘉靖年间月港商人用来“往来暹罗，佛狼机等国，通易货物”的那种“家造过洋大船”[3]，也很难在月港靠岸。因为早在万历四十五年（1617），月港就因“此间水浅，商人发舶，必用数小舟曳之，舶乃得行”。[4]

三、小结

九龙江口受狭窄的溺谷型河口湾的制约，潮流的作用要远小

[1] 顾炎武:《天下郡国利病书》之“福建备录·漳州府志”，页3116—3117。

[2] 嘉靖《龙溪县志》卷一“地理”，明嘉靖刻本，页16b。

[3] 顾炎武:《天下郡国利病书》之“福建备录·兵事·泉州”，页2968。

[4] 张燮著，谢方点校:《东西洋考》卷九“舟师考”，北京：中华书局，2000年，页171。

于径流作用，因此沙洲普遍发育。1489年之前就已经存在许茂洲、乌礁洲和紫泥洲。最晚至1763年，乌礁洲与紫泥洲已经合并为一洲，从而奠定了九龙江口沙洲与河流“两洲三港”的分布格局。自1692年至今，沙洲前界自西向东大约推移了5千米，每年平均推移约19米，且沙洲推移的速度是越来越快。沙洲纵向扩展的同时，也在横向发展。受径流来沙、潮流强弱、区域地貌、新构造运动和地转偏向力等因素的影响，不仅许茂洲和乌礁洲不久以后会并为一洲，而且它们最终会向北并岸，成为北岸平原的一部分。

河口两岸地带，沙洲的发育抬高了河床，降低了行洪量，加大了洪水期海水淹没范围，使河口两岸和沙洲土壤盐化，地皆斥卤。为了应对这一问题，人们被迫与海争田。争田主要表现为三个方面：一是堰海以田，二是引潮洗田，三是“以海为田”的走私贸易。当然人们在与海争田的同时，也在“与人争田”，因此引发了许多社会问题。由此可见，溺谷型河口，受基岩海岸的制约，两岸平原和河口三角洲面积狭小，人类生存空间极为有限。自然环境的些许变化，都会使区域人群处于不利的生境之中。更为重要的是，这些面积狭小的河口，还处于全球气候变暖和海平面变化的敏感地带，因此，其环境与社会经济的变化，很值得我们持续关注。

第六章

海洋政治地理区位与清政府对澎湖厅的经略

——以风灾的政府救助为中心

一、引言

以今人的海洋政治地理眼光来看，台湾岛及其附属的澎湖列岛处于东北亚与东南亚之间的分界线上，控制着西太平洋两条重要的战略水道——台湾海峡与巴士海峡。二战时，日军曾以台湾作为其南下的基地，美国亦以太平洋中永不沉没的航空母舰来评价台、澎的战略区位。康熙二十二（1683）、二十三年（1684），清军相继克取澎、台时，清政府却没有这样的海洋政治地理观。在他们看来，攻拔海洋险要重地是为了彻底肃清自明代以来困扰东南沿海的海寇。如康熙皇帝所云：

> 向来海寇窜踞台湾，出没岛屿，窥伺内地，扰害生民；虽屡经剿抚，余孽犹存，沿海地方，烽烟时警。迩者黔、滇底定，逆贼削平；惟海外一隅，尚梗王化。爰以进剿方略，咨询廷议：咸谓海洋险远，风涛莫测，长驱制胜，难计万全。朕念海氛未靖，则沿海居民勿获休息，特简施琅为福建水师提督，前往相度机宜，整兵进征。该提督忠勇性成，韬钤夙裕，兼能洞悉海外形势，力任尅期可奏荡。遂训练水师、整顿战舰，扬帆冒险直抵澎湖，鏖战力攻，大败贼众，克取要地，立奏肤功。余众溃遁台湾，摄服兵威，乞降请命；已经纳土，登岸听候安插。自明朝以来，逋诛积寇，始克殄

除。海滨要疆，自兹宁谧。[1]

虽然官兵奋勇，“攻拔海洋险要重地，深为可嘉”。然而经略台、澎对于清政府来说，却是一个不大不小的难题：其一，“海洋险远，风涛莫测”虽然不再是“长驱制胜”的障碍，但却是长期经略海洋岛屿的险途；其二，跨海治理“海中孤岛”，不仅本朝没有先例，也无前朝经验可以借鉴；其三，孤悬海外，无论是军事支援还是灾害救援都没有近邻可以依靠，可谓“接济无路”。以上这些难题是清政府面对台湾和澎湖时共有的一些问题。两相比较，经略澎湖列岛又有台湾岛所没有的一些难题：

首先，从剿灭海匪的角度来看，澎湖的政治地理区位更为重要。澎湖“蕞尔丸泥，点点海上，似无疆域之足言矣；然地据中流，若辅车之相倚。故凡海舶过台者，必视澎山为标准；或风潮不顺，则仍收泊澎湖，幸免蹉跌。此第在无事时耳。若台湾有事，澎军每就近援应，即轮船转输军实，轻捷如飞，要必于澎设局支应，以济其乏。是故澎湖可守，则中外声气相接，呼应皆灵，而无睽隔要截之患。譬人一身，台之于闽，如唇之护其齿、如手足之捍头、目，而澎其筋节脉络也；安得以小而置之耶？昔春秋于虎牢、缘陵，特笔书之，为其有关天下之故也。夫台湾固沿海七省之籓篱，而澎则闽与台之关键也。其为虎牢、缘陵也多矣。是故守闽必先守台，守台必兼守澎。盖固澎却所以守台，而

[1] 林豪：光绪《澎湖厅志》卷首“皇言录”，《台湾文献丛刊》第164种，台北：台湾银行经济研究室，1963年，页2—3。

因以卫闽也。”[1]康熙六十年（1721），诏移总兵澎湖，“其台湾总兵官移于澎湖，亦着兵两千名驻扎，令其管辖，均有裨益。至驻扎之兵，不可令台湾人顶补，俱将内地人顶补。兵之妻子，毋令带往，三年一换。”[2]虽未行，亦足见澎湖之重。因此有人称：“澎地小于台湾，曾不及二十之一，乃当时设官置戍，皆举以闻；而经制水军，亦视台湾十有其四者，诚重之也。”[3]

其次，澎湖列岛面积仅126.86平方千米左右，却分成64个岛屿，平均每个岛屿的面积为1.98平方平米（见图6—1）。“澎湖各屿，惟大山屿及北山各社，人烟颇密。此外隔海屿上有民居者，以西屿、八罩为大。他若虎井、桶盘、吉贝、员贝、鸟屿、花屿、小门汛、大仓仔、南大屿，以及东西吉、东西屿坪已耳。其它或沙汕浮出，或海中片石，无平地可耕、无港路可泊；有时渔舟挂网，纵迹偶至耳，初不得谓之屿也。”[4]这样的面积导致澎湖各个岛屿缺乏陆地纵深，因此每次遇到风灾，本该发生在海岸带的灾害，却成为全岛性的灾害事件，一定程度上放大了灾害的影响。比如咸雨，“飓风鼓浪，海水喷沫，漫空泼野，被园谷，草木尽腐，俗名咸雨，惟澎湖有之”。[5]澎湖四面环海，陆地幅员狭小，不足以产生陆、海风循环，因此澎湖冬季笼罩于强劲的

[1] 光绪《澎湖厅志》卷一“封域”，台北：台湾大通书局，1984年，页49。
[2] 光绪《澎湖厅志》卷首“皇言录”，台北：台湾大通书局，1984年，页5。
[3] 光绪《澎湖厅志》卷五“武备”，台北：台湾大通书局，1984年，页135。
[4] 光绪《澎湖厅志》卷一“封域·道里”，台北：台湾大通书局，1984年，页30。
[5] 光绪《澎湖厅志》卷十一“旧事·祥异”，台北：台湾大通书局，1984年，页371。

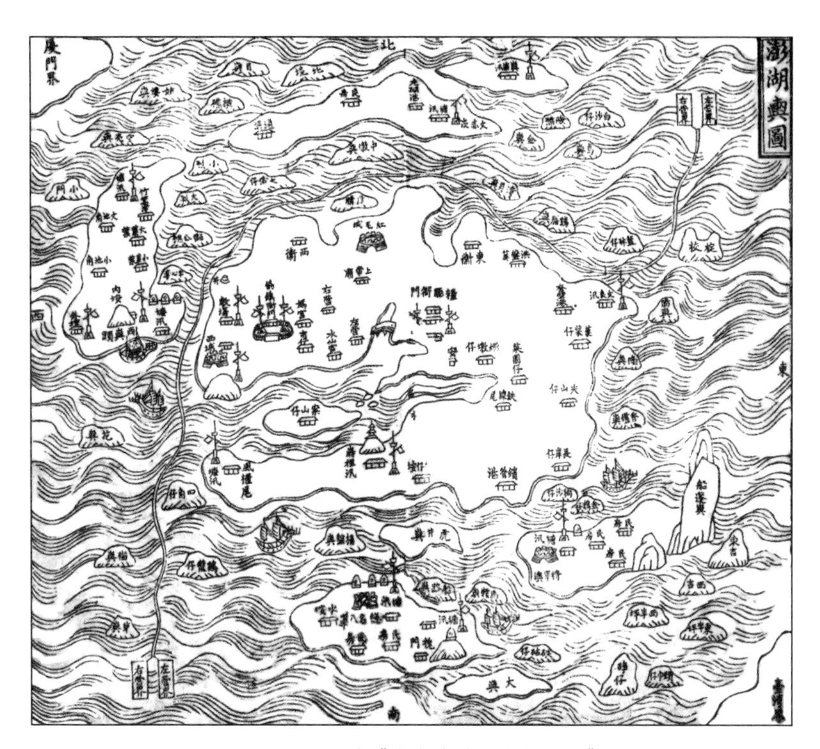

图 6—1　乾隆《澎湖志略·澎湖舆图》

东北风中，夏季则受西南风控制。强风夹带高浓度盐雾，漫空泼野，使土壤盐化，农作物受灾。对于面积较大的台湾岛来说，即便海风刮起巨浪，其影响只限于海边一隅，如乾隆十九年（1754）七、八月遭风，“所有晚禾，各值扬花结实之候，傍山处所，万峰远障，受风略轻；沿海一带，地势宽敞，被风较重”。[1] 但对

[1] 水利电力部水管司科技司、水利电力科学研究院主编，杨光、郭树整编:《清代浙闽台地区诸流域洪涝档案史料》，北京：中华书局，1959 年，页 306。

于澎湖诸岛来说，平岗无峰，岛屿狭小，四无障蔽，陡起大风，海中咸水壁立，随风飘洒，很容易遍及全岛。岛屿狭小，加上不时有咸雨灾害，使澎湖淡水资源匮乏。“澎湖素号水乡，而四面汪洋，水尽咸卤，又无高山大麓、溪涧川流以资浥注，澎之人其需井而饮也，较诸他郡为甚。一遇旱干，则男妇彻夜守井取水，截竹桶以汲之，嗷嗷渴待，有甚于饥。噫！其可悯也。然凿井于澎，则有难焉者；或地中多石，井将成而为盘石所梗者有之；或地脉无泉，凿至数寻，终为弃井，虚费人力者有之；或即得泉，而水性碱苦、面浮铁膜，不可食者又有之。或一澳而得一井焉幸也；或一澳而得二、三井焉则更幸矣。”[1]

其三，澎湖“海滨斥卤，土性硗瘠，泉源不瀹，雨露鲜滋，地之所产微矣”。干旱、强风与土壤高盐，使澎湖物种稀少，生态脆弱。“澎湖地皆平衍，并无崇岭、密林、飞鸟、走兽，道上行人欲求一木之清荫，亦不可得；惟衙署及屋舍之有围墙可避风者，间植一、二株。其树只有榕、柳二种，亦仅随墙高下，不能高出墙外。草更贱卉，而澎地之草长不满尺，并未睹所谓白苇、黄茅芃芃勃勃者。至于花木尤少，即来自内地，不久即萎，非人事之不齐，实水土之各别也。”[2]野生动植物如此贫乏，粮食作物种类之少、产出之低，可想而知。“澎地斥卤不宜稻，仅种杂粮，而地瓜、花生为盛。每岁暮春，种花生时附种粱黍于其旁。迨

[1] 光绪《澎湖厅志》卷一“封域·山川”，台北：台湾大通书局，1984年，页24。
[2] 光绪《澎湖厅志》卷十“物产”，台北：台湾大通书局，1984年，页331—333。

五、六月间，花生渐长，则粱黍已熟矣。至八、九月，而花生方成熟。地瓜种于三、四月，至中秋后，亦渐次收成，切片晒干以储来岁之食。取二者藤蔓枝叶，以饲牛、以作薪，利亦溥焉。"[1]因此有人感叹："宇内瘠苦之区，至澎湖而叹为仅有。其地海滨斥卤，仅产杂粮，中稔犹恐不给；一遇咸雨则颗粒不留，即牛畜亦难以存济，其穷荒海角之民辗转沟洫者，更不堪设想。……小民生计无聊，年复一年，惴惴焉几幸咸雨不作，以苟延岁月，救死且不暇，何暇兴于行哉？"[2]贫瘠的资源环境，加大了政府跨海治理的成本。

其四，澎湖海域复杂的潮流，严重影响船舶航行的安全，加大了其与外界联系的难度。船舶在台湾海峡航行，除受风、雾和气旋影响外，还受潮汐、海流和波浪的影响。单就潮流来说，台湾海峡连结东海和南海，是两个海区水交换的一个重要通道，海流极为复杂。特别是澎湖附近海域，既有受海底地形影响的上升流，还有北上的黑潮西分支和南海流，又有南下的浙闽沿岸流以及冬季的表层西南流，且其流速常常是台湾海峡西部水域流速的4倍左右，因此航线极为复杂。"台、澎洋面，横载两重，潮流迅急，岛澳丛杂，暗礁浅沙，处处险恶，与内地炯然不同。非二十分熟悉谙练，夫宁易以驾驶哉？……不幸而中流风烈，操纵失宜，顷刻之间，不在浙之东、广之南，则扶桑天外，一往不可复返。

[1] 光绪《澎湖厅志》卷九"风俗·服习"，台北：台湾大通书局，1984年，页305。
[2] 光绪《澎湖厅志》卷十"物产"，台北：台湾大通书局，1984年，页349—350。

即使收入台港，礁线相迎，不知趋避，冲磕一声，奋飞无翼”。[1]

在这样的背景下，清政府要经略好澎湖，其棘手可想而知。与军事、政治、经济和文化等方面经营管理相比，突发事件的应急能力最能体现政府的执政能力和管理理念。因此，研究澎湖最大的自然灾害——风灾的政府救助过程，可以很好的考察清政府对海疆的经略行为。

二、清代澎湖风灾及其影响

“澎湖风信，与内地他海迥异。周岁独春、夏风信稍平，可以种植，然有风之日，已十居五、六矣。一交秋分，直至冬杪，则无日无风，常匝月不少息；其不沸海覆舟，斯亦幸矣。”[2]澎湖列岛所在的台湾海峡属于亚热带季风区。每年10月至翌年3月为东北季风期，盛行东北风。海峡东侧的台湾山脉，海拔3 000—3 500米，长360千米，能有效阻挡低层空气流动。当东北季风盛行时，气流便在山脉东部堆积，形成高压脊。而处于山脉背风坡的西部，则形成低压槽。这种地形槽在东北季风盛行时，位于台湾海峡南端，当冷高压从长江口入海时，台湾海峡气压场呈“北高南低”状态，等压线走向与海岸线交角变大，气压梯度骤增，加大了海峡的风速。此外，海面摩擦较小，加上狭管

[1] 蓝鼎元:《东征集》卷四“论哨船兵丁换班书”，载氏著，蒋炳钊、王钿点校:《鹿洲全集(下)》，厦门：厦门大学出版社，1995年，页570。

[2] 光绪《澎湖厅志》卷一“封域·风潮”，台北：台湾大通书局，1984年，页36。

效应影响等，空气质点水平运动加速，使偏北风进一步加大。其中海峡南部平均风速为8—10米/秒，6级以上的大风频率也可达40%。每年5月中旬至8月为西南季风期，在没有台风影响的情况下，海峡风力较小，月平均风速为5—6米/秒，是全年中月平均风速最小的时期，6级以上的大风频率只有5%—10%（见表6—1）。[1]

表6—1　澎湖风暴日期[2]

月	风暴日	风暴名	备注
一	3、4、9	玉皇暴	凡正月初三、初八、十一、二十五、月晦日，皆龙会日，主风
	13、15、24、28、29	乌狗暴	
二	2	白须暴	凡二月初三、初九、十二，皆龙神朝上帝之日。
	7、8、17、18、19、25、29	—	
三	3、7、15	真人暴	凡三月初三、初七、二十七，皆龙神朝星辰之日。
	18、23	妈祖暴	
	28	—	
四	1、8、13、14、23、25	—	凡四月初八、十二、十七，皆龙神会太白之日。
五	1、5	屈原暴	凡五月初五、十一、二十九，皆天帝龙王朝玉帝之日。
	7、13、16、21、29	—	

[1] 郭婷婷等："台湾海峡气候特点分析"，《海洋预报》，2010年，第1期，页53—58。

[2] 光绪《澎湖厅志》卷一"封域·风潮"，台北：台湾大通书局，1984年，页37—39。

续表

月	风暴日	风暴名	备注
六	6、12、18、19、23、24	雷公暴	凡六月初九、二十九，皆地神龙王朝玉帝之日。
	26、28、29	—	
七	7、8、18、15、21	—	凡非常之风，多在七月。凡七月初七、初九、十五、二十七，皆神煞交会之日，又六、七月多主台。海上人谓：六月防初，七月防半，虽未必尽然，有时而验。
八	1、4、5	九皇暴	凡八月初三、初八、二十七，皆龙王大会之日。
	14、15、21	—	
九	9、16、17	冷风信	凡九月十一、十五、十九，皆龙神朝玉帝之日。又九月自寒露至立冬止，常乍晴乍阴，风雨不时，谓之九降；又名九月乌。
	19、27	冷风暴	
十	5	风信暴	凡十月初八、十五、二十七，皆东府君朝玉皇之日。
	6、10、15、20、25、26	—	
十一	14、27、29	—	—
十二	8、24、29	—	凡十一、二月朔风司令，无日无风。然南风尽绝。凡按澳背北处，皆可泊船。

台湾海峡灾害性天气主要是在热带气旋（包括热带低压、台风和强台风）、温带气旋和寒潮大风等天气系统影响下形成的。在强风的影响下很容易形成灾害性海浪，根据1966—1990年台湾海峡波高大于等于6米的灾害性海浪统计，年平均大浪一巨

浪 90 天。[1] 6 米以上狂浪年平均 6.1 次，25 年里，共出现 153 次，其中：台风浪 68 次，寒潮浪 74 次，气旋浪 11 次。尤其是在冬季、刮北—东北风时，因狭管效应，几乎经常有大浪、巨浪出现。[2]

清代澎湖列岛风灾也是在这种气候系统下发生的。由表 6—2 可以看出，澎湖风灾史料和时空分布具有以下特点：

其一，风灾史料主要保存于官方档案和方志中。除此之外，亦有零星文集中有飓风记载，如唐赞衮《台阳集》："余于壬辰三月赴台北秋审，道经澎湖，飓风大作……入夜风愈狂。"[3] 文中所记，虽有飓风，但无灾情，亦未见官方记载，所以基本上属于未成灾的大风，因此不列入灾害统计系列。从资料的详尽程度来看，宫藏档案由于涉及风灾的调查、赈恤等问题，所以每次风灾记载都颇为详尽。相对而言，方志的记载要简略很多，但方志记载的次数更多，因为不是每一次灾害发生地方官都要向朝廷奏报。从另一个角度而言，奏报朝廷的灾害事件的比重一定程度上反映了朝廷对一地的关注程度。

其二，从康熙二十二年（1683）闰六月施琅克取澎湖起，其灾害状况才正式被政府所记载，至光绪十九年（1893）记录清代

[1] 俞慕耕：《军事水文学概论》，北京：解放军出版社，2003 年，页 234—235。

[2] 郭婷婷等："台湾海峡气候特点分析"，《海洋预报》，2010 年，第 1 期，页 53—58。

[3] 台湾银行经济研究室编："台湾关系文献集零"，《台湾文献丛刊》，第 309 种，台北：台湾银行经济研究室，1972 年，页 163。

澎湖的最后一次风灾，历时210年，共计记录了53次风灾（表6—2)。如果以五十年平滑统计，澎湖风灾200多年的分布态势如图6—2所示。很显然十九世纪后五十年风灾的次数高于正常年份。从逐月统计来看，澎湖的风灾主要集中在农历七、八、九三个月内（见图6—3)，占总数的55.6%。这一时期恰好是台湾海峡台风活动最为频繁的时期。

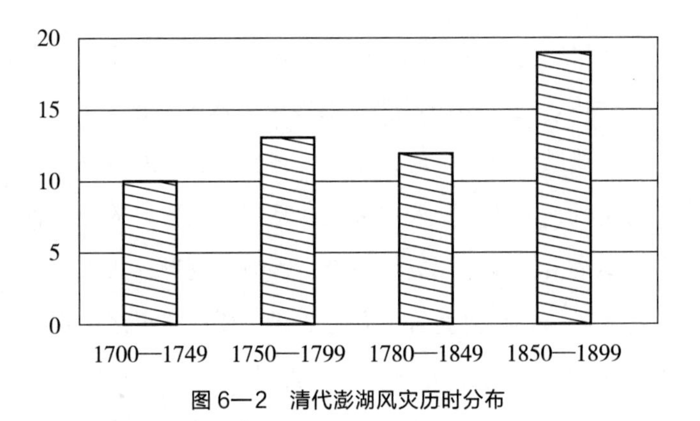

图6—2　清代澎湖风灾历时分布

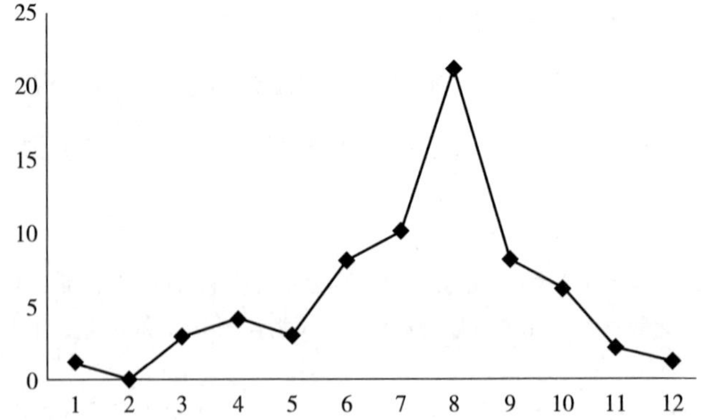

图6—3　清代澎湖风灾逐月分布

表6—2 清代澎湖风灾统计

年代	时间	灾情	史料来源
雍正七年（1729）	七月二十六	澎湖虽有风雨，两营哨船俱各平安，房屋无损。	《宫中档雍正朝奏折》（辑14，页258）（题奏人：署理福建总督印务吏部左侍郎史贻直）
	闰七月二十三	本月二十三，风势狂烈，民间房屋吹塌甚多，人口幸俱无损。商哨等船湾泊澳内者，多被风击坏，并飘出各处，正在查验。	《宫中档雍正朝奏折》（辑14，页60）（题奏人：巡视台湾吏科掌印给事中赫硕色，巡视台湾兼理学政监察御史夏之芳）
雍正九年（1731）	八月初三	大风雨，衙署倒塌。	光绪《澎湖厅志》卷11《旧事·祥异》，页369
乾隆二年（1737）	五月	大风	光绪《澎湖厅志》卷11《旧事·祥异》，页370
	九月	大风	
乾隆五年（1740）	闰六月二十二至二十五	大风，刮坏各汛兵房。	光绪《澎湖厅志》卷11《旧事·祥异》，页370
乾隆十年（1745）	七月二十五、二十六	澎湖地方亦于是日狂风暴雨，海水泛涨，倒坏民房、衙署、营房等项。	《洪涝档案史料》，页265
	八月十五	妈宫澳飓风大作，击碎巡哨船一十三只，刮坏一十一只，兵丁水手俱扶板至岸得生。	

续表

年代	时间	灾情	史料来源
乾隆十年（1745）	八月二十五	澎湖地方异常飓风，商渔战船打坏飘没者甚多，民房、衙署、墩台、营房、城垣、祠庙亦坍塌，沿海田亩咸潮淹没各等情。	《洪涝档案史料》，页265
乾隆十四年（1749）	十月	初九、十九等日，闽省地方俱有飓风，……即澎湖、海坛、金门等处，皆闻有船只打坏、货物漂流之事。	《军机档》（005168）（题奏人：福州将军马尔拜）
乾隆十八年（1753）	三月十六	台、澎洋面飓风大作，有海坛镇标左营千总陈益管押班兵八十七名、跟丁二名、驾船目兵一十一名配载永字四号哨船往台调换，在白水洋遭风飘击，内扶蓬流至东吉屿兵丁一十一名，遇该镇标右营配载换班过台固字六号兵船援救得生，其余弁兵九十员名并无下落。	《宫中档乾隆朝奏折》（辑5，页94）（题奏人：福州将军兼管闽海关事新柱）
乾隆十九年（1754）	八月初七、初八，八月十二、十三	本年八月内台、澎地方，节次暴风大雨，至九月初二午后复起飓风，夜间连甚，至初三亥时止息。	《宫中档》（007845）（题奏人：福建将军兼管闽海关事新柱）
	九月初二、初三	据台湾镇马大用禀报，澎湖地方九月初连日飓风，各澳打坏大小商渔船四十余只，现经地方官查捞抚恤。	《宫中档乾隆朝奏折》（辑9，页748—751）（题奏人：闽浙总督喀尔吉善，福建巡抚钟音）

续表

年代	时间	灾情	史料来源
乾隆二十二年（1757）	十二月	冬十二月，哨船绥字十三号赴台运米，遭风飘没。淹殁戍兵二十二名。	光绪《澎湖厅志》卷11《旧事·祥异》，页370
乾隆二十三年（1758）	正月	二十三年春正月，哨船宁字十四号赴台湾运米，在大屿洋面遭风击碎。	光绪《澎湖厅志》卷11《旧事·祥异》，页370
乾隆三十年（1765）	九月二十三	大风，覆没商船。	光绪《澎湖厅志》卷11《旧事·祥异》，页370
乾隆三十一年（1766）	八月	大风，覆溺多船。	光绪《澎湖厅志》卷11《旧事·祥异》，页370
乾隆五十一年（1786）	不详	澎湖把总蔡得恩、猫雾拺巡检陈庆，在澎湖洋面遭风淹没。	光绪《澎湖厅志》卷11《旧事·祥异》，页370
乾隆五十四年（1789）	七月初三	澎湖于七月初三、初四等日，飓风大作，击碎该协营哨船一只，折桅、断碇、损漏三只。	《清高宗实录》卷1339，页25—26
乾隆五十五年（1790）	六月初六	六月初六申刻陡起飓风，半夜风雨愈加狂猛，文武衙署、仓廒暨兵民房俱有损坏倒塌，压毙兵丁一名，商哨各船亦有击损等。	《军机档》（045314）（题奏人：提督衔台湾总兵奎林、布政使衔按察使兼台湾道万钟杰）

续表

年代	时间	灾情	史料来源
乾隆五十七年(1792)	九月十七	澎湖右营绥字十八号哨船一只赴台领驾，于九月十七在洋突遇狂风，船身击碎。	《清高宗实录》卷1420，页5
嘉庆二年(1797)	八月二十八、二十九	八月二十八、九等日，澎湖亦曾被风，比台湾较轻。该处系沙石之区，向不栽种稻谷，所种番薯杂粮，间有损伤。其居民房屋均属低小，不至于倒塌。	《洪涝档案史料》，页352—353
嘉庆四年(1799)	六月初三日、初四	六月初三，驶至澎湖东吉洋面突起飓风，浪涌狂大，收泊金龟屿重汕。初四日风浪愈加猛烈，二更候碇索刮断，人力难施，船只冲碎，船内弁兵、舵水俱皆落水，各弁兵器械公文……等项全行沉失。	《洪涝档案史料》，页353
嘉庆八年(1803)	九月十六	左营管驾绥字十一号哨船……于本年九月……十六驶至澎湖西屿洋面，陡遇飓风大作，连日不息，至二十六稍定……十月十六，天时晴好……初更时候，驶至猪母落水外洋，飓风复发，浪涌滔天……二更以后，风浪亦加猛烈。	《洪涝档案史料》，页358—359

续表

年代	时间	灾情	史料来源
嘉庆十六年（1811）	闰三月二十八	于闰三月二十六由鹿耳门出口放洋，二十八驶近澎湖洋面，忽然天色变异，陡起飓风暴雨，浪涌滔天，本船舵牙并下金尾楼被风浪刮坏，船身坠侧，全船弁兵极力保护，将晚时候风雨益加猛烈，舵页被浪刮去……船只随风漂冲澎湖北峣外洋沉礁击碎，船内弁兵同军械等件同时落海……漂失兵丁庄……等五名。	《洪涝档案史料》，页367
	八月二十一	秋八月风。九月大风，下咸雨为灾。	光绪《澎湖厅志》卷11《旧事·祥异》，页371
	九月	九月初十以后，风台复作，至二十九、三十、初一等三日狂猛异常。	《洪涝档案史料》，页368
	十月	十月初九以后，暴风三十余天，寒冷倍于往昔，计先后冻毙男妇一十八名口。	《洪涝档案史料》，页369
嘉庆十八年（1813）	七月二十	澎湖地方本年七月二十猝起暴风，通判衙署并仓廒围墙椽瓦间有被风刮坏……副将游击守备衙署及各汛营房库局亦有吹坏。	《洪涝档案史料》，页375—376

续表

年代	时间	灾情	史料来源
嘉庆二十年（1815）	八月二十二夜至二十五晚止	八月二十三、二十四，又被风灾。	道光《澎湖续编》卷上《祥异纪·祥异赈恤》，页69
嘉庆二十二年（1817）	八月二十五	秋八月二十五，大风仍，下咸雨，冬大饥。	光绪《澎湖厅志》卷11《旧事·祥异》，页372
道光十一年（1831）	八月、九月	秋八月大风，下咸雨。	光绪《澎湖厅志》卷11《旧事·祥异》，页372
道光十二年（1832）	八月十八至二十二	秋八月二十二日，大风，海水涨五尺余，覆舟溺人无数。	光绪《澎湖厅志》卷11《旧事·祥异》，页372
道光二十年（1840）	不详	大风，吉贝屿洋船击碎。	光绪《澎湖厅志》卷11《旧事·祥异》，页372
道光二十八年（1848）	七月初二、初三等日	厅辖地方于七月初二、三等日，猝遭狂风大雨，各澳商渔船只及澎湖营战哨各船均有漂冲损坏，海岸石壁以及衙署、仓廒亦间有坍损。	《洪涝档案史料》，页418—419

续表

年代	时间	灾情	史料来源
咸丰元年（1851）	三月初四至初六	澎湖地方猝被风灾……本年三月初四起至初六止，连日大风，刮起海水，遍地飞洒，土人称为咸雨，以至杂粮枯萎，早收失望。	《宫中档》（00689）（题奏人：闽浙总督裕泰）
咸丰二年（1852）	六月	六月，大风台，台湾乡试船坏于草屿，溺人甚多。	光绪《澎湖厅志》卷11《旧事・祥异》，页373
	七月	七月，台风，下咸雨，幸旋得大雨洗涤，尚救四五分。	光绪《澎湖厅志》卷11《旧事・祥异》，页373
咸丰九年（1859）	夏	大风，海面覆船无数。	光绪《澎湖厅志》卷11《旧事・祥异》，页374
	十月初十至二十二	澎湖于咸丰九年入秋后，台飓时作，幸尚无甚妨碍。十月初十，陡起大风，海中咸水壁立，随风洒落，土人名为咸雨，昼夜不停，直至二十二未刻始行止息。	《洪涝档案史料》，页435
咸丰十年（1860）	四月	澎湖遭风，杂粮损坏。	《宫中档》（012387）（题奏人：浙闽总督庆端等）
	八月	秋八月飓风咸雨为灾，民房倾圮，海船击碎甚多。	光绪《澎湖厅志》卷11《旧事・祥异》，页374

续表

年代	时间	灾情	史料来源
同治五年（1866）	秋	秋，台风，下咸雨三次，民大饥。	光绪《澎湖厅志》卷11《旧事·祥异》，页374
同治九年（1870）	十月	冬十月下咸雨。	光绪《澎湖厅志》卷11《旧事·祥异》，页375
同治十年（1871）	八月十六	八月十六，台风大作，港口船只皆碎。	光绪《澎湖厅志》卷11《旧事·祥异》，页375
同治十一年（1872）	八月	秋八月，暴风咸雨为灾，民饥困尤甚。	光绪《澎湖厅志》卷11《旧事·祥异》，页375
光绪二年（1876）	四月十五、十六	四月十五、十六等，洋面飓风大作，覆舟无数，右营台字一号铜底战船，在洋击坏。	光绪《澎湖厅志》卷11《旧事·祥异》，页375—376
光绪三年（1877）	夏	夏，大风，下咸雨。	光绪《澎湖厅志》卷11《旧事·祥异》，页376
光绪四年（1878）	春	四年戊寅春，暴风。吉贝屿小船不能往来，以书系于桶内，随流报饥困状。	光绪《澎湖厅志》卷11《旧事·祥异》，页376

续表

年代	时间	灾情	史料来源
光绪七年（1881）	闰七月	闰七月初七，台飓交作，下咸雨。风通处，树木为焦，所谓麒麟飓也；或谓之火台。其风从西北来，故北山、大山屿、妈宫港被灾尤重。至十三、四、念一、二等日，狂风连作；一月之间下咸雨三次，遍野如洗，洵非常灾变也。	光绪《澎湖厅志》卷11《旧事·祥异》，页376
光绪十八年（1892）	六月	夏六月，大风雨三日，平地水深三尺，坏衙署、房屋、商船、五谷无数。	光绪《澎湖厅志》卷11《旧事·祥异》，页378
	八月	八月台风，下咸雨。是年地瓜薄收，花生十存二、三。	
光绪十九年（1893）	夏秋间	台湾澎湖厅属，光绪十九年夏秋间，遭风被雨，民力拮据。	《军机档》（131740）（题奏人：闽浙总督谭钟麟）

通常情况下，以台风为主的海岛风灾天气，是由大风、暴雨和风暴潮引起的，澎湖也不例外。

（一）风灾对澎湖驻军的影响

澎湖内属之后，设水师副将一员，统辖两营戍兵二千名驻扎（见表6—3）。乾隆四十七年（1782）裁员一百四十二名后，仍有一千八百五十八名常规驻军。“澎营孤悬海外，居台、厦之中，藏岸七百余里；南北则汪洋一片，茫无际涯。且一十三澳汛守，海汉港道处处间断，非船莫济。是澎营之战舰，视别营之水汛为独重也。”澎湖水师的战船的配备，“自康熙二十三年建置营制，额设大赶缯船十只、中赶缯船十只、双帆艍船一十六只，共哨船三十六只，以资巡防。左营绥字一号至绥字十八号，共船一十八只；右营宁字一号至宁字十八号，共船一十八只。”乾隆二十五年，“将宁字十三号、宁字十七号、宁字十八号三船裁汰；是右营仅止一十五只；后奉文将左营绥字十八号之船拨入右营补额。现在左营哨船实一十七只，右营哨船实一十六只，实存哨船三十三只。”这些战船并非时时刻刻驻守在澎湖港，事实上，他们除过海上哨巡外，还要承担台湾海峡往来客货运输：“就中拨派防守妈宫汛，左营例拨船八只、右营例拨船九只，两营汛地一十三处例拨船十只，每岁护饷例拨船六只；此必不可已者，已足三十三只之额矣。此外，尚有大换班兵之年必须船八只，小换班兵之年亦须船四只，以及副将总巡船四只、两营将备分巡船共八只，又每岁大小修赴厂之船亦约有十只，在在需船，实不足以抽拨。”[1]换句话说，一旦台风发作，战船既有停泊在港的，又有出巡哨、护送粮饷以及渡载班兵的，所以其受灾是全方位的。如乾隆十年（1745）八月二十日后，澎湖“协属两营各号战船，或坐驾出洋巡哨，或驾赴台厂修造，或渡载班兵往台，或赴台载运

[1]《澎湖纪略》卷六“武备纪・哨船”，《台湾史料集成・清代台湾方志汇刊》，第 12 册，台北：行政院文化建设委员会、远流出版事业股份有限公司，2004 年，页 160—162。

兵粮，先后开架出洋。迨至二十二日，因天时变异，各船先后收澳湾泊。不意二十五日辰刻，台飓大作，巨浪滔天。各弁兵极力保护，无如风势异常猛烈，各澳湾泊战舰及商渔船只，椗索尽被掣断，四处漂流，或冲礁击碎，或商渔战舰互相击撞沉没，或吹去鸟嘴尾楼，船身掛浅砧漏。至次早风势稍定，各岛挨查战舰全船击碎，军器沉失者，左营绥字四号、六号、九号、十号，右营宁字一号、二号、七号、八号、十号、十一号、十二号、十六号、十七号，共一十三只。损坏桅蓬，头尾砧漏，船身尚堪修理者，左营绥字八号、十一号、十三号、十四号、十五号、十六号、十七号、十八号，右营宁字六号、十三号、十八号，共一十一只。"[1]也就是说，在这次风灾中，"该标左营击碎赶缯船四只，损坏赶艍船八只。右营击碎赶艍船九只，损坏赶艍船三只，其击碎宁字十六号。船中原运给兵未领粮米三十三石六斗零，并遭飘没。船兵俱各浮水得生，船械多有沉失"。[2]澎湖协标两营额设战船三十六只，风灾发生时，"本年届已经驾赴台厂交修者九只，现在被风击坏者共二十四只，是额船之内存营配驾者，仅止三只"。[3]即这次风灾让澎湖战船损失达88.9%，几乎全军覆没。

[1] 中国第一历史档案馆、海峡两岸出版交流中心:《明清宫藏台湾档案汇编》第二十三册，"乾隆十年九月二十日，闽浙总督马尔泰奏折"，北京：九州出版社，2009年，页12—13。

[2]《明清宫藏台湾档案汇编》第二十三册，"乾隆十年九月二十二日，福建水师提督王郡奏折"，页25—26。

[3]《明清宫藏台湾档案汇编》第二十三册，"乾隆十年九月二十日，闽浙总督马尔泰奏折"，页14。

表 6—3　同治七年之前澎湖汛防分布[1]

营	营汛	营房（间）	烟墩（座）	炮台（座）	汛兵（名）	战船（只）	配兵（名）
左营	妈宫澳新城东汛	7	—	1	28	1	50
左营	䗪里汛	3	1	1	15	1	60
左营	文良港汛	3	1	—	—	1	50
左营	风柜尾汛	3	1	1	10	—	—
左营	八罩将军澳汛	5	1	1	28	1	80
左营	挽门汛	5	1	1	28	1	60
左营	水埯汛	5	1	1	28	—	—
左营	妈宫汛	—	—	—	250	8	—
右营	妈宫汛	—	—	—	332	9	—
右营	妈宫澳新城西汛	7	1	—	28	1	50
右营	西屿内堑汛	5	3	1	28	2	100
右营	外堑汛	5	3	1	15	—	—
右营	小门汛	5	3	1	30	—	—
右营	北山汛	10	3	—	—	2	100
右营	吉贝汛	5	3	—	—	1	50
合计		68	22	9	820	28	600

此次风灾，虽然战船损失严重，但“时幸值白昼，兵丁得以扶板登岸，手足身体多有损伤，经该协借给银两，留心调治，痊

[1]《澎湖纪略》卷六“武备纪·汛防”，页 163—165。

愈者已多，伤重者亦渐可全愈”[1]，可见并无兵丁死亡，可谓不幸中的万幸。事实上，许多乘坐遭风击碎船舶的兵丁就没这么幸运了，尤其沉没的运送班兵的船只，常常造成重大人员伤亡。如嘉庆十八年（1813）七月二十日，集字二号哨船由台配载换班弁兵回厦，寄泊澎湖，被风击碎。“该船在台配载闽安左右营班兵九十六名，带弁蔡扳龙、叶逢珠二员，附配连江营班兵二十九名，带弁一员，跟丁许海一名。本船原配舵水目兵四十五名，共一百七十四名，驶至澎湖洋面，遭风击碎，全船弁兵落水军械沉失，内遇救得生兵丁许有清等七名，又跟丁许海一名，捞获兝尸身九十七具，其余弁兵漂失无着”。[2]这样的惨剧，在澎湖水面，几乎无岁无之。

澎湖兵丁要定期在洋面巡哨。“澎湖营每岁于二月起至九月底止，副将坐驾兵船四只出洋，在于左、右两营所辖洋面总巡。自二月起至五月底止，两营游击各带兵船四只出洋，在于本辖洋面分巡。自六月起至九月底止，两营守备各带兵船四只出洋，在于所辖各洋面梭织哨捕。又十一月、正月系单月，分两营游击，各带兵船四只出洋轮巡。十月、十二月系双月，分两营守备，各带兵船四只，出洋轮巡。”[3]这样的值守，无形中增加了出洋时

[1]《明清宫藏台湾档案汇编》第二十三册，“乾隆十年九月二十二日，福建水师提督王郡奏折”，页27。

[2]《明清宫藏台湾档案汇编》第一百二十六册，“嘉庆十八年十一月二十六日，闽浙总督汪志伊等奏折”，页121—122。

[3]《澎湖纪略》卷六“武备纪・巡哨”，第166页。

间，因此很容易遭受风灾。如嘉庆四年（1799）六月初三日，“哨船配带兵械在洋巡缉盗匪，驶至澎湖西屿洋面，突遇飓风，将船只沉礁击碎。其漂失之外委薛国珍，目兵施明光、叶志成、施振文、何天福，俱着照例恤赏；其商哨船只，淹毙兵民人数，现据该镇道查办。”[1]

澎湖为“台、厦出入门户，轮船来往必经之地；且海上风飓不常，轮船至凤山港口，遇风色未顺，仍须收回澎湖就近寄泊，以候天时”。[2]清政府为了控制泉漳民众偷渡台湾，在澎湖设立交通检查站。“澎湖适中之地，泊船止有数处，往来四望皆见，凡过台之船，必令到澎湖湾泊，听汛弁会同巡检盘查，无弊放行，有弊拿解。通同不行查拿者，别汛盘出恭究”[3]，同治十三年（1874）八月还设转运局于妈宫澳。故除战船外，还有很多商船、民船聚集在澎湖海域，且常被军方租用。“从前商船，有配载班兵之差，有配运兵米之差，即官员人犯往来，亦以商船配载，而酌免其口例规费。自有轮船运载，而诸差悉停，经商者皆称便云。”[4]因此即便是商船或民船被风击碎，也常常祸及兵丁，

[1]《长本上谕档》，台北故宫博物院藏，转自徐泓：《清代台湾自然灾害史料新编》，福州：福建人民出版社，2007年，页258。

[2] 光绪《澎湖厅志》卷十一“旧事·纪兵”，台北：台湾大通书局，1984年，页364。

[3]《明清宫藏台湾档案汇编》第九册，“雍正三年八月十二日，闽浙总督满保奏折”，页407。

[4] 光绪《澎湖厅志》卷九“风俗·服习”，台北：台湾大通书局，1984年，页307—308。

如光绪十三年（1887）七月，总兵万国本奉调前赴台北，“于是月二十六日，亲率正副两营勇丁五百七十余名，随带军装器械，由安平装载威利轮船。是日申刻开驶，风狂雨骤，颠簸异常。夜半行至澎湖口外良文港地方，陡触暗礁，洋管驾罗音立即停轮，因风浪过大，不能退出。当时黑夜，阴云如墨，且距岸甚远，无从呼救。次日黎明，船身已被潮流压转，倒向左偏。”这次船舶因风触礁事件中，“淹没帮带哨官差弁等十三员，勇夫二百余名，及军装器械关防全行沉没。洋管驾罗音、二副萨姆喃、大铁柜汉达生、二铁柜鲍格理等亦均淹毙。”[1]光绪年间行驶在台湾海峡的威利轮船，已属于制造技术较为先进的轮船[2]，之前造船技术落后的船舶，猝遇风暴，其后果可想而知。

相对于海上因战船沉没，兵丁死亡惨重而言，岛上驻军因灾死亡的兵丁则要少很多。受损的主要是文武衙署、仓廒和兵房。

[1]《明清宫藏台湾档案汇编》第二〇四册，“光绪十三年九月初三日，台湾巡抚刘铭传奏折”，页358—360。

[2] 威利船为蒸汽机动力船。据刘铭传《刘壮肃公奏议》卷五“购买轮船片”云：“再台湾于上年五月法人解严之后，遣撤兵勇，运载军装，万年青、伏波两轮船尚未修成，无船应用，旋由新授上海道龚照瑗在上海暂雇威斯麦轮船运载，每月船价洋币千四百余元。九月杪，威斯麦船辞去，复经照瑗觅购威利轮船，价三万八千两。臣因威利轮于法兵封口之际，屡次冒险，运兵运饷来台，载重行速，何以出卖价值如此之廉，恐有朽坏欺朦之处。当饬照瑗与其立约，先给价银二万两，先用十个月，如果船底船身毫无损坏，方能清价成交；否则原船仍行退还，月给租洋千三百元。现计威利来台，应差十月，船料尚坚，运载颇为得力，应照原议，留作台湾商船。除将价银给清外，谨附片陈奏。”（台北：台湾大通书局，1987年页252—253。）

如乾隆五十五年六月初六日申刻，澎湖陡起飓风，半夜风雨愈加狂猛，“仓廒倒坏二间，其余二十间瓦片全行掀落。盐仓瓦片亦俱掀落。军装库、火药局及炮台九座，全行吹倒。文武衙署坍塌过半，城内及各汛兵房塌倒过半，余俱损坏。压毙兵丁洪国平一名”。[1]

（二）风灾对澎湖民众的影响

澎湖民众的日常生活，正如胡建伟《澎湖歌》所云：

> 藐兹澎湖一孤岛，幅员百里弹丸小；九州不入禹贡图，开辟以来置不道。岛夷驱逐伪郑平，设官命吏名斯肇。台阳咽喉壮藩维，金厦户庭资障堡。宅澳为村一十三，民居错落晨星渺。岁不十雨月千风，波翻浪覆势倾倒。匝时咸水涨漫天，白日昏昏昼窅窅。流沙一片恍霜飞，草未逢秋已尽黄。地无高冈与陵麓，又无溪涧与桥梁；又无飞禽与走兽，又无花木与篁篁。织纴不事无麻苎，丝帛不出无蚕桑。三农最重无牟麦，五谷最贵无稻粱。爨粪为柴仗牛矢，薯干作食呼薯米。土瘠民贫何处无，未有土瘠民贫到如此。只合乘潮出海为新畬，扬帆棹桨为犁锄；张缯挂网为稼穑，戳垵塞沪为篝

[1]《明清宫藏台湾档案汇编》第八十六册，“乾隆五十五年七月二十二日，台湾镇总兵奎林等奏折”，页231—232。

车。多黍多稌颂蜃蛤，千仓万箱祝虾鱼。[1]

“岁不十雨月千风，波翻浪覆势倾倒。匝时咸水涨漫天，白日昏昏昼窅窅。”正是澎湖风灾发生时的景观。风灾对澎湖农民影响最大的是咸雨。“宇内瘠苦之区，至澎湖而叹为仅有。其地海滨斥卤，仅产杂粮，中稔犹恐不给；一遇咸雨则颗粒不留，即牛畜亦难以存济，其穷荒海角之民辗转沟洫者，更不堪设想。有当世之任者，不得不思亟为之所矣。向者澄海蔡通守勤求民瘼，谓地瓜、花生非致富之具，其渔者值飓台时作，仍不得采捕；则所谓以海为田，究非确论。小民生计无聊，年复一年，惴惴焉几幸咸雨不作，以苟延岁月，救死且不暇，何暇兴于行哉？”在澎湖列岛只要有暴风、台风和飓风发作，就会把海水刮起，散成咸雨，使土壤盐化，“瘠土皆成斥卤”[2]，农作物大面积死亡，年遂不登。“按咸雨为灾，实由怪风之为虐。其来也如狂潮乍发，如迅雷迭震，或对面不闻人声。故其时百穀草木，未坏于咸雨之浸润，先厄于孽风之蹂躏矣。”如光绪七年（1881）闰七月初七日，澎湖“台飓交作，下咸雨。风通处，树木为焦，所谓麒麟飓也；或谓之火台。其风从西北来，故北山、大山屿、妈宫港被灾尤重。至十三、四、念一、二等日，狂风连作；一月之间下咸

[1] 光绪《澎湖厅志》卷十四“艺文（下·诗）”，台北：台湾大通书局，1984 年，页 470—471。

[2] 徐宗乾：“会奏澎湖地方偶遇风灾附折”，载丁曰健：《治台必告录》（《台湾文献丛刊》第 17 种）卷四，台北：台湾银行经济研究室，1959 年，页 271。

雨三次，遍野如洗，洵非常灾变也。”[1]“惟是盐雨之后，沙地透咸，非得大雨时行，沙地不能洗淡。”[2]虽然澎湖岛屿狭小，每次咸雨都会使全岛受灾，但其灾情程度还是会因距海远近不同而有差异。如嘉庆二十年（1815），“澎湖地方于八月二十三夜大风，吹起浪花，散作盐水雨点，至二十四日酉刻方止。旋即晴霁，该地所种地瓜花生一经日晒，藤叶焦黑，收成不过四五分……澎湖全境共一十三澳，分大小六十八乡，八月二十三夜，均被盐水雨点。惟近海之嵵里、林投二澳损坏杂粮较多，现在收成止四分有余。其离海稍远之鼎湾、奎壁、吉贝、网垵等五澳收成尚够五分。又赤崁、通梁、西屿、东西等四澳，距海最远，收成五分有余。又镇海、瓦硐二澳收成共六分”。[3]

咸雨导致“澎湖地方斥卤，向不栽种谷麦，全赖九、十月间番薯、花生成熟，藉资民食”。[4]地瓜，俗名番薯，“蔓生，瘠土沙地皆可种。有文来薯、朱薯、黄栀薯、金薯。澎人遍地皆种，获而切片，或炉成细丝晒干，谓之薯米。近多植新种，皮白味淡，取其繁衍多获而已。其藤可饲牛羊，可为薪，利亦溥哉！”

[1] 光绪《澎湖厅志》卷十一“旧事·祥异”，台北：台湾大通书局，1984年，页376。

[2] 光绪《澎湖厅志》卷十三“艺文（中）·禀牍”，台北：台湾大通书局，1984年，页417。

[3] 杨光、郭树整编：《清代浙闽台地区诸流域洪涝档案史料》，北京：中华书局，1959年，页377。

[4] 《明清宫藏台湾档案汇编》第二百二十四册，“光绪十九年，台湾巡抚邵友濂奏折”，页36。

落花生，俗名土豆，“蔓生，花黄。谢时，花心如针，入地即成子，故名。形如荚豆，一荚三、四子，性宜沙土。《本草》：‘辛能润肺，香能舒脾。’澎人植此尤多，用以榨油；其渣为粑，可粪田；藤可为薪、可饲牛羊，利尤溥焉。”[1]虽然花生和番薯耐盐碱地，但是“叠遭咸雨，番薯花生根苗半多枯朽，收成大为减色。”[2]有人称：“花生番薯又皆蔓地丛生，风不能损。”[3]这大概是相对于秆直立的水稻、小麦等而言，如果遇到连日台风，也会各澳所种花生“均被吹毁”[4]，颗粒无收。

“澎地米粟不生，即家常器物，无一不待济于台、厦。如市帛磁瓦、杉木、纸札等货，则资于漳泉；糖米、薪炭则来自台郡。然而铺家以杂货销售甚少，不肯多置，故或商舶不至，则百货腾贵，日无从购矣。富室大贾，往往择其日用必需者，积货居奇，以待长价。而澎地秋冬二季，无日无风；每台飓经旬，贾船或月余绝迹，市上存货无多，亦不患价之不长也。”[5]所以对于海上捕鱼为生的澎湖民众，“偶遇大风兼旬，不特不能采捕，且无从籴

[1] 光绪《澎湖厅志》卷十“物产·五谷”，台北：台湾大通书局，1984年，页332—333。

[2]《明清宫藏台湾档案汇编》第二百二十四册，“光绪十九年，台湾巡抚邵友濂奏折”，页36—37。

[3]《明清宫藏台湾档案汇编》第八十六册，“乾隆五十五年十月十七日，闽浙总督伍拉纳奏折”，页352。

[4]《明清宫藏台湾档案汇编》第一百二十三册，“嘉庆十六年十二月二十六日，闽浙总督汪志伊等奏折”，页197。

[5] 光绪《澎湖厅志》卷九“风俗·服习”，台北：台湾大通书局，1984年，页306—307。

买粮食，坐以待毙”[1]，如道光十一年（1831），澎湖“春间雨泽愆期，及至夏间始获播种，气候较迟，早收已歉。交秋之后，八月十六日并九月十五至二十日，连日暴风大作，随浪刮起咸水，飞洒如雨。花生尚未饱绽，地瓜尚未长足，受此咸水，枝叶萎焦，晚收更减。该处地瘠民贫，素无盖藏。其环海居民，虽有时讨海为生，惟入冬以来，北风不息，不能采捕，生计日蹙，困苦倍常。”[2]向鲜盖藏，冬季又常常狂风数月不息，既不能下海採捕，台厦商船又稀少，物价增昂，半载之久乏食，民众生计之竭蹙，可想而知。故周凯《抚恤六首·答蔡生廷兰》（之一）诗云：

> 渺兹澎湖岛，汪洋当巨浸。哀哉澎湖民，颠连遭岁祲。山势若浮鸥，泛泛无庇荫。其土多斥卤，其宅少荫庥。讨海以为食，刮井以为饮。薯芋与杂粮，全凭雨漉渗。贾舶一不通，居民口为噤。去秋八九月，台飓无乃甚。鼓浪成咸雨，飞洒等毒鸩。草根亦枯烂，牛羊先病瘁。风伯日怒号，波涛苦击揕；欲渔不敢出，欲籴无由赁。东邻与西舍，死殇相哭临。纵有贤司牧，力薄难为任。驰书飞告急，呼天空哑喑。吁嗟渤澥中，胡能同席衽！[3]

[1] 光绪《澎湖厅志》卷十一“旧事·祥异”，台北：台湾大通书局，1984年，页376。

[2] 《明清宫藏台湾档案汇编》第一百五十三册，“道光十二年正月初十日，福建巡抚魏元烺奏折”，页148—149。

[3] 光绪《澎湖厅志》卷十四“艺文（下）·诗”，台北：台湾大通书局，1984年，页489。

当然，每次风灾都会造成民房损毁。澎湖“各澳孤悬海中，民居错落。本年八月二十五日辰刻，忽然飓风大作，海波激涌，至戌刻方息。民房吹去瓦片者一千二百余间，倒塌者一百二十余间……各澳在岸居民及兵丁人等，幸无伤损。”[1] 可见风灾发生时，倒塌民房和倒塌军营一样，都不会造成重大人口伤亡。大多数民众都是因船难而失去生命，这一点也跟驻军如出一辙。

三、中央政府对澎湖风灾的赈恤

澎湖孤悬海外，其灾害类型、灾度都有别于中原内地，加之又是战略要地，因此政府对每一次风灾发生，无论是灾中救助，还是灾后灾情调查与赈恤，都极为慎重。单就遭风海船而言，通常情况下，由澎湖海防左、右两营战船负责救护，并制定了详明的救护章程。抚部院丁奉上奏的救护《规条五则》最为详尽：

> 一、定地段以专责成也。查沿海岛屿星罗，犬牙交错，非明定界址，必致彼此推诿。兹责成沿海厅县，会同营汛，定明所辖界限。每十里为一段，饬令就近公正绅耆，保举地甲一人；其岛屿则保举耆老头目一名，列名册报，以专责

[1]《明清宫藏台湾档案汇编》第二十三册，“乾隆十年十月初八日，福州将军新柱奏折”，页68—69。

成。凡遇中外船只漂撞礁浅一切危险，本船日则高挂白旗，夜则接悬两灯，以示求救。在地之居民、渔户人等，见有此等旗、灯，即时首报地甲头目，一面飞报文武汛官，一面酌量夫船数目，集派助救。其文武汛官闻报后，亦即督率兵役，亲往看验救护，不得稍有违误。其往来报信之人，一切费用，均由失事船主给还；惟官役不得勒索使费。

二、明赏罚以免推诿也。查沿海文武汛官，如有救护船货至一万两以上，中外人等救至十名以上者，一经该管上司查明申报及领事照会关道有案，藩司立即注册。记功三次以上者，文武汛官详请酌记外奖；五功以上者，分别详请题升，以示优奖。地甲头目亦分别上次劳绩，随时赏给顶戴匾额，以昭激劝。倘文武汛官，不肯认真办理，照例参惩。地甲头目，若有救援不力，甚至希冀分肥者，分别轻重严究。至于望见船只危险，首先报知地甲头目及文武汛官者，以初报之人为首功，由失事船主给予花红。大船多至三十两，中船以十两为度。

三、定章程以免混乱也。凡遇险船只，其力尚可自存，船主并不愿他人上船者，则救援之人，自不得混行上船。倘船主须人援救，或系应先救船、或系应先救货、或系应先救人，均听船主指挥，不得自行动手。救起货物，应寄顿何处，亦由船主作主。其有擅行搬取，或私自藏匿者，经船主及地甲头目指明、查有确据者，即行由官追究治罪。倘有人出首确凿者，亦赏以应赏之款。诬捏者不准，并行反坐。

四、定酬劳以资鼓励也。凡救起之货，须候文武汛官验报。如系外国存货，则并报明附近领事官会同查核，将货估价，按照出力多寡难易，抽拨充赏；多至三分之一，以赏救援之人。若有货无人，则须禀明就近地方官及领事官，秉公将货酌赏。倘无货有人，则须将人救护。无论中国、外国之人，均先行给以衣食，就近送交地方官、领事官，妥给船只，分别资送回籍。倘系外国人，无领事可交者，即报明通商局，资给盘川，传令自行回国。其小船出力救护，倘本人无力可以酬谢者，即就近禀报地方官。小船每救人一名，赏给洋银十元，就近由地方官先行核给，按月汇报通商局发还。虚捏者严究。至遇风涛泊涌，人力难施，或在大洋，为救援所不及者，均宜各安天命，不得任意株连。

五、广晓谕以资劝戒也。凡海滨愚民，皆缘不知救船之有赏、不救船之有罚，是以坐视不救，或致乘机抢夺。此后所有沿海文武各官，均宜将以上告示条规，分别札行各汛，严加告诫；并将告示条规，书写木牌，遍处悬挂，使一切渔户愚人，皆知遇险之船，救护为有功、不救护为有罪；庶人人有救船之念在其胸中，不敢视为无足重轻之举矣。[1]

上述章程适用于地方政府风灾船难救助。一旦遇到危及全岛

[1] 光绪《澎湖厅志》卷五“武备·海防”，台北：台湾大通书局，1984年，页162—164。

民生的风灾，务必中央政府出手，方能应对。

关于中央政府对地方台风、水灾救助的程序，乾隆二年（1737）题准，“地方偿遇水灾骤至，督抚闻报，一面题报，一面委官量拨存公银，会同地方官确查被灾之家，果系房屋冲塌，无力修整，并房屋虽存，实系饥寒切身者，均酌量赈恤安顿。如遇冰雹飓风等灾，其间果有极贫之民，亦准其一例赈恤。”考虑到“水旱之灾，同宜赈救，而水灾为尤甚。旱灾之成以渐，犹可先事豫筹，水则有骤至陡发之时。田禾浸没，庐舍漂流，小民资生之策，荡然遽尽，待命旦夕”。因此乾隆三年（1738）再降谕旨：“嗣后各该督抚可严饬地方官，凡遇猝被水灾，迅文申报。督抚即刻委员踏勘，设法拯济安置。一面办理，一面奏闻，务使早沾实惠，俾各宁居，以副朕悯念灾黎之至意。倘或怠玩濡迟，致伤民命，或有司奉行不力，胥役侵蚀中饱，以及藉名捏饰，浮冒开销等弊，该督抚照例严参。倘办理未协，积弊未除，则咎在督抚。将此永著为例。”[1]

一般情况下，灾情的查勘限期为四十五日，赈恤造报，“扣限两月”。孤悬海外的台、澎则常常例外。如乾隆十三年，台湾彰化县风雨狂骤，山水涨发。该县查勘限期，“应以乾隆十三年八月初五日奉院题报情形之日起，扣限四十五日，计至九月二十日限满。今查台湾道府并该县造送前项各册结，于九月十八日

[1] 昆冈等:《钦定大清会典事例》卷二百七十“户部·蠲恤·救灾”,《续修四库全书》第802册，上海：上海古籍出版社，2002年，页312—313。

出文，尚在限内，至十一月二十五日到司”，迟延两月有余，而“此案应以乾隆十三年十一月二十九日奉院具题勘实分数之日起，遵照定例，扣限两月造报，除封印日期，计至乾隆十四年二月二十九日限满。今查该县请蠲银粟数册，系十四年二月二十九日限内出文，至三月二十九日到司”，迟延一月，这些都是因为台湾“远隔重洋，风信靡定”，因此也就“难拘例限”。[1]在这种情况下，地方官员务必得“先行抚恤”，才能把灾害程度降到最低，正如闽浙总督伍拉纳于乾隆五十五年（1790）所奏：“臣查澎湖孤悬海岛，民人猝被风灾，家室飘零，殊堪悯恻。查该厅协来禀，迟至月余方递到，实由风帆不顺所致。若再待覆查，已恐缓不及济。且该处仓廒，止有兵谷，亦无备贮闲款。臣随飞饬藩司，提银三千两，派委署南胜同知曾中立，管带起程，配渡前往。并饬台湾府杨廷理亲赴澎湖，会同该厅协加意抚恤，给发坍房修费，以资栖止。并查明秋成是否成熟，及此外有无压溺人口，一体殓埋。务期仰体皇仁不使一夫失所，以副圣主痌瘝在抱之至意，容俟抚恤事竣，核实另奏。”[2]

（1）因灾伤亡兵丁的抚恤和战船修造

作为新开发地的台澎二地，兵丁抚恤金的来源，与边疆屯垦方式颇为相似。“雍正八年，台湾镇总兵王郡奏准，恩给营中

[1]《明清史料戊编》第一本“福建巡抚潘思榘题本”，台北：“中央研究院”史语所再版，1972 年，页 90a—91b。

[2]《明清宫藏台湾档案汇编》第八十六册，“乾隆五十五年八月十六日，闽浙总督伍拉纳奏折”，页 249—250。

恤赏银两；台澎二处领到本银，暨就台郡购置田园、糖廍、鱼塭等业，各协营遴员经理，于冬成征收租穀、糖觔、税银。其应纳各县正课，仍依民间则例交纳。所获租息，以六分存留营中，赏给兵丁游巡及有病革退并兵弁拾骸扶榇等盘费；以四分解交台湾府，划兑藩库，备赏戍兵眷属吉凶事件。所载六分租息，每年除赏恤外，所有盈余，存贮赏给期满换回班兵盘费。其出入数目，按年造册，送督、抚、提督、藩司查核。澎湖协标左右两营戍兵，当时共二千名，领帑银四千两，在于台湾购置庄场。左营置买北路头桥路南庄，又草地尾庄共二处。右营置买北路吉仑庄，又南路东宁庄，亦共二处。两营庄场岁收租息，视岁之丰歉，原定额每年两营各派拨妥当千、把总一员，赴庄经理。乾隆五十七年（1792）奉文，租息尽数解存司库。其恤赏银两，由营垫给，按年赴司库领回归款。”[1]考虑到台澎换班之兵丁，守戍海外岩疆，康熙六十年（1721）就下谕旨对其兵源做了规定：“至驻扎之兵，不可令台湾人顶补，俱将内地人顶补。兵之妻子，毋令带往；三年一换。”[2]因此《恤赏则例》涉及许多兵丁班满回籍所需费用：

兵丁娶妻及子女婚嫁，各赏银三两。

兵丁父母本身及妻亡故，各赏银四两。

故弁扶柩回籍，照依每员名下支食养廉名粮计算，每名

[1] 光绪《澎湖厅志》卷五“武备・赏恤”，台北：台湾大通书局，1984年，页167—168。

[2] 光绪《澎湖厅志》卷首“皇言录”，台北：台湾大通书局，1984年，页5。

赏银四两。如系十名，赏银四十两；照此类推。

故兵遗骸班满，队目拾运回籍安葬，分上下游给赏运费。上游赏银三两，下游赏银一两五钱。如同标营一起拾运三名以上者，各减赏银三两钱。水师有营船可以带运，每名止赏银一两。

病兵辞退、革伍回籍者，照站给赏盘费。每站赏银四分，游巡兵丁，每名每日赏银一分五厘。

期满班兵换回内地，分上中下游赏给盘费。上游赏银二两，中游赏银一两五钱，下游赏银一两。[1]

此《恤赏则例》适用于和平时期。当兵丁在洋巡哨时，因风灾牺牲，抚恤条件则有所变化。雍正十一年（1733）三月，张廷玉等题本称："查定例，沿海省分官弁兵丁，因公差委，凡遇海洋大江危险地方，飘没身故者，官不论衔级大小，照军功例，俱以现在职任分别准荫加赠，给与祭葬银两。"[2]康熙五十九年复准："台湾飓风大作，伤损人民，倒塌房屋，照散赈例散给；其船坏淹溺兵丁，照出征故绿旗兵丁之例赏给。"[3]如康熙六十年（1721）八月十三日，台南、高雄等地，"怪风暴雨，屋瓦齐飞，风雨中

［1］乾隆《续修台湾府志》卷九"武备·恤赏"，《台湾文献丛刊》第211种，台北：台湾银行经济研究室，1962年，页387—388。

［2］《明清宫藏台湾档案汇编》第十一册，"雍正十一年三月十一日，吏部尚书张廷玉等题本"，页137。

［3］《钦定大清会典事例》卷二百七十"户部·蠲恤·救灾"，页3120。

流火条条，竟夜烛天。海水骤涨，所泊台港大小船，击碎殆尽，或漂而上之平陆。”[1]“被风伤船压死兵丁应照出兵病故官兵每名赏银五两，给伊等妻子……各营压死兵丁一百二十名，共赏银六百两。”[2]也就是说，当船舶在港口停泊时，因灾死亡的兵丁按出兵病故例抚恤。因风灾倒塌房屋压毙的兵丁也基本上按此例抚恤，如乾隆五十五年（1790）十月七日，澎湖飓风，房屋多有倒塌，压毙戍守兵丁洪国平一名，“未便遽照船只遭风在洋淹毙之例赏恤，酌以十分之二给银十两，俾资归葬。”那么兵丁因“船只遭风在洋淹毙”又如何赏恤呢？乾隆五十二年（1787），台湾海峡有多只船舶解送粮饷，在洋遭风沉溺，上谕：“所有沉失米石，均着刷其赔补外，其前后溺毙之兵丁水手人等，均着该督查明，照阵亡例议恤，以示体恤。”[3]

战船不同于普通的商、渔船，“澎湖水师一协，驻扎澎湖岛，为台厦往来之冲，外洋扼要之地。凡分巡总巡、护响运粮以及渡载换班兵丁，皆惟战舰是赖，地冲差繁。”可谓一日不可或缺，因此，当战船被风击碎，其修造就显得颇为吃紧。如乾隆十年（1745）八月二十五日，澎湖水师战船因风几乎全军覆没，“存营配驾者仅止三只”，因此马尔泰奏称：

---

[1] 蓝鼎元：《平台纪略》，清文渊阁四库全书本，页30a。

[2] 黄叔璥：《台海使槎录》卷四“赤嵌笔谈·朱逆附略”，《台湾文献丛刊》第4种，台北：台湾银行经济研究室，1958年，页89。

[3]《方本上谕档》，台北故宫博物院藏。转引自徐泓：《清代台湾自然灾害史料新编》，福州：福建人民出版社，2007年，页242。

水师冲要之区，战船最为重务，关系甚紧。倘循照定例，俟查勘被风情形，取具文武各官印结，然后估计保题，动项补造修复，不特辗转行查，断非克期所能交厂兴工。且澎协战船例归台厂修造，海外物料俱购自内地，尤非一年半载所能告竣，哨巡护送竟致无船可拨，实属未便。臣等现在暂于附近澎湖之水师提标及金门海坛二镇，酌拨额船数只，移交澎湖协配驾，以应哨巡，并将被风打坏战船二十四只，分别酌议。除全船击碎之绥字一号等一十三艘，购办全料重新打造，非一时所能猝办，应俟查勘确实，取结保题，仍归台厂陆续造补外，其现报击损砧漏之绥字八号等一十一只，既因船已破损，不能涉洋，难照常例驾归台厂修复。而该协现已乏船配驾，亦难照往例勘明结报，然后保题请修。臣等拟俟委员邹承垣会同该地文武，勘明尚可修理各号船只，即核实工料，动支司库银两兴修。至购办物料、监督修理，必须熟练文员，会同营员办理，方无贻误。查厦门同知梁须梗，历年督修泉厂船工，于船务甚为熟练。梁须梗业经臣等题调台湾府海防同知，现候部覆，尚未离任。厦门澎湖相去甚近，且就厦购办物料亦易。臣等即委令梁须梗会同通判汪天来，澎湖协副将杨瑞，估计办料，赶工兴修。倘应用物件澎厦二处无从购觅，即令在于泉厂内就近拨用，照价归还泉厂，另行购办。统俟绥八等一十一船监修完竣，将暂拨配驾之水师提标金门海坛二镇战船撤回原营，并令梁须梗赴台湾

> 同知新任。所需修船工料银两，臣等查司库历年存公耗羡并无余剩，正项钱粮又皆报拨充饷，无可动拨。惟查历年平粜米谷价银一项现在。清查各年买补正额之外，尚有盈余银两，系属公项，应请于此款内动拨。统容赶造完竣，核实工料，造册题销。臣等为要地需船，难以缓待，不揣冒昧，一面酌量办理，一面缮折具奏。[1]

可见，战船被风击碎时，因“要地需船，难以缓待”，地方政府一方面会就近调拨战船，弥补其巡哨、护送之不足，一面会调专人“估计办料，赶工兴修”。其中修造地点，“台澎各标营船，初俱分派通省内地厅员修造，康熙三十四年（1695）改归内地州县。其尚可修整而不堪驾驶者，内地之员办运工料，赴台兴修。迨按粮议派，台属三县亦分修数只。此非偏庇台属，以内地各厂员多力分，工料俱便，不烦运载，可以尅期报竣。后定在近道府监修，统计闽省船只匀派通省道府，乃将台澎九十八船，内派台湾道府各十八只，余俱派入内地。既而仍归内地修造。惟未朽烂而不堪驾驶者，留台修补。至康熙四十四、五年间，仍旧改归台属；而派府船数倍于道，令其与福州府分修。议于部价津贴运费外，每船捐贴百五十金，续交盐粮厅代修其半，道镇协营厅县共襄厥事。迨后专责知府，并将道船亦归于府。雍正三年（1725），

[1]《明清宫藏台湾档案汇编》第二十三册，“乾隆十年九月二十日，闽浙总督马尔泰奏折”，页14—17。

两江总督查弼纳题准，设立总厂于通达江湖之所，百货聚集，鸠工办料均属省便。每年派员监督，领银修造；再派副将或参将一员，共同监视，务节浮费，均归实用。部价不敷银两，历来州县协贴，仍应如旧。复经总督满保会题将台澎战船九十八只，于台湾设厂，委令台湾道协监督修造。于是各政尽归台厂，而道协责任独重矣”。[1]

（2）受灾民众的赈恤

澎湖厅人蔡廷兰有诗云："澎湖一岛临汪洋，西扼金厦东台阳。干戈盗贼总无患，往往凶歉遭奇荒。未若去岁更周章，黄发遗民见未尝。四月下种六月旱，旱气蒸郁为螟蝗；七八九月咸雨洒，腥风瘴雾交迷茫。早季晚季颗粒尽，饥死者死亡者亡。"[2]自从澎湖纳入清朝版图，长期困扰澎湖的海盗已不复存在，因此，咸雨就成为澎湖民众"奇荒"的主要制造者。故风灾后，政府对澎湖的抚恤主要是救荒。以咸丰元年（1851）三月初四澎湖风灾的救助为例：

> 咸丰元年辛亥三月初四日，大风霾，下咸雨。徐道援案奏拨道库银两，委同知王廷干勘恤。又委员曾广煦解到薯丝接济。时台郡绅商林春澜、石时荣、蔡芳泰、黄瑞卿等，共捐银一千六百四十余两，本地殷户吴鏞、黄朝基等共

[1] 光绪《澎湖厅志》卷五"武备·海防"，台北：台湾大通书局，1984年，页157。
[2] 光绪《澎湖厅志》卷十四"艺文（下）·诗"，台北：台湾大通书局，1984年，页517。

> 捐银一千七百三十九两，镇道文武委员各有捐款。合计绅民捐银七千六百（八）十一两零，尽数拨用，并动用库项四千六百七十三两零。前后散给薯丝一百五十五万四千五百余斤，并折放制钱一万三千九百六十四千零。自四月起，至六月底止，统共用银一万二千三百五十四两零。劝谕商船，多载薯丝来澎，每斤市价十四、五文，故给钱听民自买也。其福省委员张兆鼎，带银二千两来澎查恤，并免动用。有诏是年地种杂粮，缓至明年秋后带征。[1]

澎湖此次风灾较重，首先是“因上冬雨少风多，收成歉薄，贫民不无食匮之虞”。其次是因为“澎湖四面环海，地皆沙石，稻谷不生，向来早晚二收，俱系栽种杂粮，藉资民食”；今因“连日大风，刮起海水，遍地飞洒”，导致“杂粮枯萎，早收既已失望，晚收尚早，为日甚长，小民糊口无资，谋生乏术”。考虑到“澎湖为全台门户，关系紧要，当此民力拮据，待哺嗷嗷之际，必须速为安抚，方足以示矜恤”。台湾道徐宗幹会同台湾镇吕恒安，“于道库备贮项下，提银五千两，以二千两添买薯丝，委员解往，余银三千两，饬委即补同知王廷干，带赴澎湖，会同该厅查勘抚恤。”浙闽总督裕泰接到地方禀报后，“即饬司在于藩库收存道光三十年地丁项下，动拨银二千两，委同试用知县

[1] 光绪《澎湖厅志》卷十一“旧事 · 祥异”，台北：台湾大通书局，1984年，页373。

张兆鼎，管解东渡，径至澎湖，会同该厅杨承泽，及台湾原委各员，亲赴被风各澳，查明各该户口，分别极贫、次贫，先行妥为抚恤，务使实惠及民，不致一夫失所，亦不得假手书差，致滋冒滥。一面按乡履勘，实在何乡情形最重？何乡情形较轻？将来晚收有无妨碍？是否不致成灾？应否照例加赈？抑只须酌请缓征？或应另行接济，详晰声明，星驰禀报，扔责成台湾府督同查办。至此次解往银两如尚不敷支用，即由该道府酌量筹拨，如有盈余，亦即解存库厅，留抵下年兵饷，统俟事竣，核实报销，兹据福建藩臬两司会详。”[1]

关于澎湖民众薯丝的发放标准，咸丰元年（1851）应该与道光十二年（1832）的标准相差不大，即“大口日给薯丝半斤，小口减半，次贫给与一月，极贫加给一月。”[2]赈济一月口粮的标准是清代抚恤的定例，如乾隆十三年（1748），台湾知府方邦基就禀报：“坍房被水乏食极贫灾民，动支仓谷，照例先赈一月口粮，以恤灾黎。”[3]可谓“贫民三万七千户，量赈万斧充饥肠。极贫两月得全活，次贫周月慰所望。”除此之外，饥荒时澎湖民也众会赴台湾觅食。如光绪七年（1881）闰七月，“狂风连作，一月之间下咸雨三次，遍野如洗……时有飞云轮船管驾都司衔梁梓芳至台

[1]《咸丰元年六月初三日浙闽总督裕泰奏折》，载《宫中档》，登录号 00689，台北故宫博物院藏，转引自徐泓：《清代台湾自然灾害史料新编》，福州：福建人民出版社，2007 年，页 327—328。

[2]《明清宫藏台湾档案汇编》第一百五十三册，“道光十二年六月二十四日，福建巡抚魏元烺奏折”，页 27。

[3]《明清史料戊编》第一本“福建巡抚潘思榘题本”，页 90a。

湾，面陈台湾道张梦元，准以轮船渡载饥民赴台觅食。前后载往者数千计。”[1]《清季申报台湾纪事辑录》亦云：“近有自台湾来者谓：去冬澎湖之人富者、贵者、壮者、健者，多避灾于台郡，其留居澎湖不去者，大半是贫苦老弱者。”[2]

清代地方出现大灾，除政府调拨钱粮以外，绅商、殷户和地方官员都会捐资抚恤，如这次风灾“台郡绅商林春澜、石时荣、蔡芳泰、黄瑞卿等，共捐银一千六百四十余两，本地殷户吴鏞、黄朝基等共捐银一千七百三十九两，镇道文武委员各有捐款，合计绅民捐银七千六百十一两零。”官员捐款，主要是用皇上恩赏给地方官的养廉银。如雍正七年（1729）七月，署理福建印务吏部左侍郎史贻直奏：“台澎先后被风，民人虽照旧安居乐业，而溺死之兵民情殊堪悯，且损坏房屋颇多，诚恐沿海兵民，一时无力起盖，不得不亟为筹画安全。臣仰体皇上爱养兵民至意，即终恩于赏臣养廉银内，捐银一千两，遣员星夜赍银前往。”[3]

另外一个重要的抚恤措施是缓征。康熙四年起，“被灾州县，将本年钱粮先暂行停征十分之三，候题明分数，照例蠲免”。[4]

---

[1] 光绪《澎湖厅志》卷十一“旧事·祥异”，台北：台湾大通书局，1984年，页376—377。

[2]《清季申报台湾纪事辑录》，《台湾文献丛刊》第247种，台北：台湾银行经济研究室，1968年，页1035。

[3] 台北故宫博物院编：《宫中档雍正朝奏折》（辑14），台北：故宫博物院，1978年，页259。

[4]《清圣祖实录》卷十四，康熙四年正月至三月，北京：中华书局，1985年影印本，第4册，页218下。

澎湖这次风灾，也在缓征之列，据《上谕档》载："兹据奏称：委员遍历各乡，查明户口，均匀散赈，地方甚属安静。惟被灾处所，民力未免拮据，加恩着照所请，所有本年额征地种、船网、沪缯等银五百九十三两零，一并缓至咸丰二年秋收后带征，以纾民力。该镇道即刊刻誊黄，遍行晓谕，务使实惠及民，毋任吏胥舞弊，以副朕轸念灾区至意。其捐赈及董事出力之官绅士民等，均着照例咨部，分别请奖，所捐银两免其造册报销，余着照所议办理，该部知道。"[1]

对于因灾死亡民众、庐舍和船只的抚恤，康熙六十年（1721）对于台湾飓风遭灾的抚恤金，上谕"九卿议照保安沙城地震散赈之例，倒房一间银一两，压死大口一口银二两，小口一口银钱七钱五分。"[2]乾隆十年澎湖被风，"居民庐舍被风损坏，其实在倒塌无力起盖者，计七十间，每间赈银一两，共赈银七十两，瓦片被风无力修葺者，计六百四十一间，每间赈银三钱，共赈银一百九十二两三钱。俱各按间数逐名给发，务使小民均沾实惠，并不假手胥役。其杉板头船击碎共四只，每只赈银一两五钱，共赈银六两。淹毙船户舵水一十七名，每名赈银一两，共赈银一十七两，渔船共击碎四十三只，每只赈银一两，共赈银四十三两，俱按名给发，均各得所。"[3]由于"海洋之风，猛于

[1]《明清宫藏台湾档案汇编》第一百七十四册，"咸丰元年十月初十日，上谕档"，页239—240。

[2] 黄叔璥:《台海使槎录》卷四"赤嵌笔谈·朱逆附略"，页89—90。

[3]《明清宫藏台湾档案汇编》第二十三册，"乾隆十年十月二十二日，巡视台湾给事中六十七等奏折"，页78—79。

陆路，船户之灾甚于居民”，因此被风商船亦损失严重，其抚恤标准是：“击碎内地商船三十七只，每只赈银三两，共计银一百一十一两，淹毙之船户舵手一百六十二名，每口恤银一两，共计银一百六十二两。”[1]乾隆四十七年（1782）四月二十二日，台湾县地方，“经风吹损瓦房九十七间，倒塌草房四十一间，吹损草房九十四间，除有力修复外，无力之家，每间经该县捐给银一两及七钱、三钱不等。淹毙人口，计捞获一百三十四名口，分别大小，捐给银一两及六钱不等。”[2]乾隆五十五年（1790）六月初六，澎湖飓风，“共坍塌民房一千六百五十六间，内除有力之家已经起盖者五百五十间，实在无力贫民计倒塌瓦房一千一百零六间，每间给予修费银五钱，共计银五百五十三两。此次吹坏瓦片者九千五百余间，已据各户自行修盖。”[3]

其实，澎湖民众在与风灾的博弈中，其民居建筑，早就考虑了大风的影响。雍正七年（1729）福建总督史贻直奏称：“臣查台澎两处地方，孤悬海外，每遇飓风一起，即多吹坏民居，是以民间盖屋，多系草房，以其价廉工省，每间所费不过三钱，即赤贫之家，旋吹旋盖，亦易于为力。惟今岁风势较大，吹坏之房屋颇多，臣见两次被风，唯恐民力不足，故特捐银前往赈恤。然沿海

[1]《明清宫藏台湾档案汇编》第二十三册，“乾隆十年十一月十七日，巡视台湾给事中六十七等奏折”，页134。

[2]《宫中档》，登录号：043850，台北故宫博物院藏。转引自徐泓：《清代台湾自然灾害史料新编》，福州：福建人民出版社，2007年，页240。

[3]《军机档》，登录号：045918，台北故宫博物院藏。转引自徐泓：《清代台湾自然灾害史料新编》，福州：福建人民出版社，2007年，页248。

居民皆以飓风为每岁恒有之事，绝不惊骇，风定之余，各家早已自为修葺。臣于委员赍银到彼时，台澎两处居民，业将房屋修整如旧。臣檄饬该地方官，复又分别有力无力之家，量加赈恤，兵民喜出望外，无不感颂皇仁。”[1]光绪《澎湖厅志》亦云：“澎湖居民以苫茅为庐舍，今则全易以瓦。由忠质而渐至文明，此亦理势之必然也。其屋宇俱结于山凹之内、水隈之处，故不名曰村，故名曰澳。即《书》所谓‘四澳既宅’者是也。墙壁俱用老古石所砌，其石乃海中咸气所结，取出之时石犹松脆，迨风雨漂淋，去尽咸气，即成坚实。价廉而取便，澎之房屋悉皆用此。其屋亦高不过一丈一、二尺之外者，非为省工价，因海风猛烈，不敢高大，以防飘刮故耳。”[2]故清人陈廷宪有诗云：“海阔常多拔木风，工师故作小房栊。自家门户低头惯，行到高堂尚曲躬。”[3]

四、风灾的政府赈恤与清代澎湖社会

清人林豪论曰：“澎湖为海上偏陬，旧附于台湾府台湾县，列圣纶音，鲜专及者；而康熙五十二年（1713）以前，圣祖仁皇帝上谕，无不台、澎并称，以澎湖为台湾前蔽，规取澎湖撤台湾门户也。……六十年，诏移总兵澎湖，虽未行，足见澎湖之重。至

[1]《宫中档雍正朝奏折》（辑14），1978年，页900—901。

[2]《澎湖纪略》卷七“风俗纪·习尚”，页183。

[3] 光绪《澎湖厅志》卷四十“艺文（下）·记”，台北：台湾大通书局，1984年，页476。

高庙轸念岛民苦累，诏除私派渔规千余两，一时欢声雷动，如释重负。……道光、咸丰间，咸雨为灾，屡行赈恤；而高庙垂念灾黎，虑其生计未足，犹且殷殷下问、叠沛殊恩，有加无已。吾侪获生今日，虽陬澨赤子，皆在圣人怀抱之中，抚摩而休养之，何其幸也。”[1]单就灾害的救助来说，关注澎湖赈恤的何止是道光、咸丰两任皇帝。自澎湖纳入清朝版图，总计发生了53次风灾，起于雍正七年（1729），讫于光绪十九年（1893）。据不完全统计，其中被地方官员奏报到朝廷，并被清宫档案记载的风灾就多达33次，占总数的62.3%。清政府正是准确认识到了澎湖的战略地位及制约澎湖社会发展的限制性因素——风灾，并对“滨海穷黎，尤须时加周恤”[2]，才使澎湖社会面貌发生了深刻变化。主要表现在以下几个方面：

其一，高额投入，轻徭薄赋，优恤备至，使澎湖民安疆固。澎湖乃军事要地，初入清朝版图，为了巩固边疆，国家对其军政费用投入很大，而民众税负却极轻：“国家深仁厚泽，遍及遐陬。台、澎赋税，皆从轻敛；而澎地则轻之又轻，视内郡所征，不及十之一、二。近又于渔舟网罟等税，概从蠲免；而是地设官、设营，每岁赔累以三、四万计。天子之加惠于海外小民，可谓至周且渥矣。”[3]清政府固疆养民的经济政策使澎湖由“海寇啸聚”的

[1] 光绪《澎湖厅志》卷首“皇言录”，台北：台湾大通书局，1984年，页1。
[2]《军机档》，咸丰二年裕泰奏折，086647，台北故宫博物院藏。转引自徐泓：《清代台湾自然灾害史料新编》，福州：福建人民出版社，2007年，页142。
[3] 光绪《澎湖厅志》卷三“经政”，页85。

化外之地，转变为“守法急公”的教化之区。正如清人林豪所论：“夫台、澎皆海中岛屿，乃台号土腴而澎皆贫薄。何欤？盖其地无水源之利而有咸雨鲤风之害，其限于天者，诚无可如何矣。然而可耕之园不下千余顷，而每岁赋敛不及三百金；我朝薄赋轻徭，以恤穷荒之赤子，如此其至也。偶值偏灾，则泛舟赈恤，大吏之轸念民艰以济一方之穷困者，且有加无已也。继自今生斯土者，尚其守法急公以奉于上，区区征赋固无难完纳。要所以相维相系者，则不止此。是必尊亲共戴、大义夙娴，父勉其子、兄率其弟，无事则各勤生业、有事则守望相助，固其枌榆，即以固国家之边徼也。作其御侮，即以作大吏之腹心也。于以奠半壁于海疆，辅兵力之不足，用纾朝廷南顾之忧者，道在是矣。澎民性本质朴，室家相守，耳不闻敲朴之声，目不睹催科之吏，出作入息，帝力胥忘，盖涵育于恩膏者久矣。其亦念累朝宽大之恩，而思得当以报也乎！”[1]又云：“第以澎海雨露最少，若咸雨一作，则寸草无存。乃向来荒凶屡告而民气安静如故者，岂非百年来薄赋轻徭、休养苏息，所以沦浃其肌肤者为有素欤！夫宽一分之追呼，则培一分之元气，又安得为其少而忽之耶。”[2]

其二，澎湖人口增长迅速。关于澎湖人口的增长，林豪说：“我朝休养生息，垂二百余年。考《府志》：乾隆初，编审人丁，已增二十倍之数;《纪略》稍有增益；至《续编》道光八年丁册，

[1] 光绪《澎湖厅志》卷三“经政”，台北：台湾大通书局，1984年，页105。

[2] 光绪《澎湖厅志》卷三“经政·赋役”，台北：台湾大通书局，1984年，页98。

则较《府志》又增三倍。及今复逾前数矣。”[1]在清政府的治理下，澎湖人口由乾隆元年（1736）的13 417人，到光绪十九年（1893）人口增加到67 541人（见表6—4）。仅仅157年的时间，人口增长了5倍。故《澎湖纪略》卷二《澳社》载：“澎地古称荒峤，隋时仅着厥名，历唐迄宋，均未经理斯土……至明初徙其人民并归内郡，地且为墟，澳社之无亦可知矣。继而海寇啸聚、红夷窃据，复又摧残于伪郑，其民不相率而为盗者几希矣！宁复有宁宇哉？自康熙二十二年（1683）平台而后，招徕安集，以渔以佃，人始有乐土之安，而澳社兴焉。其时澳则仅有九也。至雍正五年（1727），人物繁庶，又增嵵里、通梁、吉贝、水埯四澳，遂十有三澳，共七十五澳社。此何非国朝深仁厚泽、涵濡煦育、轻徭薄赋、斯海隅日出之乡、生齿日蕃也哉？”

表6—4　澎湖厅清代人口统计表

年代		户数	口数
乾隆元年	1736年	1 683	13 417
乾隆二十七年	1762年	2 752	24 055
乾隆三十二年	1767年	2 802	25 343
嘉庆十六年	1811年	3 169	41 002
道光八年	1828年	8 974	59 128
光绪十九年	1893年	—	67 541

资料来源：《台湾省通志稿》卷二《人民志·人口志》。

[1] 光绪《澎湖厅志》卷三“经政·户口”，台北：台湾大通书局，1984年，页88。

其三，社会稳定，民风淳朴，国家意识增强。同为海防要区，对于台湾，由于社会动荡，时有叛乱，以至乾隆提醒地方官员："该处民番杂居，风俗刁悍，一切弹压地方尤当预为留心，毋致滋生事端。"[1]蓝鼎元甚至称："海外反侧地，非树威不足弹压；奸徒无所畏惧，将何以为定乱之资？讵可以仁慈之治治之？"而对于澎湖，向无此论。因此林豪对蓝鼎元的观点加以修正："按此为乱后之台湾言则可，而未可概诸澎湖也。澎湖民性近质，其士气拘谨，其农民畏法。故远而朱一贵作乱，奸弁吴良从贼以伪札至澎诱胁，而不为所动；近而东洋与生番启衅，沿海戒严，澎之士民遵谕团练，莫不捐资出力。即事后奖赏不及，亦莫有怨言。且台、澎辟地二百年，台民乱者屡矣，澎属有揭竿以应者乎？亦可见民俗近厚，而地方之犹可为也。然则知其疾苦而厚其生计，别其莠良而明其旌别，使善有所劝，过有所惩，于行法之中而寓仁慈悱恻之意，是治澎之道也。"[2]澎湖社会进步，远不止社会稳定这一层面，社会风气也在政府的治理下趋向雅化："澎地自入版图，经胡、蒋诸贤吏拊字栽培、兴养立教、用宣圣天子雅化者百余载于兹；是以历年台地揭竿之徒，至四十余案，而澎则士食旧德，农服先畴，熙熙然不识不知，顺帝之则。岂瘠土之人能自好善哉？鼓之舞之，辅之翼之，观感渐摩，遂成习俗。盖儒

[1]《清高宗实录》卷四百七十七，台北：华文书局影印本，1964年，页15。

[2] 光绪《澎湖厅志》卷九"风俗·风尚"，台北：台湾大通书局，1984年，页324—325。

吏之泽长矣。”[1]正是清政府“减则蠲除，优恤备至”的“生聚教养”政策，使澎湖民众秀业诗书，民风雅化，并经营地方，巩固国防，为海疆无形之磐石。诚如林豪所言：“余观澎地废置沿革之始末，而慨前代之左计也。自隋文之世，内地已知有澎湖。其时闽荒且未尽辟，何论海外；然已有中国民矣。嗣是地灵尽泄，利尽东南。考有宋泉州守臣真德秀，尝经略料罗，以防澎湖。元、明皆旋置旋弃。若汤和、周德兴、俞大猷辈，且境外置之；卒委为鲸鲵窟穴，以作沿海大患。履霜坚冰，其来久矣。脱令当时疆吏留意规画，由澎而暂次至台，招徕生聚，不特沿海贫民可资利赖也；即宋、明末造，君若臣流离海峤，犹将倚为退步，何至踯躅舟中，而穷无所往哉。幸郑氏祖孙始能入而经营，后乃举而归附。然犹延至三世，久而后平，则地利使然也。今则屹然巨镇，与闽海桴鼓相应，安危攸系，又岂得因澎地狭小而泄而视之。是以考其建置之始，宫室街衢井里之规，与夫兴学造士之制，后之君子，将思患预防；则绸缪牖户，尤在收拾人心，以固无形之盘石。人心既固，斯地利可凭，其庶几缓急有备乎！”[2]

由此可见，清政府对澎湖及时有力的人力和物力救助，既是澎湖社会最给力的物质保障，也是澎湖社会进步的助推器，使其民众在各个层面受益。可谓“澎湖僻处海隅，诚能因其土之所宜以兴其利，因其情之所苦为去其害，如是则事畜有资而朘削无

[1] 光绪《澎湖厅志》卷九“风俗”，台北：台湾大通书局，1984 年，页 303。
[2] 光绪《澎湖厅志》卷二“规制”，台北：台湾大通书局，1984 年，页 84。

患，民气且为之一振。”[1]

五、小结

通过对澎湖列岛风灾的政府救助过程的研究，我们发现，处于内陆传统农业社会的清政府对澎湖跨海经略是相当成功的，特别在下面两个方面表现突出：

其一，清政府从施琅克取澎湖时，就对经略台湾岛的重要性有了清醒的认识。因此，在海疆行政管理上，采取准军事化管理，用来自内地的军人控制澎湖。随着台湾社会日趋稳定，清政府设立澎湖厅，并派精干亲民的文职官员进行治理。如梁樟“念澎地多风少雨，于农事尤惓惓焉”，胡建伟之“勤民造士”，周凯之“礼士爱民，以兴养立教为己任”等。故林豪论澎湖职官云：“其地正供、羡余无可挹注，清苦甲于天下。此而责以枵腹听政，即求之三代上贤吏，未易多得，况其下者耶。然以所见迩来莅澎各任，大都洁清自矢，或从其家携资为署中用度，至亏累以去。”[2]

其二，清政府对澎湖的环境和社会问题认识清楚，应对准确及时。虽然明代郑和已率庞大的船队七下西洋，但并不意味着大家对台湾海峡的海洋环境有清楚的认识。施琅克取台澎，屡屡受挫于风暴，就足以说明问题。即使台澎内属，亦无法避免众多

[1] 光绪《澎湖厅志》卷九“风俗”，台北：台湾大通书局，1984年，页329。

[2] 光绪《澎湖厅志》卷六“职官”，台北：台湾大通书局，1984年，页232。

的官员、兵丁和民众在台湾海峡遭风葬身鱼腹。当然，这主要是由于台湾海峡气候、海流和海底地貌极为复杂，非传统看云、听海和观潮的技术手段所能掌控。但就是在这样的环境和技术背景下，清政府的各级官员对澎湖环境的认识应该说是达到了相当的水准，单就风灾的救助来说，正是对风灾产生的影响，尤其是咸雨灾害的清楚认识，才准确地找到了应对的措施，并能及时地加以救助，使澎湖民众的生计得以持续。

要言之，对于从草原社会入主中原农业社会不久的清政府来说，孤悬大海的澎湖列岛，其复杂的海洋环境、重要的政治地理区位、频发的自然灾害都是其经略大陆地方社会所没遇到过的问题。但是为了彻底铲除海盗对东南沿海社会的侵扰，清政府对其投入大量的人力和物力进行经略，使其由一个“海寇啸聚”的化外之地成功地转变为“守法急公”的教化之区。更为重要的是，这一举措有力地保障了中国东南社会的发展，无论是长江三角洲、福建沿海还是珠江三角洲，其社会安定与富庶繁华无不得益于清政府对大陆外围岛屿的成功经略。

第七章

清代战时台湾兵力的大陆补给与跨海投送

——以乾隆朝平定林爽文战争为例

清政府经略海岛的难度与成本远高于久经“教化”的大陆国土。每当遇到突发事件，海峡险恶的海况不仅是兵力投送的“距离杀手”，也是“时间杀手”。发生于乾隆五十一年（1786）的林爽文事件，是台湾内属后最大的民变事件。清政府动用大量人力物力，费时一年零三个月才得以平息事件。那么清政府是如何击败“距离杀手”和“时间杀手”，完成跨海兵力的补给与投送的？如何选择兵丁、粮饷的补给区？长距离投送兵力又是如何选择投送路线的？除此之外，清政府在兵丁和粮饷投送的目的有差异吗？本书在对上述历史军事地理问题进行实证研究的基础上，进一步讨论经济因素、交通运力、信息传播以及乾隆皇帝个人好恶对此次兵力投送的影响，并对影响此次战争规模和持续时间的核心原因，提出新的看法。

乾隆时期的兵力补给与投送，主要指兵丁、粮饷、枪药和战马等人员与物资的补给与运送。虽然战马在当时仍然是力量、速度兼有的利器，但却不是此次兵力投送的主要对象。原因有二：一是福建向无马匹，以至驿站都靠人夫。另一是运马渡海有困难。“缘海船舱底甚深，马匹不能上下，仅可于蓬板底，每船附载三四匹。一遇风浪，尚多惊跳不宁，是以载往甚难。”[1]另外，枪、炮等武器都由兵丁随身携带，因此，关于此次台湾战争的兵力投送的研究，并不涉及马匹和武器，重点关注的是粮饷、兵丁

[1] 洪全安主编：《清宫宫中档奏折台湾史料》第九册，“乾隆五十二年七月五日，闽浙总督李侍尧奏折”，台北故宫博物院（台湾），2005年，页303下。

和火药的补给与投送。

一、前沿补给区——从福建省补给投送兵力

台湾府的各类械斗如夏日午后的雷阵雨，谁也不知道哪块云彩会下雨。因此，无论是台湾府、县的军政要员，还是闽浙总督、福建巡抚及水陆提督，皆视平定械斗为日常工作之一。乾隆五十一年（1786）尤其如此，闽浙总督常青八、九月份坐镇泉州蚶江港，指挥平定诸罗县杨光勳、杨妈世兄弟争财引起的械斗，刚回省城不久，即十一月二十七至二十九，彰化县林爽文便“聚众攻陷城池，杀害官长，阻截文报，尤为从来未有之事”。故常青于十二月十二，“飞咨水师提臣黄仕简，率领本标兵一千名，金门镇兵五百名，南澳镇铜山营兵五百名，由鹿耳门飞渡前进。派令副将丁朝雄、参将穆素里带领标兵八百名。海坛镇兵四百名，闽安烽火营兵三百名，听海坛镇总兵郝壮猷调遣，由闽安出口，至淡水前进，两路围攻。又参将潘韬、都司马元勳，带领陆路标兵一千名，前赴鹿仔港堵御。”[1]常青驻扎于泉州，会同陆路提督任承恩居中调度。其实，任承恩本想第一时间前往台湾，但因“漳、泉地方，不可一日无大员镇压，未敢轻动”[2]，直至常青

[1]《清宫宫中档奏折台湾史料》第八册，“乾隆五十一年十二月十二日，闽浙总督常青奏折”，页730上。

[2]《清宫宫中档奏折台湾史料》第八册，“乾隆五十一年十二月十三日，福建陆路提督任承恩奏折”，页733下。

调金门镇总兵罗英笈赴厦门弹压，任承恩才于十四日登舟，十七日开驾，率一千二百名提标精兵赴台，由鹿耳门入口进剿。

考虑到此次事件非同寻常，估计仅凭借福建一省调去的六千兵丁，恐难胜任，故常青同时咨会两广总督孙士毅和浙江巡抚觉罗琅玕，“饬沿海各营及地方官，严密防范，毋致匪徒潜窜内地。”并“于附近水师营内酌拨备战兵二三千名，配齐器械，在交界本境驻扎，以便征发，亦可藉为声援。”[1]但这一“预设机宜、一体防范”的明智之举，却因乾隆皇帝错判战争形势而搁置。

> 看来伊等办理此事，俱不免张皇失措。此等奸民纠众滋事，不过幺麽乌合。上年台湾即有漳、泉两处匪徒纠集械斗，滋扰村庄等案，一经黄仕简带兵前往督办，立即扑灭，将首夥各犯歼戮净尽。今林爽文等结党横行，情事相等。台地设有重兵，该镇道等，业经会同剿捕。黄仕简籍隶本省，现任水师提督，素有名望，现已带兵渡台。该提督到彼，匪党自必望风溃散。即使该提督病后精神照料未能周到，亦止可于内地添派能事总兵一员，多带兵丁前往，协剿帮办。而漳泉为沿海要地，其镇将尚不可轻易调遣，乃任承恩竟欲亲往，岂有水陆两提督俱远渡重洋，置内地于不顾、办一匪类之理。至所称简派钦差督办，更不成话。督抚提镇俱应绥靖

[1]《清宫宫中档奏折台湾史料》第九册，“乾隆五十一年十二月二十八日，浙江巡抚觉罗琅玕奏折”，页 19 下。

地方，设一遇匪徒滋事，辄请钦派大臣督办，又安用伊等为耶？从前康熙年间，台匪朱一贵滋扰一案，全台俱已被陷，维时止系水师提督施世骠渡台进剿，总督满保驻扎厦门调度，不及一月，即已收复蒇功，伊等岂未之闻乎？看来常青未经历练，遇事不能镇定。任承恩竟系年轻不晓事体，而黄仕简尚能办事，于此案亦不免稍涉矜张。[1]

显然，乾隆视林爽文为台湾常见之械斗匪首，因此对福建水、陆提督置漳、泉这样的沿海要地于不顾皆带兵赴台极为不满。对福建省内兴师动众，其态度尚且如此，对调用外省兵力，自然无从谈起："此时似可无须邻省接济兵力。"[2]显然，此次常青恰当及时的调兵举措，却被乾隆责以"不免张皇失措"之辞，易职湖广总督，旋即又命常青渡台视师。

与"军旅非所素习"的常青相比，新任闽浙总督李侍尧参与过平定苏四十三、田五等战争，可谓素习军旅。尽管李侍尧"屡以贪黩坐法，上终怜其才，为之曲赦"[3]，但其肯干有为，深得乾隆信任。因此，李侍尧对乾隆并不惟命是从，敢于直面问题。

[1]《清宫宫中档奏折台湾史料》第九册，"乾隆五十二年正月十三日，闽浙总督常青奏折"，页47下—48上。

[2]《清宫宫中档奏折台湾史料》第九册，"乾隆五十二年正月十四日，浙江巡抚觉罗琅玕奏折"，页56上。

[3]《清史稿》卷三百二十三《李侍尧传》，北京：中华书局，1977年，页10822。

乾隆拒绝从福建省外调兵，但闽省兵力毕竟有限，至五十二年（1787）三月初，当福建省内调兵人数达到一万一千多名时，问题就出现了。对此，李侍尧直陈："闽兵除先后派调外，内地各营存留较少，且兵律久驰，增调亦不得用，即如台湾额设戍兵本有一万余名，已不为不多，当林爽文猝起时，竟毫无抵御，仅柴大纪带兵千数百名在盐埕桥堵守，而保护府城，尚系兵民兼用，其余或系伤亡，或系冲散……是旧有之戍兵已属有名无实，现在所用只内地调往之一万一千余名，而两月以来情形又如此，将怯卒惰，已可概见，是闽兵竟不必更调。"[1]

福建调兵的地区，涉及驻防满兵及绿营兵，分布在福州、金门、南澳、海坛、闽安、延平、建宁、汀州、兴化、福宁、桐山和罗源等地。因漳州"滨临大海，而台湾逆匪祖籍多系漳人，"[2]所以对驻守漳州的兵丁，调与不调，调多调少，内中颇多讲究。

在常青看来，"漳泉一带，民俗刁悍，且台湾逆匪林爽文又系漳人，尤不可不严加防范。"[3]因此在福建各地征兵，常青俱酌量选拔，但对漳州之兵，"并未调派，示其不动声色"。[4]相

[1]《清宫宫中档奏折台湾史料》第九册，"乾隆五十二年三月初八，闽浙总督李侍尧奏折"，页129。

[2]《清宫宫中档奏折台湾史料》第九册，"乾隆五十二年正月初六日，福建漳州镇总兵官常泰奏折"，页35上。

[3]《清宫宫中档奏折台湾史料》第九册，"乾隆五十一年十二月二十二日，闽浙总督常青奏折"，页7上。

[4]《清宫宫中档奏折台湾史料》第九册，"乾隆五十二年正月十二日，闽浙总督常青奏折"，页43下。

对于常青的胶质与偏见，乾隆的头脑要清醒许多，要求常青对漳州人，“惟有视其顺逆，分别诛赏。断不存歧视之见，少露形迹，以至漳民疑惧”。[1]当府城、诸罗被林爽文部下包围，四面楚歌之时，李侍尧只好一面“仰皇上添派大兵，用全力痛加歼除”，一面考虑调用漳州兵力:“查闽兵存营无几，未便再调。惟漳州镇有兵四千，上年因林爽文贼伙多系漳人，是以独未调用。虽漳州兵素称强劲，然以派往蓝元枚处，俾漳人统漳兵，或未必不得力，而以之派往常青处，臣亦不敢放心。况贼既鸱张，漳州声息相通。臣现在风闻，有逆首林爽文密遣人来内地勾结会匪之说……是漳属一带亦不可不预为防范。”[2]李侍尧较常青更进一步，对漳州兵是既用又防。在蓝元枚看来:“漳镇兵内平和、漳浦二营，难保无会匪在内。其诏安、云霄二营兵最为勇健得用。镇标中右二营及城守同安二营，亦俱可得力，保无他虞。倘得此等兵五千，不独可以御贼，即相机进剿似亦不难。”[3]知根知底的蓝元枚对漳州人进行了更为细致的区分，因此，即使对故乡漳浦也不避讳。久经戎行的福康安，比前三者的方法更为实用:“再查泉州民人素与漳人有隙。凡系居住台湾之泉人，多有充当义民者，

[1]《清宫宫中档奏折台湾史料》第九册，“乾隆五十二年正月十五日，闽浙总督常青奏折”，页60下。

[2]《清宫宫中档奏折台湾史料》第九册，“乾隆五十二年六月十一日，闽浙总督李侍尧奏折”，页272上。

[3]《清宫宫中档奏折台湾史料》第九册，“乾隆五十二年七月初五日，闽浙总督李侍尧奏折”，页302下。

杀贼保庄，倍加勇往，贼匪不敢轻犯。因思泉州地方风俗剽悍，向有械斗滋事之案。若此时召集泉州乡勇，既可随同剿贼，又可安戢地方。臣于到闽时，先遣妥人密办，及行过泉州，即有乡勇多人恳请随征进剿。观其情辞恳切，当经面加抚谕，饬委同安县知县单瑞龙、教谕郭廷筠拣选身家殷实之人，互相保结，准其前往。一时报名投效者络绎不绝，臣于此内择其精壮者二千四百余名，商同李侍尧酌赏安家口食银两，令其随往。又恐内地漳人闻知疑虑，复遣妥员召集漳州乡勇百余名，以泯形迹。"[1]可见，随着台湾兵力需求的增加，漳州兵丁经历了从被隔离到逐步介入的过程，但始终都未作为被信任的主力参与战争。值得注意的是，漳州府漳浦县湖西畲族人蓝廷珍与蓝元枚，祖孙两人同为提督，分别参加了平定朱一贵叛乱和林爽文叛乱的战争。因蓝廷珍战功卓著，受其影响，乾隆对蓝元枚也给予厚望："廷珍平朱一贵，七日而事定。元枚当效法其祖，毋负委任。"[2]后蓝元枚因连日作战，于八月十八日，患病身故，乾隆闻知感叹："殊为轸惜！"[3]

乾隆拒绝从外省调兵，粮饷自然也要从福建省内调拨。但福建的粮食供应状况却并不乐观，"第上游延、建、汀、邵等六府州，俱系崇山叠巘，挽运维难，多费脚价。下游漳、泉等府，虽

[1]《清宫宫中档奏折台湾史料》第九册，"乾隆五十二年十月二十四日，将军福康安奏折"，页 668。

[2]《清史稿》卷三百二十八《蓝元枚传》，页 10896。

[3]《清宫宫中档奏折台湾史料》第九册，"乾隆五十二年九月十六日，阿桂奏折"，页 544 下。

有存谷，亦须酌留地方，以备缓急，未便尽数用完。兼以各营兵粮，向系台湾各县解运谷石供支，今台地无谷可解，并应解上年之谷亦尚未结清，又须内地仓谷动支。且漳泉民食，向恃台米贩来接济，今台米稀少，内地粮价渐增，将来恐不免平粜，则仓储不敷应用。”[1]“应解上年之谷亦尚未结清”，指乾隆五十一年（1786）福建存仓粮食严重不足，通省缺谷五十四万余石。[2]在粮饷的供应方面，乾隆与李侍尧的看法相同，即宽为预备。李侍尧于乾隆五十二年（1787）二月十九日奏报就对福建省内的调粮状况深为不满："今内地所宜接应者，口粮最为紧要，臣询常青、徐嗣曾已饬各州县碾米四万五千石，分贮厦门、泉州等处，现在尚未解到，臣一面严催，以备陆续应用，不致有悞。”[3]其实，考虑到横渡台湾海峡作战的特殊性，常青配给官兵的粮饷是比较优厚的：

> 查各路官兵，虽系本省调派，但计程俱在三百里以外，且涉历重洋，航海进剿，亦与内地不同，自宜量加优恤，臣经檄饬署藩司李永祺酌借各官兵三个月俸饷银两，资其安

[1]《清宫宫中档奏折台湾史料》第九册，“乾隆五十二年四月二十六日，闽浙总督李侍尧奏折”，页 197 下。

[2]《清宫宫中档奏折台湾史料》第九册，“乾隆五十二年三月二十八日，闽浙总督李侍尧奏折”，页 151 上。

[3]《清宫宫中档奏折台湾史料》第九册，“乾隆五十二年二月十九日，闽浙总督李侍尧奏折”，页 108。

> 家，俟事竣，分年匀扣还项。至外海行军，口粮必须多带，如照前督臣雅德于挑备战兵案内奏明，配船兵丁给米三斗，仅可供一月之食，未免不敷。臣并饬令地方官，每兵备给米六斗，将来销算，仍按定例。同官员余丁跟役，每名每日准销米八合三勺。其自出口日起，亦照则例分别加给盐菜银两，缘海洋风汛靡定，臣复另委文员多带银米，随同兵船运往军前，以备接济，以上所需粮饷，统于闽省藩库并附近各厅县仓拨给，除俟事竣核实造册题销外，臣谨会同福建巡抚臣徐嗣曾合词恭摺奏明。[1]

而随着战争规模的进一步扩大，粮饷消耗与日俱增，“自上年十二起，陆续解往银已二十万余两，米一万九千余石，又委员赍银三万两前往买米，计可得一万数千石，近又准常青咨取银十万两，并淡水同知徐梦麟带往银一万两。”[2]这是截至乾隆五十二年（1786）四月初八台湾前线的粮饷消耗。加上运脚及置办装备的费用，战争消耗会更多。因此，仅从福建补给粮饷，已无法维持台湾战争所需。据李侍尧奏：

> 所有粮饷等项，固须接济无悞……而台湾道府，纷纷请

[1]《清宫宫中档奏折台湾史料》第九册，“乾隆五十二年正月十二日，闽浙总督常青奏折”，页40。

[2]《清宫宫中档奏折台湾史料》第九册，“乾隆五十二年四月初八日，闽浙总督李侍尧奏折”，页164。

拨前来。臣以事关军务，不可迟悮，且询知从前拨解，俱系运至台湾府城，而鹿仔港一路，竟未筹及，势必由府城再行转解，既费脚价，又有疎虞……上年十二月起，至臣到任以前，共拨籓库银三十三万余两。臣意用兵未久，何至如许之多，及阅所开各款，有盐菜等项目例应支给者，有预支俸饷等项数月内即可扣还者，有过兵地方借领以应差务，将来除核销外应缴还者，亦有解往台郡备用，正在途次，该道府具禀时尚未接到者，绿仓猝调兵，务期迅速应付，以利遄行。且台郡远隔重洋，往返动需时日，不得不多为预备……至台湾府县，本各有仓库，其三县虽已残破，而府城保守无虞，尚应实贮。据藩司查明，府库应存银二十五万余两，仓谷应存十二万余石。乃节据台湾道府禀称，银谷俱已用尽等语，并未将作何动用之处，详悉开报。[1]

事实上，战争爆发后，不仅一万多官兵需要吃饭，大量的难民也需要政府救济，因此，粮食缺口很大：

据台湾道永福知府杨廷桦详称，凤山、诸罗、彰化、淡水四厅县仓库悉空，府仓谷亦无多，恳解米十万石，分路接济。又禀称彰化县属，仅存鹿仔港一处尚在固守，各村庄男

[1]《清宫宫中档奏折台湾史料》第九册，“乾隆五十二年三月十九日，闽浙总督李侍尧奏折”，页 139 下—140 上。

> 女老幼，咸来避匿，不下十万余人，无处得食，似应仿照灾赈之例，量为赈恤。至乡勇口粮，向系义民公捐，今为日已久，义民告匮，难令再捐。乡勇无食，必然解散，拟照出征兵丁，每名每日给米八合三勺，盐菜钱十文，另加给三十文，挑选壮丁，以备攻剿，事竣报销，其加给钱文，就台湾文武官员匀捐补款。[1]

在这样的背景下，从福建省外补给兵力已是大势所趋。

在论及闽兵的战力时，尽管李侍尧有"潮州、碣石二镇既兵较闽兵精锐"[2]、闽兵"将怯而卒惰"等评价，甚至阿桂也有如下推测之辞："前后调往官兵虽已不少，然其中如福建本省兵丁竟难深信。即如该提镇等遇贼打仗，屡报多兵不知下落，此项兵丁岂尽死伤逃亡，未必不因与贼同乡，遂尔附从。"[3]但纵观长达一年零三个月的战争，无论是从参与战争的兵丁数量、战斗次数以及兵力投送的及时程度来看，福建兵丁无疑是作战的主力。乾隆可以凭借其雄厚的国力，从秦岭—淮河以南的广大地域补给兵力，但当台湾府城和诸罗出现危机时，终究缓不济急，还得从福建紧

[1]《清宫宫中档奏折台湾史料》第九册，"乾隆五十二年四月初八日，闽浙总督李侍尧奏折"，页 164 上。

[2]《清宫宫中档奏折台湾史料》第九册，"乾隆五十二年三月初十日，闽浙总督李侍尧奏折"，页 132 上。

[3]《清宫宫中档奏折台湾史料》第九册，"乾隆五十二年九月初二日，阿桂奏折"，页 500 上。

急调兵。粮食亦如此，如台湾村庄因战争俱遭焚抢，民众嗷嗷待哺时，也首先是从福建调粮抚恤。据李侍尧奏："查闽地民人向食番薯，其切片成干者，一觔可抵数觔，加米煮粥，即可度日。随飞饬司道先在泉州采买一万觔，拨米两千石，委员运解鹿仔港，交与地方官。务查实在贫难男妇，照依灾赈粥厂之例，设厂煮粥散食。仍在上游延、建一带产有番薯地方，再采买数万觔，酌配米石，陆续运往接济。"[1]

二、协防补给区——从粤浙两省补给投送兵力

原本在乾隆眼里，林爽文"不过幺麽小丑"[2]，至五十二年（1787）二月二十七日，乾隆惊讶的发现，"林爽文竟有自称为王及僭立年号之事"[3]，匪徒成了自立为王的割据者，问题的性质发生了根本性的变化，乾隆的用兵策略也因此做了调整。但此时福建不仅无粮无兵可调，业已调往台湾的官兵也是"将怯而卒惰"，不堪大用，故李侍尧不得不再次提议从邻省补给与投送兵力。

1. 从广东调运兵力。除乾隆皇帝外，常青、李侍尧、福康安

---

[1]《清宫宫中档奏折台湾史料》第九册，"乾隆五十二年四月十六日，闽浙总督李侍尧奏片"，页 181 下。

[2]《清宫宫中档奏折台湾史料》第九册，"乾隆五十二年二月初八日，两广总督孙士毅奏折"，页 98 上。

[3]《清宫宫中档奏折台湾史料》第九册，"乾隆五十二年二月二十九日，闽浙总督李侍尧奏折"，页 124 上。

和孙士毅都是决定此次台湾战争走向的胜负手。与常青、李侍尧、福康安这些坐镇战争一线指挥的总督、将军不同，两广总督孙士毅只是毗连省分兵力补给的调度者，但因广东“潮州、碣石二镇兵既较闽兵精锐，且地近泉厦，较之闽省自延、建调来更为近便”[1]，因此，孙士毅调度的重要性仅次于闽浙总督的调度。其实从战争伊始，孙士毅就从省城急赴潮州调度兵力，可谓未雨绸缪。但因乾隆错判战争形势，孙士毅反被其着实羞辱一番：

> 孙士毅向于事体轻重，尚能知悉，稍有主见。虽军旅之事，原非书生所能办理，但该督系军机司员出身，曾经随同出兵，非若未经军务者可比。乃似此遇事张皇，以至该将军存泰亦纷纷挑备满兵，预资策应，是孙士毅不但不谙军务，而于事体轻重亦毫无定见，朕转不值加以责备，而该督办事识见如此，适足为朕所轻矣！[2]

等孙士毅听从“圣慈教诲”迅速赶回府城时，乾隆又以“闽粤境壤毗连，难保无逸匪窜往，自当督率各隘口，严密堵拿。况惠、潮民人入天地匪会者不少，必须彻底查办，净绝根株。其从外窜逃入境及内地勾引入会之人，均应逐一搜捕，不留余孽。若

---

[1]《清宫宫中档奏折台湾史料》第九册，“乾隆五十二年三月初十日，闽浙总督李侍尧奏折”，页 132 上。

[2]《清宫宫中档奏折台湾史料》第九册，“乾隆五十二年二月初一日，两广总督孙士毅奏折”，页 90 上。

孙士毅往来查察，督率缉捕，岂不较总兵彭承尧及道府等更为有益”等理由，又把孙士毅申饬一番：“乃该督将一切稽查防范事宜，交与署提督彭承尧料理，率行回省，全不知事体缓急，因时制宜，何以拘泥错谬若此，着传旨申饬。”[1]其实，无论是自粤省投送兵力，还是护送贵州、广西兵力过境，孙士毅都做到了滴水不漏。

首先看从广东调兵。首批四千名粤兵“定于三月十六日即令头起官兵自潮起程，每起二百五十名，间一日行走。若由水路赴厦门、蚶江等处，海洋风信靡常，不免耽延时日。查自粤省黄冈入闽省诏安境，相去止数十里，自诏安至厦门、蚶江等处，亦止数日可到，是以统由黄冈陆路出境。照依李侍尧派定数目，以二千五百名赴厦门，一千五百名赴蚶江，配船渡台。”[2]从厦门出口的官兵，横渡台湾海峡，经澎湖，由鹿耳门进港，可达台湾府城；由蚶江出口的，则从鹿仔港靠岸，直抵彰化县城。原计划兵分两处的粤兵，因乾隆皇帝“以台湾府城兵力尚单，令将调赴鹿仔港之粤兵一千五百名，改由厦门齐赴府城。”[3]该四千兵于

[1]《清宫宫中档奏折台湾史料》第九册，“乾隆五十二年二月二十七日，两广总督孙士毅奏折”，页 121 下—122 上。

[2]《清宫宫中档奏折台湾史料》第九册，“乾隆五十二年三月十四日，两广总督孙士毅奏折”，页 138。

[3]《清宫宫中档奏折台湾史料》第九册，“乾隆五十二年四月十一日，闽浙总督李侍尧奏折”，页 171 下。

五十二年四月中旬全部到达台湾府城。[1]孙士毅在照料点送粤兵出境时，对兵丁粮饷考虑颇为周到，“至各兵自离营之日起，至出境日止，照例每日支给口粮八合三勺。出境后闽省沿途定例虽有支应，但该省现在厚集兵力，行粮必须宽裕，是以臣仍按照兵数，每名令其裹带一月口粮，以备缓急应用。”[2]由于首批四千粤兵，主要从毗连闽省的潮州附近各营调拨，当六月初八日常青再请调粤兵时，孙士毅已经提前预备了两千名，即督标兵一千名，提标兵五百名，左翼镇兵五百名[3]，驻扎在潮州贴防，接到调令即迅速启程，六月十三日便全部入闽境，前后只用了五天时间。其后调的四千名，即督标兵一千名，右翼镇兵一千名，提标兵五百名，左翼镇兵五百名，增城营兵三百名，惠来营二百名，肇庆、罗定、惠州三协共兵五百名，于八月初二到闽省。乾隆准调的粤省驻防满兵一千五百名[4]，也于七月二十八日入闽省诏安境[5]，九月初三日到厦门。[6]七月二十六日，鹿港蓝元枚告急，谕

[1]《清宫宫中档奏折台湾史料》第九册，“乾隆五十二年五月二十五日，闽浙总督李侍尧奏折”，页252下。

[2]《清宫宫中档奏折台湾史料》第九册，“乾隆五十二年正月初九日，两广总督孙士毅奏折”，页38上。

[3]《清宫宫中档奏折台湾史料》第九册，“乾隆五十二年六月初九日，两广总督孙士毅奏折”，页268下。

[4]《清宫宫中档奏折台湾史料》第九册，“乾隆五十二年七月初二日，两广总督孙士毅奏折”，页294下。

[5]《清宫宫中档奏折台湾史料》第九册，“乾隆五十二年八月初八日，两广总督孙士毅奏折”，页393上。

[6]《清宫宫中档奏折台湾史料》第九册，“乾隆五十二年八月十七日，闽浙总督李侍尧奏折”，页453下。

令孙士毅又从潮州调兵一千，约于八月二十日前到闽省。至此，粤省调兵人数已达一万二千五百人。

虽然粤东潮州一带一向是福建漳、泉一带粮食的供应地之一，但至清代，“广东所产之米，即年岁丰收，亦仅足供半年之食”[1]，而粤东缺粮更加严重，“东粤少谷，恒仰资于西粤”[2]，因此，此次事件中，朝廷并未从广东省调拨米谷，而是调拨饷银。乾隆五十二年（1787）四月初五日上谕：

> 闽省办理剿捕台湾贼匪，现在添调兵丁前往会剿，虽指日可以剿灭贼匪，但筹办军需等项，不可不宽为预备。该省库贮银两现在陆续支拨，恐将来不敷备用，因思广东近在邻省，粤海关税及盐课银两俱属充裕，着传谕孙士毅于此二项内不拘何项，酌拨银三四十万两，一面奏闻，一面即行派委妥员，迅速解往闽省交界，交与李侍尧，派员接押，以备应用。[3]

从广东调拨的四十万饷银，主要从粤海关税中支取，据佛宁奏：“奴才查粤海关本年应解正杂课饷共九十二万余两，正在起解之时，今奉特旨酌拨税课银两，解闽备用。抚臣图萨布一面立

[1] 雍正《广西通志》卷九十七“艺文”，文渊阁四库全书本，页21b。

[2] 屈大均：《广东新语》卷十四“食语・谷”，康熙水天阁刻本，页1a。

[3] 《清宫宫中档奏折台湾史料》第九册，“乾隆五十二年八月十六日，闽浙总督李侍尧奏折”，页183下。

即拣派知县县丞等四员分领，小心星速解运赴闽交纳。奴才即将现在本年应行解京课饷银九十二万余两内，拨出四十万两，除归还督臣孙士毅先行借发潮州运同衙门盐课银五万两，又归还借发潮州府广济桥关税银一万两外，其余银三十四万两，奴才当堂面交解员分领，飞速解往闽省。”[1]五十二年（1787）八月，朝廷谕令：“酌拨粤海关五十二年分税银二十万两，解闽备用。”[2]其后朝廷又命广东调拨地丁盐课银五十万两，粤海关本年税银五十万两，解往闽省，并于五十三年四月初八日全数运交闽省泉州总局兑收。[3]

受荷兰占领和海外贸易的影响，“台地风俗惯用外洋银钱。向来内地解到饷银，俱就行户易换应用，时日从容，尚易办理。现因大兵出征，所需夫价车价等项，需用繁多。郡城一隅之地，兼以商贩罕通，洋钱日少，易换维艰。”虽然李侍尧先期发银十万两，在福州、泉州、漳州、厦门等处换了六万元，“外第闽省行使洋钱之地，只此数处，恐将来再需易换，民间益少，或致赶接不及。查粤省向亦惯用洋钱，广潮二府商贾辐凑，行使最多。今应奏明，令两广督臣孙士毅拨出库银四十万两，分作数

[1]《清宫宫中档奏折台湾史料》第九册，“乾隆五十二年四月二十三日，粤海关监督佛宁奏折”，页 189 下。

[2]《清宫宫中档奏折台湾史料》第九册，“乾隆五十二年八月十五日，粤海关监督佛宁奏折”，页 437 上。

[3]《清宫宫中档奏折台湾史料》第十册，“乾隆五十三年四月初八日，两广总督孙士毅奏折”，页 466 下—467 上。

起，按照市价陆续易换洋钱，解闽以资接济。”[1]广东尽管是对外贸易大省，但短时间内兑换四十万两银的洋钱，也非易事。[2]据图萨布奏：“缘近年洋人来粤，多系以货易货，携带洋钱较少。民间行使几与纹银相等，且市铺旧存洋钱，俱经剪凿，不合闽省行使。适值有新到洋船，按照时价易换出舱洋钱二十万两。余银一时不能易齐，臣接督臣札，随与藩司许祖京酌商，将库贮上年潮属解存谷价内洋钱十四万九千余两，拨出凑解。将饷银扣存司库抵补谷价。再于省城、佛山二处市铺公平兑换，凑足全数。”[3]

至此，广东省解闽饷银共计二百万两。其中一半的银两由粤海关拨出，三分之一由地丁盐课银内拨出，与乾隆所言相符：“粤海关税及盐课银两俱属充裕”。同时，通过兵丁随身携带及三次额外运送，广东共向福建调运火药二十万觔。[4]

2. 从浙江调运兵力。李侍尧原计划调四千浙江官兵，其中“提标右营兵五百名，镇海营兵五百名，黄岩镇标兵一千名，温州镇标暨瑞安营兵一千名。又添调距闽较近之衢州镇标兵一千

[1]《清宫宫中档奏折台湾史料》第九册，“乾隆五十二年六月初六日，闽浙总督李侍尧奏折”，页 262 下—263 上。

[2] 受欧洲七年战争（1756—1763）影响，西方白银消耗量大，导致中国白银内输不足。（[美]范岱克（Paul A. Van Dyke）著，江滢河、黄超译：《广州贸易：中国沿海的生活与事业（1700—1845）》，北京：社会科学文献出版社，2018，页 166—167。）

[3]《清宫宫中档奏折台湾史料》第九册，“乾隆五十二年七月初七日，广东巡抚图萨布奏折”，页 312 上。

[4]《清宫宫中档奏折台湾史料》第九册，“乾隆五十二年八月二十九日，两广总督孙士毅奏折”，页 494 上。

名。”[1]但在乾隆看来：

> 浙省兵丁素性懦弱，朕南巡时阅看闽、浙兵丁技勇，浙兵与闽兵角艺，即形畏怯，况现在台湾贼匪，皆系闽人中之剽悍者，闽兵攻剿尚不能得胜，何况浙省之兵，更不如闽省，调往协剿，岂能得力。是以昨据常青奏调，已传谕琅玕停止派拨。今据李侍尧奏，金门、铜山等营存兵无几，未便再拨，请于浙省檄调兵四千名等语。李侍尧为海疆紧要，存兵无多，请于浙省派拨，所见亦是。但此项浙兵止可分派内地海口各营，若以之进剿，自不若本省兵丁为得济，自应遵照。昨降谕旨，在闽省各营先行抽拨，以资接济，其浙兵到闽时竟留于内地防守，亦足以资弹压。至李侍尧请调浙兵四千名，较之常青原调浙兵数目已多二千名。昨又经朕筹及闽省驻防满兵，自较绿营为优，况系常青旧属，已谕令恒瑞拣选一千名带往会剿，则此满兵一千，足抵浙兵二千。此时李侍尧止须调浙省兵三千名，自属敷用。且浙省兵丁向来柔懦，一经调配远征，更不免系念室家，心多顾恋。惟温、衢地方，距闽省较近，该处兵丁在浙省中稍微强健，着传谕琅玕、陈大用即于该二镇所属各营拣派兵丁三千名，速为料

---

[1]《清宫宫中档奏折台湾史料》第九册，“乾隆五十二年四月初二日，浙江提督陈大用奏折”，页157下—158上。

理，前赴闽省交李侍尧酌量派拨。[1]

乾隆皇帝对浙兵的轻视一目了然。因此，李侍尧只调来了三千浙省兵丁。另外一千兵丁则被闽省驻防旗兵所替代。其实，这部分常青早想调动的旗兵之前却被乾隆以“恒瑞旗兵更不宜轻动”[2]为由制止。再次征调时，台湾的战火已成燎原之势，可谓今非昔比。可见，在乾隆心目中，只有这些满兵，才是弹压地方最值得信赖的力量。三千浙江兵丁，由蓝元枚带领二千名，于五十二年(1787)四月初七，由蚶江配渡前往鹿仔港。由魏大斌带领一千名，于四月二十九，由厦门前往台湾府城。[3]从浙江仅有的一次调兵来看，受交通条件的制约，其兵源主要分布在海港附近及与闽省毗连州县。

乾隆五十二年（1787）四月二十六日，李侍尧奏请拨浙米十万石备用。上谕:“浙省温、处一带，与闽省毗连，从前该省商贩往往由海道运至闽省接济，现距秋收之期尚远，或彼时闽省竟无须邻省接济，固属甚善。倘民食稍有未敷，尤应设法早为调剂，俾得有备无患。李侍尧统辖两省，闽浙皆其所属，着传

[1]《清宫宫中档奏折台湾史料》第九册，“乾隆五十二年四月十二日，浙江提督陈大用奏折”，页173。

[2]《清宫宫中档奏折台湾史料》第九册，“乾隆五十二年正月十三日，闽浙总督常青奏折”，页49上。

[3]《清宫宫中档奏折台湾史料》第九册，“乾隆五十二年五月，闽浙总督李侍尧奏折”，页211下—212上。

谕该督会同徐嗣曾，悉心酌议，预行知照浙省妥为筹办，届期如有必须接济之处，即派妥员前往采买，务令裒多益寡，民食无虞缺乏，以慰廑注。”[1]乾隆五十一年（1786），浙江省实存仓谷“一百三十万石零”，从中调拨十万石米自然不是问题。考虑到“此项米石若于通省动拨，由陆路起运，须用人夫背送，脚费浩繁，且道里绵长，有稽时日”，因此浙江巡抚觉罗琅玕认为：“应即由海运赴闽，庶为省便。”故浙江调取的十万石米主要由临近港口各府碾备。琅玕“饬行藩司，于乍浦口附近之杭州、嘉兴、湖州三府属，先为酌拨八万石，于宁波、温州二海口附近之宁波、绍兴、温州、台州四府属，酌拨谷八万石，即令预行碾备，以免临期迟延”。因李侍尧资会其“赶紧”备米运闽，并考虑到“海运粮食全资风力，若过夏至以后，南风当令，恐有迟滞”，因此，琅玕“当即飞行各该府，除先已拨动仓谷十六万石，碾备米八万石外，再分动仓谷四万石，碾米二万石，以敷十万石之数。并即雇觅坚固船只，酌量分行装载，即由各府营拣派妥干员弁，带同兵役，赶紧兑运。所有杭、嘉、湖三府属米五万石，即由乍浦出口，运赴泉州交收，宁、邵、温、台四府属米五万石，即于宁波、温州出口，运赴厦门交收”。[2]

十万石米，要从浙江的乍浦、温州和宁波运往福建厦门和泉

[1]《清宫宫中档奏折台湾史料》第九册，“乾陵五十二年四月二十六日，浙江巡抚觉罗琅玕奏折”，页 200 上。

[2]《清宫宫中档奏折台湾史料》第九册，“乾陵五十二年四月二十六日，浙江巡抚觉罗琅玕奏折”，页 201 下。

州，海上运输难度可谓不小。当时每只海船约能载五百石米，运送十万石就需二百只船。而在浙江沿海只雇到百余只海船，且“内有挑出陈旧不堪应用者二十余只”，很显然不敷装运。考虑到“乍浦海口与江南上海口相距百余里，往来船只一潮可至，甚为近便”，琅玕“径行飞饬江苏松太道，立即于上海口岸代雇船只”，该道雇觅海船三十只，才得以解燃眉之急。[1]

首批装载五万石米的海船，五月初二刚刚从乍浦开行，朝廷便于五月初五日降下从浙江增调大米的谕旨，乾隆皇帝对林爽文事件的重视可一斑。“浙省现在实贮仓谷，原不难再为酌拨数万石，以资接济。但于未经动拨之金华、衢州、严州、处州等府派拨，则陆路居多。即间有小河可通海口之县，亦须过山盘壩等事，路途迂远，运脚浩繁。且正值农忙之际，需用人夫数万，一时亦难雇觅。若仍于附近海口之杭州等府属各州县再行酌拨，未免积存过少，于仓贮亦有未便。况此时动拨仓谷，将来仍需买补归还。浙省清查案内，尚多分年买补之项，恐为数愈多，归款益为费力。”因此琅玕建议从市场直接买米。“查杭州、嘉兴二府属之长安壩等各市镇，素为商贩云集之地。前因拨运米石，臣恐奸商牙贩闻风屯聚，抬价居奇，即经檄行严查饬禁，知该处河干店铺米粮聚集颇多，此时不难采买。各该处河道均与乍浦一水可通，办运尤为便捷。五月分粮价虽未据各

[1]《清宫宫中档奏折台湾史料》第九册，“乾陵五十二年五月初三日，浙江巡抚觉罗琅玕奏折”，页204下。

属报到，而现在市价每米一石在二两二钱以内，尚不为昂。臣详筹熟计，与其拨动仓贮，多费周折，莫如就近买运，较为妥速，应即遵旨购办，以资接济。臣当即酌定采买米六万石，委令嘉兴府知府郑交泰采办米四万石，海宁州知州王泰曾采办米二万石，共合六万石之数。查照四月分每石二两二钱之价，于司库内先行动支银十三万二千两，发交该员等分途速行购买足数，陆续运赴乍浦，装载开行。"[1]这次续调之米，头批米三万石于五月二十八、六月初三分期开行，二批米三万石亦于六月初八、十三分期开行。[2]

五十二年六月十三，李侍尧咨会琅玕，动拨浙省库项银六十万两，解闽备用。据琅玕奏："浙省征存库贮乾隆五十、五十一年地丁各款，应入秋季报拨，共实存银一百三十五万一千余两。臣当于此内动拨银六十万两，拣委妥幹丞倅三员，每员领解银十五万两，佐杂三员，每员领解银五万两。酌定分为三起，每起银二十万两，间两日行走，以免前途人夫拥挤。即饬委员弹兑钉鞘，星夜赶办。兹头起银二十万两，已于十七自省启程，其二起、三起银于二十、二十三启程前进。"[3]八月初八，又于两浙

[1]《清宫宫中档奏折台湾史料》第九册，"乾隆五十二年五月初九日，浙江巡抚觉罗琅玕奏折"，页221下—222上。

[2]《清宫宫中档奏折台湾史料》第九册，"乾隆五十二年六月十八日，浙江巡抚觉罗琅玕奏折"，页282上。

[3]《清宫宫中档奏折台湾史料》第九册，"乾隆五十二年六月十八日，浙江巡抚觉罗琅玕奏折"，页281下。

盐课项下拨银八十万两，解往闽省。[1]十月十二又接谕旨，于浙江地丁、漕项、盐课三项内通融拨银五十万两，又浙海关本年税银四万两。此五十四万两银十月十九启程解闽。其后又应福建兑换钱文的要求，兑换五万四千余串，运往上海，附搭米船解闽。[2]至此，浙江共计向福建省拨银超过二百万两。

粤、浙两省虽非主战场，但从台湾窜逃回来的林爽文兵丁很可能从广东和浙江上岸，因此两省的任务就是协防，其次才是补给兵力。两省虽同处协防补给区，但两省兵力补给能力却各有所长。兵丁补给方面，广东的十二万五千兵丁与浙江的三千兵丁完全不是一个档次，这当然是乾隆的偏见造成的。饷银方面，浙江与广东持平。从浙江调拨火药10万觔[3]，仅仅是广东的一半，但在粮食供给方面，浙江强于广东省。总之，雄厚的经济基础，毗连福建的地理区位，便捷的水运条件，使与台湾隔海相望的广东省和浙江省成为此次战争中仅次于福建省的第二兵力补给区。而在两省内部，受距离衰减律的制约，广东潮州和浙江沿海则是主要的兵力补给区。

---

[1]《清宫宫中档奏折台湾史料》第九册，“乾隆五十二年八月初六，浙江巡抚觉罗琅玕奏折”，页389上。

[2]《清宫宫中档奏折台湾史料》第九册，“乾隆五十二年十月二十八日，浙江巡抚觉罗琅玕奏折”，页688下—689上。

[3]《清宫宫中档奏折台湾史料》第九册，“乾隆五十二年五月二十九日，浙江巡抚觉罗琅玕奏折”，页257上。

三、外围补给区——从长江流域补给投送兵力

这里的长江流域诸省，并非水文学上的长江全流域，而是指四川、湖北、湖南、江西、江苏、广西和贵州等省份。从这些省份向台湾投送兵力主要有两条运输路线：一是从长江进入鄱阳湖，沿抚河逆流而上，至江西建昌府新城县五福镇，再由旱路至福建省邵武府光泽县水口镇，顺闽江而下，经海路至泉州晋江蚶江港和厦门港；一是由顺长江流至江苏上海港、浙江乍浦港，再沿近海航线南下至蚶江和厦门。在台湾海峡，则由蚶江—鹿仔港、厦门—台湾府城四个港口对渡。

1. 从江西调运兵力。与李侍尧奏请从广东和浙江调兵调粮不同，从江西省调米，完全是乾隆“圣心筹虑”的结果：“台湾府城，现在兵数陆续加增，乡勇义民人数本众，皆须按日支给口粮，现又有投顺者二千余人以及无食难民，亦须量给养赡，自应宽裕接济……今思江西素称‘产米之乡’，且与闽省接壤，着传谕何裕城，将该省仓谷即行碾米十余万石，派员迅速运往福建。应由何路运往，及闽省由何处接收，方为妥便之处，并着何裕城札知李侍尧妥协酌商。”江西所调之米，主要从水运较为便捷的府县内调拨，据何裕城奏：“江西省之南昌、瑞州、临江、吉安、抚州、建昌、广信、饶州、南康等府所属各县，虽不皆毗连闽省，尚俱附近水口。随按其仓粮存数之多寡，量行派拨，计动支谷三十万石，碾米十五万石，每二万五千石为一起，分作六起，

委官六员，按起领运。”[1]对于乾隆提出的“何路运往”问题，由于经“江西省入闽之路有三，其广信府之铅山县一路，有陆程四五站；宁都州之瑞金县一路，更系山僻小路，挽运维艰；惟建昌府之新城县，由五福地方陆运八十里，至闽省邵武府光泽县之上水口，即可用竹簰及小船驳运，此系向来解运铜铅之大路。由上水口再四十里至光泽县，又可换大船运至省城，再用海船装运至泉、厦等”。因此，何裕城与李侍尧商议，江米拟由新城五福运往邵武光泽。接收地点是光泽县之上水口。据李侍尧奏：“江省之米应在光泽县之上水口交兑。查五福起旱，系江省新城县地方，雇夫挑运，应由江省办理，自上水口雇船及竹簰驳运，应由闽省办理。仍各委大员在上水口公同交收，所有脚价各归本省报销。”[2]

从江西到达福建，除陆路外，其实还有“长江—海洋”水路可行。治河出身的何裕城也想到了这一点，“接奉谕旨之后，检查臣署旧卷，从前有无江西拨运米谷赴闽之成案，以便参酌仿办。随查得雍正四年（1726），前抚臣裴率度任内，奉旨拨动江西仓谷碾米十五万石，协济闽省灾赈之用，彼时议由新城县等处陆路运送，嗣因路小运缓，仅运交米五万石，其余未运之米，经闽浙督臣高其倬奏明，改由长江载至苏州，海运赴闽……臣伏查

[1]《清宫宫中档奏折台湾史料》第九册，“乾隆五十二年五月初八日，江西巡抚何裕城奏折”，页216上—下。

[2]《清宫宫中档奏折台湾史料》第九册，“乾隆五十二年五月十五日，闽浙总督李侍尧奏折”，页232下—233上。

军营需米，无论陆路、水路，总须迅速运交方克有济。臣虽查知米由长江装运，乘此夏多南风时日，颇能迅速，而上海关以外，海道情形，臣未经亲历，其或不及陆运之稳，或较之陆运加速，臣不能深知，是以未敢轻议。但从前两届既有此办法，自必筹画妥便而后举行。”[1]何裕城的想法可谓合理，但令他没想到的是，为了邀功请赏，时任两江总督的李世杰主动奏请由江苏向闽省拨米十万石。这样一来，江苏海船自己尚且不敷用，还哪里有船帮江西运米。最终导致何裕城被乾隆痛斥：“总由何裕城往返札商，办理错悮，又不酌定何路早行具奏，业经将何裕城交部议处。”[2]当然何裕城也会“急国家之所急”，随即奏请将江西人不大食用的十万觔番薯，“于运米完竣之日，带运前去，交闽浙督臣李侍尧查收酌用”。[3]这批薯干最终还是运到了福建。此后，无论是两湖、四川的米，还是四川、湖南的兵，何裕城都精心护送过境，没有半点差错，因此还被乾隆赏赐大小荷包。

同时，江西还协济闽省六万觔火药[4]，又遵旨动拨江西地丁银五十万两，九江关税银三十万两，解赴闽省。其中“江西地丁

[1]《清宫宫中档奏折台湾史料》第九册，“乾隆五十二年五月初八日，江西巡抚何裕城奏折”，页217下—218上。

[2]《清宫宫中档奏折台湾史料》第九册，“乾隆五十二年七月十八日，江西巡抚何裕城奏折”，页328下。

[3]《清宫宫中档奏折台湾史料》第九册，“乾隆五十二年七月十八日，江西巡抚何裕城奏折”，页329下。

[4]《清宫宫中档奏折台湾史料》第九册，“乾隆五十二年十一月初一日，江西巡抚何裕城奏折”，页689下。

银两，向系拨充本省及云贵兵饷、云南铜本等用，自应酌拨归款。请于该省漕项银内拨银十万两，九江关本年税银内再拨银三十万两，浒墅关本年税银内拨银十万两，共银五十万两，抵补江西动拨之数。”[1]此次饷银解运，还包括湖南、湖北的五十万两，因此在江西省内有两条路线，一是袁州—临江—南昌—饶州—广信一线，即袁江—赣江—信江水路，主要解运湖南饷银；一是九江—南康—南昌—饶州—广信一线，即鄱阳湖—信江水路主要解运湖北和江西饷银。最终由广信府玉山，经浙江衢州府常山、江山，运至福建浦城，进入闽江水道。“适当湖南官兵分起过境，各兵行走之路，即饷鞘行走之路。虽间有数处水陆分行，而兵船饷鞘同时入境，恐该地官员不能分身照管，兵役人夫亦不敷分派，致有顾此失彼之虞。除行司饬令沿途府县各于楚兵到时，将饷银留贮县库，一俟兵过，立即护送前行，俾饷鞘不致或有疎虞，兵行亦得倍加迅速。”[2]

按理，从江西调兵比从四川贵州等地调兵要近便。将军常青也动过这个心思，甚至都动了从广西调兵的念头。据李侍尧奏：“至常青折内有增调江西、广西兵各三千之请。而声叙柴大纪咨文，又有增兵一万之请，虽觉跡涉张皇，然看来亦不得不再为接济。与其零星续派，自不如用大力，以期一举扑灭之功。查江

[1]《清宫宫中档奏折台湾史料》第九册，“乾隆五十二年十月初六日，经延讲官太子太保文华殿大学士管理户部事务和珅等奏折”，页610。

[2]《清宫宫中档奏折台湾史料》第九册，“乾隆五十二年十一月十二日，江西巡抚何裕城奏折”，页723上。

西赣州兵素称强劲，且距闽省路亦近便，粤西之兵亦尚可用，如蒙皇上照常青所请之数调派三千前来，合之臣此次续调至闽兵三千，则兵力亦已壮盛。”[1]这里的“粤西”即“广西”。接到常青咨会的孙士毅，咨会广西巡抚孙永清：“现准将军常青知会奏请添调粤西官兵三千名，赴台协剿。若恭候硃批，未免缓不济急，自应饬令即日启程。”其实这三千名兵，孙士毅早就让广西方面准备好了。接到两广总督调令的孙永清“会饬原派各营将弁，立即带兵自营启程，扣算路途远近，勒限均到梧州汇齐，分起起行。”[2]常青奏调江西之兵，却并未曾先行咨会江西巡抚何裕城，何九月初四日接到暂停调兵的谕旨，才知有此事，自然没有调兵之举，算是又少犯一个错误。不过乾隆对江西、广西兵的偏见，估计让何裕城很没面子：

> 以江西、广西之兵在绿营中最为无用。若派调前往剿捕，岂能得力？且常青请调官兵，原为救援诸罗起见，此等无用之兵，若资以剿贼，适足虚糜兵饷，轻试贼锋，于事何益……江西之兵较广西更为平常，且此时添调之兵，不为不多，断无庸派往。着传谕何裕城如常青已经檄调该抚办理，尚未启程，即可停止。如业已派拨启程，行抵何处，即于何

[1]《清宫宫中档奏折台湾史料》第九册，“乾隆五十二年八月初九日，闽浙总督李侍尧奏折”，页404下—405上。

[2]《清宫宫中档奏折台湾史料》第九册，“乾隆五十二年八月二十八日，广西巡抚孙永清奏折”，页487上。

> 处撤回，毋庸前进。所有兵丁往返资给费用，俱着令常青按数罚出。其已调之广西兵到，若能剿捕得力则已，如不能得力，所有一切支给费用，亦着常青照数罚出。[1]

孙士毅是九月初九日接到谕旨的，而此时广西三千兵，已经分六起全数出境。阴差阳错，比江西兵稍强一点的广西兵，最终得以成行，而江西却没有一兵一卒前往台湾。

2. 从江苏调运兵力。因海道相通，相对于江西，从江苏调兵调粮运往福建无疑要便捷很多。因此，看到浙江、江西先后运米协济闽省，两江总督李世杰和江苏巡抚闵鹗元自然不甘人后，恭请动拨江苏省米运闽："苏省之松、太一带海口，与浙省乍浦毗连，时有商船往来闽广，海道顺利。臣等同司道悉心商酌，请于就近之苏州、松江、常州、镇江、太仓各属常平仓贮项下，动拨谷二十万石，碾米十万石，运赴闽省泉州、厦门一带交收，听候闽浙督臣李侍尧酌量拨用。""至运装运船只，必须往来闽广之船，认识沙线，方堪应用。现在松太海口船只，协济浙省运米。所有江省米十万石，应俟浙米起运后，将江、浙两处续到海船，通融挑备，仍分作两起，先后启行。瞬届夏杪秋初，北风得令，更可一帆直达。"面对李世杰等人的急功行为，乾隆朱批："虽属尔等

[1]《清宫宫中档奏折台湾史料》第九册，"乾隆五十二年九月初十日，两广总督孙士毅奏折"，页526。

急公之见，但未虑及警动人心矣。”[1]随后把皮球踢给了李侍尧：“据李世杰等奏请，碾米十万石运闽，以济军需一事，着李侍尧查看情形，如不须邻省协济，即咨会李世杰等停止起运。倘闽省粮米尚有为敷，亦即咨会李世杰等，令其委员押运赴闽。”虽然得到浙江、江西三十一万石米的协济，闽省之米已觉充裕，但久经沙场的李侍尧深知战场风云变化无常，因此奏报：“近接常青知会，以贼匪甚多，又请添兵剿捕，则米粮自以多备为要。兼以台湾支给乡勇，抚恤难民等项需米既多。且向来内地各营兵米多由台湾运来支放，今不惟台湾无米运来，而台湾班兵转须内地运米往给，两面核算，又增八万余石之用。又近日漳、泉一带，雨泽较少，晚禾尚未栽插，将来不免平粜等事，则闽省筹备米石自以多多益善。臣再四筹酌，江苏省既碾备米十万石，似应即令陆续委员运闽，更为有备。”[2]

在江苏，有人恭请拨米，自然有人主动请缨。江南提督陈杰早在李世杰等之前就曾奏请：“念奴才年虽已过六十，自揣精力尚壮，马上步下，不让少年。虽未曾出兵渡台，然江、浙、闽省海面皆曾走过，较之未曾登舟者，自然少知风水之性。况奴才在东南二十余年，所有南方风土人情，略知大概。惟有叩求皇上天恩，赏准奴才带兵前往台湾，尽力杀贼，俾稍抒奴才愤恨之心。

[1]《清宫宫中档奏折台湾史料》第九册，“乾隆五十二年五月十八日，两江总督李世杰、江苏巡抚闵鹗元奏折”，页236下—237上。

[2]《清宫宫中档奏折台湾史料》第九册，“乾隆五十二年六月初八日，闽浙总督李侍尧奏折”，页266。

断不致如总兵郝壮猷、把总高大捷之怯懦畏葸，辜负圣恩者。惟是若仍用福建之兵，语言先自不通，兵将未能一心，仍恐不能得力。奴才现在水路两标内，密行挑兵一千二百名，将备九员，整束行装，恭候命下。”乾隆朱批：“孟浪不堪。”[1]因此，未从江苏征调一兵一卒。

江苏向福建运送钱文十六万串。以每库平纹银一两，易换定串钱九百九十文计算，共计用银十六万一千六百一十六两。其中的十二万串，价值银十二万一千二百一十二两，于浒关税银内动支，四万串钱文于宝苏局存贮中调取。[2]

3. 从四川调运兵力。从四川调米，是乾隆为了稳定闽省人心、摧垮林爽文之部的心理防线而实施的心理战术：“李侍尧接奉此旨，不妨将现在又于江南、川省运米数十万石前来接济之处，先令闽人知之，俾军民口食有资，市价不致踊贵，方为妥善。”[3]李侍尧更是直言：“是米之在漳、泉，固所以绥靖地方；而米之到台湾，尤足散贼党而省兵力。”[4]但该战术实行的前提是四川有米可调。“川省素为产米之区，连岁收成丰稔，积储较

[1]《清宫宫中档奏折台湾史料》第九册，“乾隆五十二年五月初六日，江南提督陈杰奏折”，页209下—210上。

[2]《清宫宫中档奏折台湾史料》第九册，“乾隆五十二年十一月十一日，江苏巡抚闵鹗元奏折”，页721下—722上。

[3]《清宫宫中档奏折台湾史料》第九册，“乾隆五十二年六月二十八日，两江总督李世杰、江苏巡抚闵鄂元奏折”，页288上。

[4]《清宫宫中档奏折台湾史料》第九册，“乾隆五十二年八月初二日，闽浙总督李侍尧奏折”，页380下。

裕。”[1]四川总督保宁于六月二十一日奉上谕调川米二十万石，续令再采买三十万石。此五十万石米，除采买三万八千石米外其余四十六万二千石米，考虑到“采买市米，虽似便宜，但川省民间素鲜盖藏，目下早稻甫经收割，未能集辏一时，采买多米，市价易致腾踊。若仓谷则取之于官，亦可不动声色而立办。将来遵旨于暇时买补办理，甚属从容。且新米性带潮湿，远运恐非所宜，亦不若仓谷干结，可无霉变之虞。而加紧碾米，尚为迅速”，因此，共调拨长江干流及岷江、沱江和嘉陵江等沿岸州县仓谷九十二万四千石，碾米后用小船运至重庆，换装大船，由川江东下。[2]头运米于七月十九日开行，时值秋季，“川江秋水方盛，顺流东下，虽风水靡常，舟行总属迅速。其自汉口而下，川船素未经行，必须换船前进，”[3]因此，长江中下游的船舶，主要由湖北备办，运至江苏上海，则再换海船，运往福建。五十万石米还没有完全运到福建时，台湾战争已经结束，真正运到福建的米只有三十二万石，其余十八万石，谕令江苏“酌量截留，以抵买补仓储之用”。[4]

---

[1]《清宫宫中档奏折台湾史料》第九册，“乾隆五十二年六月二十八日，两江总督李世杰、江苏巡抚闵鹗元奏折”，页 288 上。

[2]《清宫宫中档奏折台湾史料》第九册，“乾隆五十二年七月二十日，四川总督保宁奏折”，页 338 下—339 上。

[3]《清宫宫中档奏折台湾史料》第九册，“乾隆五十二年七月十八日，四川总督保宁奏折”，页 334 上。

[4]《清宫宫中档奏折台湾史料》第十册，“乾隆五十三年三月初四日，江苏巡抚闵鹗元奏折”，页 361 下。

可见，此次调运川米，不仅是台湾战争期间调粮数量最多的一次，也是运输距离最长的一次。从长江头运至长江尾不说，还要跨越三千余里海面，从上海海口运至闽省泉州、厦门。用时长达九个月，还只运完了其中的三分之二。“千里不运粮，百里不运草。”川米的运费比米价低不了多少。因此，此川米的真正价值不在于其食用价值，而是其所具有的绥靖漳泉地方、涣散台湾贼党的战略价值。这正是乾隆调川米的初衷：“令李侍尧多备粮饷，足敷十万官兵之用，使外间相互传说，贼人闻风胆落。”[1]

与调米不同，乾隆从四川调兵，绝对出于战争需要。保宁等于五十二年八月十一日接乾隆六百里加急谕旨：“台湾前后所调兵丁不为不多，但该处山深箐密，路径崎岖，因思川省屯练、降番，素称矫捷，前曾经调往甘省勦捕逆回，甚为得力，着传谕保宁即于屯练、降番内挑选二千名，并拣派曾经行阵、奋勇出力之将领张芝元等分起带领，从川江顺流而下，由湖北、江南、浙江一路前赴闽省。”[2]屯练、降番是四川土兵。乾隆征廓尔喀、讨安南，都有土兵随征，一向以骁勇善战著称。二千名川兵中，屯练一千六百名，降番四百名。于八月二十一至二十七从成都开行，九月初一至初七自重庆换船进发。川江水道此时正忙于运送川米，米、兵争船严重。解决之道是米让兵：“倘番练等行至重庆，

[1]《清宫宫中档奏折台湾史料》第九册，“乾隆五十二年八月十八日，将军福康安奏折”，页463上。

[2]《清宫宫中档奏折台湾史料》第九册，“乾隆五十二年八月十二日，鄂辉、保宁、成德奏折”，页430下。

尚无多余船只，即将复运三十万石尾幫之船，暂停运米，先尽兵行，再将续到之船随后运米，亦不致守候稽延。”[1]为了保障屯番在川江险滩航行的安全，“兵番等均可于过滩时，上岸行走，不过一二里，仍即下船”。[2]川兵原本拟定的行进线路即“由长江行走，经过镇江至严州、衢州等处，计程有二千三百余里。若由江西玉山至常山径至衢州，计程只有一千三百余里，路程较近”，因此改道行进。又经何裕城咨会修正，行程更为便捷：“川兵如不经由浙江，即从河口镇起旱，由铅山过岭，径入闽省之崇安县，达建宁府前进，较之浙省所拟路程又可少行五百六十余里，兼可少过一岭，更为便捷。”[3]川兵经由此线行进，于十月初一至初八到达崇安县。[4]十月十六至二十三全部抵达蚶江。全程用时五十五天，只相当于运粮时间的五分之一。由此可见，四川土兵实乃战争前线之急需力量。

4. 从湘鄂黔调运兵力。湖南、湖北协济闽米各十万石，完全是湖广总督舒常等人“邀功请赏”的结果：“湖北省早稻丰收，秋成可卜大有，现于临近水次州县，动支仓谷二十万石，碾米十万

[1]《清宫宫中档奏折台湾史料》第九册，“乾隆五十二年八月十二日，鄂辉、保宁、成德奏折”，页431下。

[2]《清宫宫中档奏折台湾史料》第九册，“乾隆五十二年八月二十一日，保宁奏折”，页469上。

[3]《清宫宫中档奏折台湾史料》第九册，“乾隆五十二年九月十二日，两江总督李世杰奏折”，页534。

[4]《清宫宫中档奏折台湾史料》第九册，“乾隆五十二年十月初十日，江西巡抚何裕城奏折”，页616下。

石，分作四起，委员由江西新城县五福地方，旱运赴闽。”[1]又“湖南省年岁丰稔，存谷尚多……附近水次二十五州县，约存谷四十余万，足敷拨运。随各按仓贮多寡酌量派定，共动谷二十万石，碾米十万石。”关于楚米赴闽的路线，单是由长江顺流由上海、乍浦等处出口海运，还是由江西新城五福旱运赴闽的讨论，就浪费很多时间，还有湖南到江西之间运输路线的讨论：“查湖南醴陵县与江西萍乡县接界，有路可达闽省，亦系经由江省新城县五福地方。较之取道武昌计程差近数站。惟查醴陵境内既系逆水滩河，运至萍乡又须起旱，六十里至芦溪地方，再行换船。彼地系一线溪河，滩险更甚，不通大船，来往止有本地小船，装米不及二十石。深秋水落，随地爬滩，即小舟亦虞浅阻。是萍乡一路水陆迂折，既恐欲速反迟，且节节换船，起剥运费亦复不轻。自不若北渡洞庭，由岳州直达武昌，尾随北省米船之后，经历长江行走较为便捷。”[2]乾隆之所以同意拨运，是因为“此等运闽米石，原系预为储备，止须源源接运，以备应用，本非必需同时运到也。”[3]因此楚米就慢慢悠悠从江西五福运往福建，以至“大功告蒇”，大部分湖南米还在路上。最终处理的结果，据何裕城奏：

---

[1]《清宫宫中档奏折台湾史料》第九册，“乾隆五十二年七月二十日，江西巡抚何裕城奏折”，页335上。

[2]《清宫宫中档奏折台湾史料》第九册，“乾隆五十二年七月二十二日，署湖广总督舒常、湖南巡抚浦霖奏折”，页343下—344上。

[3]《清宫宫中档奏折台湾史料》第九册，“乾隆五十二年八月初十日，湖南巡抚浦霖奏折”，页410上。

> 臣查湖南米石自正月开运以来，天气晴和，又时值农隙，夫多运速。所有现应停运之七万五千石内，先已过山，运贮闽省光泽县水口者，三万五千六百六十三石零；已运贮五福水口尚未过山者，三万九千三百三十六石零。不特运回湖南途长费重，即分运江西曾经拨运军糈各厅县，抵补仓粮，所需水陆脚价亦属不赀。且江西地气潮湿，米难久贮，非西北官仓堪以存米抵谷者可比。臣与司道悉心商酌，莫若即将此米交与该处附近之府县，照依时价出粜，将价解存司库。俟本年秋收后，分给原拨军糈各县，买谷补仓，其价毋庸解还湖南，如有盈余，报部充公。至已经运抵光泽县米三万五千六百余石，臣即咨明李侍尧饬交该处府县，亦照时价就近出粜。其价或解还湖南，或存闽拨用，听李侍尧酌办。庶运回之脚费可以节省，而米价不至亏折，民食亦得充裕。[1]

征调黔、楚兵丁，与征调川兵的理由颇为相近。乾隆五十二年（1787）八月初二日谕旨："因思湖广、贵州兵丁，前经调赴金川军营，于驰陟山险较为便捷。若调往台湾助剿，自更得力。着传谕舒常等于湖北、湖南各挑备兵二千，富纲、李庆棻于贵州挑

[1] 《清宫宫中档奏折台湾史料》第十册，"乾隆五十三年三月初二日，江西巡抚何裕城奏折"，页354下。

备兵二千，拣选曾经行阵奋勇干练之将备带领。”[1]其中湖广官兵即从本省由江西一路行走，贵州兵丁从广西、广东一带行走，前抵闽省。贵州兵于九月十八至二十四由古州威宁镇全数开船[2]，十月二十六全数到达闽省诏安县[3]，十一月初三至初八全部到达蚶江[4]，总用时四十五天。

总之，从外围区补给投送兵力，尤其是粮食，很大程度上是一种威慑手段，清政府很难实际使用这些粮食。但兵丁的调动则不然，无论是川、楚还是黔兵，都是久经沙场，善于山地和台湾湿热环境作战的“特种”部队，深得乾隆信任。“川省屯练最为矫健，而黔兵于陟山履险素称便捷。此四千兵实足当数万之用。”[5]因此，他们的投送，沿途应用船只及一切应付事宜，都预为筹备。所以，无论是川兵用时五十五天，还是黔兵用时四十五天，都是乾隆令其“加紧兼程行走，愈速愈妙”，不计成本投送的结果。

[1]《清宫宫中档奏折台湾史料》第九册，“乾隆五十二年八月十一日，江西巡抚何裕城奏折”，页418下。

[2]《清宫宫中档奏折台湾史料》第九册，“乾隆五十二年九月二十四日，贵州巡抚李庆芬奏折”，页577上。

[3]《清宫宫中档奏折台湾史料》第九册，“乾隆五十二年十月二十六日，闽浙总督李侍尧奏折”，页674上。

[4]《清宫宫中档奏折台湾史料》第九册，“乾隆五十二年十一月十二日，闽浙总督李侍尧奏折”，页725下。

[5]《清宫宫中档奏折台湾史料》第九册，“乾隆五十二年九月十六日，阿桂奏折”，页544下。

四、影响大陆兵力补给与投送的因素

其一，空间经济规律对兵力补给与投送的控制。此次兵力的补给与投送，无论是官兵、粮饷还是火药，由闽省到粤浙，再到长江流域诸省，随着距离的增加，皆呈逐级递减的趋势，这正是距离衰减律使然。虽然战争行为不同于日常经济行为，并不以经济利益最大化为目的，但如果无理性的超长距离投送兵力，就背离了“兵贵神速”的战争原则。所以乾隆虽然本着兵力“预为宽备”的思想打仗，但也未调“京营劲旅”南下，理由正如乾隆所言：“至京营劲旅，朕非靳于调拨，惟念道里遥远，且不能服习台湾水土，即派往亦不能得力。”[1]处在长江流域的安徽省是惟一没有补给和投送兵力的省份。此乃区域资源禀赋差异性使然。安徽虽然有兵，但没有能征善战的“特种兵”。而其所处的区位，正好属于川、黔这样只能调“特种兵”的区域。乾隆五十二年（1787）恰恰又是安徽的一个灾年，粮饷自给尚且不足，遑论对外投送。不从广东调米，也是资源禀赋使然，因为广东无米可调。

其二，交通不便对兵力投送的影响。乾隆五十二年前后，南方的交通仍以水运为主，包括内河与近海航线。此次兵力投送涉

[1]《清宫宫中档奏折台湾史料》第九册，“乾隆五十二年十月二十四日，将军福康安奏折”，页666下。

及的内河航线以长江、珠江和闽江为主。近海航线以上海港、乍浦港—蚶江港、厦门港—鹿港、台湾府城组成的“折尺型”航线为主。河流上游及流域间的分水岭如闽江与抚河、信江的分水岭——武夷山，赣江与湘江的分水岭——武功山，或因水浅滩多，或因山路崎岖，都需人力搬运，运输效率低下，是内河航运的瓶颈地带。台湾海峡，风汛不常，是近海航线的瓶颈地带。以水运为主的运输方式，对兵力投送的影响是多方面的。首先，无论是粮饷还是兵丁的补给，主要来自近水次或近港口各州县；第二，江海联运，常常因海船不足，使长江流域的军力补给无法以最快的速度从长江口到达泉厦；第三，台湾海峡的风浪成为大陆兵力投送的最大障碍。不远千里投送到蚶江、厦门的官兵几乎没有不守风待渡的。如福康安，从京城接受了乾隆的密令，一路风尘仆仆，于九月十四日抵达厦门，恰遇飓风频作，连日不止，只好在大担门登舟候风。守风旬日，洋面依然风信频作。十月十一开船，又被风打回。直至十月“十四日，得有顺风，与海兰察同舟放洋。驶行半日，风色又转东北，船户即欲在料罗地方暂泊。臣仍令折戗开行，无如侧帆迎借旁风，往来转折，水道迂回，不能迅速。二十二已至外海大洋，日暮时大风陡起，不及落帆，水深又不能寄碇，随风折回。至二十三卯刻望见崇武大山，将近泉州惠安县洋面。维时风信愈烈，询据船户佥称，现值暴期，三四日方能平顺。当令收入崇武澳中湾泊，普尔普、舒亮及巴图鲁侍卫等船只后随至。臣遣人赴各船看视，皆因不惯乘舟，又遇风涛倾簸，头晕呕吐不能饮食，间有患病者。臣以现在湾泊候风，并须添带淡水，该侍卫等既多疾病，不必在船坐守，即令登岸稍为歇息，一遇顺风，即刻开船。”[1]直至二十八申刻第三次放洋，二十九申刻至鹿港后，又因潮退不能进口，十一月初一清晨才登岸。火速前进的福康安，为渡台湾海峡，就耗时四十八日，比黔兵赶到厦门的用时还要多三日。至于在台湾海峡，因风急浪高，溺毙官兵、沉失粮饷、延误文报等事故，更是在在多有。

从各地投送的官兵、粮饷和火药最终都要进入福建省，在蚶江、厦门聚集渡台。因此，福建的运力如何会直接影响各路兵力的投送效率。“闽省办理兵差、运送军械等项，除海运外，皆系陆路，逾山越岭，向无车马，惟恃雇募人夫。缘平日另有一种江西及本省游食之人，专以受雇充夫为业，故农民各安田亩，不知有应差之事。即遇有重大差使，农民习以为常，谓各站各有充夫之人，于民间无与，是以州县遇有差务，俱系现雇人夫应用，从不能派及里下。非如陕、甘、云、贵等省，可以按田派夫，使之领价应役。而此等专以充夫为业之人，明知官府不能签派乡夫，每值差务紧急，辄一名索数名之价，否则不肯就道。地方官惟恐误差，不得不曲徇其意，增给价值。此闽省实在情形也。”战时紧迫，当然无暇推广陕、甘等省的经验，李侍尧只好仰恳皇上用经济手段来解决：“量增雇价，使人乐于受雇，则虽素不充夫之人，皆踊跃趋事，素不充夫之人既来受雇，则专以充夫为业之

[1]《清宫宫中档奏折台湾史料》第九册，“乾隆五十二年十月二十四日，将军福康安奏折”，页664上。

人，转不敢刁难，而地方官应付差使，可不致竭蹶。”[1]

其三，通信迟滞对兵力调动的影响。以驿站为主要通讯传递体系的时代，中国的战争都集中在大陆上。无论首都布局在中原中枢地带，还是在近海中枢地带，作为战争的最高决策者——皇帝，与前线指挥之间的情报往来，所用时间一般不会超过一个月。而在台湾用兵则不然，孤悬海外，且不说台湾海峡风汛无常，往返之间，动辄月余，单从北京到福建，考虑到要翻越武夷山脉，山路崎岖，溪河纵横，加之“闽省驿站，向无额设马匹，只设递夫驰送公文”[2]，几乎是耗时最多的通讯线路。故因台湾战况信息被海峡风浪“封锁”，无论是常青、李侍尧、孙士毅还是福康安，常常处于“旬日以来，尚未续得信息，惟于进口商船密为探访”的窘境。海峡西岸尚且如此，远在北京的乾隆，更是一头雾水，不得要领。因此，战乱初起时，乾隆因得不到及时准确的战况信息，从而错判战争形势，致使林爽文趁机做大。同样因为消息滞后，导致李侍尧和孙士毅先期调了乾隆极不满意的浙江兵和广西兵。以至身为两广总督的孙士毅其主要职责之一，竟然是替乾隆打探台湾战况的小道消息。尽管孙士毅的消息经常性的失实，但对于“宵旰焦劳至于废寝，下怀萦切梦寐难安”的乾隆来说，有点消息比没消息的日子要好过，因此从不怪罪于他。

---

[1] 《清宫宫中档奏折台湾史料》第九册，“乾隆五十二年八月十七日，闽浙总督李侍尧奏折”，页458。

[2] 《清宫宫中档奏折台湾史料》第九册，“乾隆五十二年八月十三日，福建布政使觉罗伍拉纳奏折”，页435上。

其四，乾隆个人的好恶对兵力调动的影响。乾隆自身的好恶很大程度上影响了兵丁、粮饷的补给与投送。先说粮饷，自五十一年十二月至五十三年二月，先后运到台湾的米共四十余万石，比川米五十万石还要少。银共计四百四十余万两[1]，只相当于粤、浙两省补给的数量。单就粮食来说，台湾并非绝对缺米，据李侍尧奏："查台湾自贼扰以来，专贩米谷之商船日渐减少，惟运送兵丁粮饷到台之船回棹时，有附载米谷内渡者。六、七月间，每旬或数百石，至一、二千石。八、九月以来，海多风暴，回船本少。近日始有陆续回来，每船不过带米数十石，均系船户自买食米，其自北淡水回来者，尚间有数十石、百余石不等。"[2]由此看来，乾隆因帑银充盈，于办理军务"预为宽备""从无靳惜"的做法值得商榷。其实大范围的调粮，几乎没达到"散贼党而省兵力"的效果。倒是福康安虚张声势的十万大军，一定程度上摧垮了林爽文集团的心理防线。另外乾隆根据自己五十二年皇帝生涯，对各地兵丁强弱排定的座次，即川兵、黔兵最厉害，依次是楚兵、粤兵、闽兵、浙兵、广西兵，江西兵最为无用。这样的座次不能说没有道理，但认为江西兵于绿营中最为无用，以至不调一兵一卒，显然有失公允，李侍尧就认为："江西赣州兵素称强劲，且距闽省路亦近便。"值得征调。至于将军、总督、提督

[1]《清宫宫中档奏折台湾史料》第十册，"乾隆五十三年二月初十日，闽浙总督李侍尧奏折"，页275下。

[2]《清宫宫中档奏折台湾史料》第九册，"乾隆五十二年十一月初五日，闽浙总督李侍尧、福建巡抚徐嗣曾奏折"，页696下。

信赖程度的差异，如对常青、何裕城的偏见，对李侍尧的信赖，对福康安的依靠，对蓝元枚的过度期待，虽然是人之常情，也有一定的合理性，但还是多多少少影响到了战争的进程。不过以古稀望八之年，须鬓早半白之日，乾隆依然有如此清醒的头脑，运筹帷幄，决胜于万里之外，其实已经是"最在行"的皇帝了。

五、小结

兵力投送，其实是征服空间距离并与时间赛跑的过程，古今中外概莫能外。那么，此次对台战争，作为最高统帅的乾隆，和他的臣民与时间赛跑的成绩如何呢？乾隆在《御制剿灭台湾逆贼生擒林爽文纪事语》[1]一文中，对此次战争兵力投送的"迟与速"做了评述。乾隆的言论，很大程度上是对自己所调前线将领是否称职、及时的反思。其实，兵力的投送、最高统帅指挥如何、并非唯一影响因素。因为速度是距离与时间的函数，即空间与时间的函数关系之一，涉及很多已知与未知因素。

从空间上来看，涉及补给区、送达区及二者之间的交通路线等三个方面。送达区的需求决定着补给区与交通路线的选择。由于台湾人口以泉、漳二府及粤东移民为主，两岸声息相通，加之福建的军、民粮食主要依靠台湾补给，因此，清政府的此次粮饷的投送既要考虑战争前线的台湾，也要兼顾林爽文的家乡——泉

[1] 此碑现藏福建省厦门市南普陀寺内。

漳。这种移民出发地与到达地之间的特殊关系，是以往乾隆所经历的战争中没有遇到的现象。

此次兵力的补给区，涉及东南沿海和长江流域两个区域。其中，兵丁主要从福建、广东、浙江、四川、贵州、湖南、湖北和广西征调；饷银主要从福建、广东、浙江和江西支取；军粮主要采买自长江流域的四川、湖北、湖南、江西、江苏以及浙江的杭嘉湖平原。同时，随着战争的发展，兵力补给区域，由福建延展至毗连沿海省份，再延展至长江流域，有逐渐扩大的趋势。值得注意的是，虽然兵丁和粮食都突破空间经济规律制约，实现了远距离补给和投送，但二者的缓急程度和作战目的有较大差异。兵丁，尤其是川兵、黔兵及海兰察率领的“百人足以当数千人之勇”的巴图鲁、侍卫、章京等，都是以“特种兵”的待遇进行投送的，因此他们可以不计成本。相反，粮食的补给和投送，尤其是外围区补给，很大程度上是乾隆的一种战略威慑手段，很难派上用场。

从四川、湖北、湖南和江西等省向福建投送兵力的路线有两条主要路线：一是从长江进入鄱阳湖，沿抚河逆流而上，至江西建昌府新城县五福镇，再由旱路至福建省邵武府光泽县水口镇，或由江西广信府铅山县河口镇，过武夷山至浦城、崇安县，再顺闽江而下，经海路至泉州晋江蚶江港和厦门港；一是由顺长江流至江苏上海港、浙江乍浦港，再沿近海航线南下至蚶江和厦门。在台湾海峡，则由蚶江—鹿仔港、厦门—台湾府城四个港口对渡。其中，河流上游及流域间的分水岭，如闽江与抚河、信江的分水岭——武夷山，赣江与湘江的分水岭——武功山，或因水浅滩多，或因山路崎岖，都需人力搬运，运输效率低下，是内河航运的瓶颈地带。台湾海峡，风汛不常，是近海航线的瓶颈地带。对台湾海峡风浪影响认识不足，严重影响了此次兵力投送的效率，这一点在乾隆身上体现得尤为明显，如在读到任承恩折中："奴才随即统领官兵两千名，配船二十五号，于十二月十七日开行，因风雨阻滞，直至正月初四夜放洋。"乾隆硃批："岂有阻滞十余日之理。"[1]在台湾海峡，候风十余日实属正常，等福康安被阻滞四十八天，乾隆早已知道海峡风浪的凶险，自然不再抱怨了。

许多研究林爽文战争的著述，都喜欢用调拨钱粮总数来衡量此次战争的规模，其实，真正运过台湾海峡的粮食只有四十余万石，银四百四十万两，不及常见统计数据"一千万"钱粮的一半。除一些钱粮直至战争结束还在路上外，大部分屯在海峡西岸的福建。因此，此次战争之所以持续时间长，其难度主要是海岛孤立无援与海峡风浪阻隔造成的。否则，在"人多力量大"的传统作战年代，以林爽文区区一、二县之兵力，倘若在无海峡阻隔的内地，是很难成气候的。再者，如果常青的奏折从台湾投出，等收到乾隆的硃批或谕旨，很可能在两个月以后，一年零三个月的战争，实在算不了用时太长的战争。因此乾隆战后总结时，以"迟

[1]《清宫宫中档奏折台湾史料》第九册，"乾隆五十二年正月十四日，福建陆路提督革职留任任承恩奏折"，页 52 下。

与速”为主题，可谓切中肯綮。值得庆幸的是，鹿仔港和鹿耳门周边大多数是泉州庄或广东庄。假如是漳州庄，林爽文因此阻断海上交通咽喉，台湾还能否是大清国土，估计得另当别论了。

其实，远离大陆的岛屿国土，因自然环境恶劣，对于不同经济类型的国家，其价值和经营理念相差很大。对于一些很早就步入远洋贸易、远洋渔业，并从中获利的国家或地区人们以及海盗来说，有淡水的岛屿，或能避风的岩礁，便是补给点和避风港，是茫茫大海中的天堂，因此也是他们着力占据、经营和守护的海洋国土。对于传统大陆农业国家来说，如果岛屿上没有可供耕种的土地，就没有经济价值可言，自然也就不会着力、持续地经营，更难用国土的标准占据并守护了。台湾岛从自然条件和农业基础来看绝对是宝岛，但这些条件，并不是康熙皇帝开疆拓土、收复台湾的原动力。当初施琅带兵收复台湾和澎湖，根本目的为了彻底肃清以此为基地，自明代以来就长期滋扰东南财富之地的土、洋海盗。因此在台湾内属后，清政府对台湾治理的基本理念便是派重兵弹压，使其“虽有奸萌，不敢复发”。但台湾自给自足的国土资源，海岛易守难攻的地域形胜，偷渡移民的冒险精神，分类械斗培养出来的嗜血性格，以及海盗文化中天生的民主团结，如堆积在一起的硫黄、硝石和木炭，一旦比例恰当，星星之火，即可引爆。因此，林爽文以二、三县的“幺麽小丑”，让最称职的皇帝宵衣旰食，吃尽苦头，实属正常。否则，在现代战争条件下，蒋介石还哪里敢选择台湾作为“远遁”的基地。

第八章

两岸一体防范

——台湾战争时期清政府对海峡西岸移民社会的控制

一、引言

明清时期，闽人的足迹遍布东南亚，甚至远涉欧美。由于有大量的人口移民海外，在政府眼里，福建省就成了“自弃王化”之民的“巢穴”。以至乾隆五年（1740）修订的《大清律例》里，载有专门针对福建海外移民的条款：“在番居住闽人，实系康熙五十六年以前出洋者，令各船户出具保结，准其搭船回籍，交地方官给伊亲族领回，取具保结存案。如在番回籍之人，查有捏混顶冒，显非善良者，充发烟瘴地方。至定例之后，仍有托故不归，复偷渡私回者，一经拿获，即行请旨正法。”[1]可见，清政府对福建移民社会的控制由来已久。

台湾也是福建省移民的主要目的地，乾隆五十二年（1787），“台湾地方，漳、泉、潮、嘉之民各居其半”[2]，显示了台湾开发与闽南的密切关系。乾隆五十一年（1786）由台湾民众械斗引发的林爽文事件使海峡西岸的漳州府成了清政府重点监控的地区。原因有三：其一，林爽文祖籍漳州府平和县，且在平和县还有亲属；其二，天地会是从漳州传播到台湾的，林爽文又是天地会成员；其三，海峡两岸政治、经济和文化已逐步一体化，民众往来

[1] 田涛、郑秦点校：《大清律例》卷20“兵律·关津”，北京：法律出版社，1999年，页341。

[2]《清宫宫中档奏折台湾史料》第九册，“乾隆五十二年正月初六日，闽粤南澳镇总兵陆廷柱奏折”，页36上。

密切。因此，全面控制漳州社会是防止林爽文战争扩大化的重要任务。

每一个幅员不等的地方都是一个独特的区域社会。因此，控制地方一向是政府社会控制的难点。长期以来，一些学者基于现代社会学理论，对传统中国政府的地方治理行为打上"专制"的图章，予以"有罪"推定，一定程度上影响了学界对政府地方治理行为的深入研究。通过对战时清政府控制漳州社会这一个案的研究，不难发现，无论是从短期效果，即打赢"外洋"战争又不伤及"沿海要地"角度来看，还是从长期效果，即维持国家统一角度来看，乾隆皇帝及其属下对漳州社会的控制无疑是成功的。在控制漳州天地会、粮食供应和漳籍军人等方面效果尤为显著。

二、控制漳州天地会组织

在国家法律和宗法制度都没法维系区域社会秩序，保障民众的人身和财产安全的时候，加入秘密社会组织就成为部分民众寻求庇护的必然选择。天地会的创立者郑开未必本着上述原因立会，但其他入会者，大多数基于这一目的。"以大指为天，小指为地，凡入其教者，用三指按住心坎为号，便可免于抢夺，被抢夺银两亦可要回。"[1]林爽文加入天地会，也是台湾"漳州庄""泉

[1]《清宫宫中档奏折台湾史料》第九册，"乾隆五十二年二月二十一日，两广总督孙士毅、广东巡抚图萨布奏折"，页110下。

州庄”和“广东庄”之间的长期分类械斗，以及宗族内部及宗族之间长期械斗的结果。正如福康安所言：“台湾民情刁悍，吏治废弛，营伍全不整饬，屡有械斗拒捕重案，仅将首伙数人究办，不足示惩，奸民等益无忌惮，抢夺成风。凡内地无籍莠民、漏网逸犯，多至台湾聚处，结会树党，日聚日多，不肯随同入会之人，即被抢劫。及至事渐败露，人众势张，转藉官吏侵贪为辞，肆行谋逆。”[1]

天地会是郑开于乾隆二十六年（1761）在漳州漳浦县高溪观音庙（今属云霄县高塘村）倡立的。郑开，僧名提喜，又名涂喜，又号洪二和尚，传会时以“五点二十一”即“洪”字为暗号。部下有卢茂、李少敏、陈彪、陈丕、张破脸狗、张普、赵明德等。乾隆三十三年（1768），卢茂率会众三百余名，冲击漳浦县衙门，后卢茂因其兄卢惕报官被捕。虽然有三百余名会众在此次行动中被捕，但清廷并未发现天地会名色。李少敏，即李阿闵，于乾隆三十五年（1770）间，打着前明后裔朱振兴旗号，纠众谋叛，旋即被拿获正法。嗣后提喜、陈彪等均各敛迹，不敢复行传会。乾隆四十四年（1779）提喜病故，其子郑继因提喜遗有寺田，随于观音庙落发为僧，改名行义，又号续培和尚，接住耕种，吸收会员，传播天地会。[2]

[1]《清宫宫中档奏折台湾史料》第十册，“乾隆五十三年三月二十二日，将军福康安奏折”，页 406 下。

[2]《清宫宫中档奏折台湾史料》第十一册，“乾隆五十四年四月十六日，闽浙总督觉罗伍拉纳、福建巡抚徐嗣曾奏折”，页 193 下—194 上、下。

天地会作为一个秘密社会组织进入清政府的视野已经是乾隆五十一年（1786）林爽文事件爆发之后的事情。据福康安调查：

乾隆四十九年三月内，有漳州人严烟，即严若海，在溪底阿密里地方传天地会，林爽文听从入会，党羽益多，横行无忌。其时天地会名目业已传布南路凤山、北路彰化、诸罗，入会者甚多。约定同会之人有难相救，有事相助，武断一方，莫敢过问。五十一年秋间，诸罗会匪杨光勋与伊弟杨妈世争产不和，杨妈世邀同张烈蔡福等另结雷公会，互相争斗。伊父杨文麟偏爱幼子，首告杨光勋入天地会，杨光勋复讦告杨妈世纠合蔡福等倡为雷公会。诸罗县知县唐镒未即查办，旋经同知董启埏接署，藉称访闻，差拿会匪到案。外委陈和带兵护解匪犯张烈一名，行至斗六门，杨妈世纠约匪攻庄劫犯，将陈和等杀害。董启埏并未严究羽党，而在斗六门攻庄受伤之犯，潜匿彰化县境内。署彰化县事同知刘亨基以杨光勋业被拿获，希图即邀议叙逃逸匪犯，又系诸罗之人，心存推诿，不复严行查缉，雷公会匪犯遂与天地会合为一会，蔡福等逸犯，即逃至大里杙藏匿。柴大纪、永福会审此案，率据属员详报完结，并不从严究办，亦未将唐镒、刘亨基揭参办理。嗣经臬司李永祺奉委来至台湾审办此案，业在该镇道定拟具奏之后，首伙凶犯俱已正法。李永祺仅提出余犯覆审一过，亦只就案完案，未经严切跟究。乾隆五十一年十月柴大纪巡查至彰化，闻大里杙一带匪众抢劫，即以调兵

> 为辞，转回府城，派游击耿世文带兵前往。知府孙景燧得信后，亲赴彰化督拿。知县俞竣会同副将赫生额、游击耿世文赴乡搜捕，烧毁内新、茄荎角等庄，擒获匪犯数名，立行杖毙。差役等查拿过急，林泮、王芬、刘升、何有志等布散谣言，揑称官兵欲来剿洗，与林爽文在茄荖山聚集数百人，竖旗谋逆，于十一月二十七日攻陷大墩营盘。彼时林姓族人不肯令林爽文出名，暂令刘升为首。攻陷彰化县城后，林爽文始为贼首，在县城演武厅会集匪伙，戕害官吏，并令贼匪陈天送约会庄大田，纠合南路天地会匪犯一同谋逆，蔓延一载有余，始行扑灭。[1]

严烟于乾隆四十八年（1783）借卖布为名来至台湾。[2]此时提喜和尚已归道山。漳州天地会经乾隆三十三（1768）、三十五年（1770）清政府的两次沉重打击元气大伤，且群龙无首。林爽文虽为天地会成员但其在台湾大里杙起事，未与漳浦县的天地会组织沟通，也并非台湾天地会有组织、有预谋的起义事件，完全是因为械斗引发政府军清剿，并听信烧庄谣言才临时起意，团结乡族，抗击政府军的。

林爽文起事后，常青在乾隆五十二年（1787）正月初六的奏

[1]《清宫宫中档奏折台湾史料》第十册，“乾隆五十三年三月二十日，将军福康安奏折”，页407下—408上。

[2]《清宫宫中档奏折台湾史料》第十册，“乾隆五十三年四月初六日，将军福康安奏折”，页364。

折中，首次向乾隆皇帝报告了台湾天地会的情况。被抓的天地会成员供称洪二和尚属广东人，因此乾隆下旨："着传谕孙士毅查明后溪凤花亭究在何府州县，即将和尚洪二房并朱姓严密踊缉，迅速查拿，一经缉获到案，讯得确情，该督即将朱姓并洪二房一并派委妥干员役，迅速解京归案审办，并着饬令沿途地方一体小心押送，毋得稍有疏误。"但两广总督孙士毅费尽心思，抓了几十个漳州天地会成员，却并没有在广东找到天地会组织的头目和后溪凤花亭。考虑到"台湾既有此天地会邪教，粤省所供亦俱称起自闽省，是闽省为此教之渊薮无疑。惟是漳、泉一带民情轻僄，去冬已多讹言，近日渐觉宁贴，则正可以相安于无事。若四出查拿，恐又增一番惶惑，或别滋事端。"乾隆朱批："俟逆贼肃清再办。"[1]

> 着传谕该督等于事定后，务须不动声色，通饬各属，将此等会匪徒密访严拿，痛予惩创，勿再稍余孽，并将三十二年以后失察邪教之督抚及大小文武员弁，彻底查明，据实参奏。其办理杨光勋一案，将"天地"二字改作"添弟"字样之台湾地方官，其咎更重，是谁之主见，并着该督确查严参，以示惩儆。至许阿协供出勾引入教之赖阿边等犯，俱籍隶漳州，该督等俟台匪办完后，即饬该属严缉，务获训明，

[1]《清宫宫中档奏折台湾史料》第九册，"乾隆五十二年三月初八日，闽浙总督李侍尧奏折"，页127下。

党羽按名究办，毋任奸徒漏网。[1]

可见，尽管天地会在漳州盘踞二十六年，引发两次暴力事件，并成为台湾林爽文事件的诱因之一，但乾隆皇帝考虑到“漳泉为沿海要地”，故稳定漳州民众情绪、维持社会稳定比追剿天地会更为重要，因此林爽文战争期间，无论是福建还是广东都没有再大动干戈地追剿天地会成员。

乾隆五十二年（1787）十二月，在台湾林爽文战争出现重大转折的时候，漳州天地会却在张妈求率领下，冒充林爽文部下，第三次举事：

张妈求、张南、邱哇均籍隶漳浦县，住居沿海眉田社，素与附近匪徒方开山、何体、张令、张莪、张柱、张养等凶恶无赖，平居各结天地会匪，日以赌骗抢劫为事，横行里中，乡民受害已非一日。乾隆五十二年十一月十六日，张妈求等赴黄峰墟场，在何体家内，各道贫难，零星抢夺，无济用度，商量多纠伙党，抢劫铺户。张妈求并起意与张南、邱哇三人计议，不如抢劫县城仓库，更可多得钱财。有了银米，散给于人，伙党益众，可以起事，即官兵查拿，亦可率众抵御。如不能踞城，即抢夺商船逃往台湾，去投林爽文自

[1]《清宫宫中档奏折台湾史料》第九册，“乾隆五十二年二月二十一日，两广总督孙士毅、广东巡抚图萨布奏折”，页 111 上。

必收留。……张妈求因记得三十三年本县杜浔人卢茂谋叛时，曾用顺天当事旗号，又闻得林爽文自称顺天将军，随制造红绸方令旗一面，半角小令旗六面。知方开山素能刻字，随令刊刻顺天将军四字木印盖用，假称林爽文发来，分投纠伙。

原定十二月十二夜齐赴漳浦县城外关厢举事，"讵初三、初四等日，有伙匪张从、张辖等强抢扈头地方民人陈富、林矛、陈禄等家牛猪衣物，经事主喊称报官。该犯张辖即声言：'抢取牛猪算甚么事，将来县城内仓库也俱是我们的。'事主惊骇，报知汛兵陈杰。"事情败露，提前举事，"焚抢税关、官署、盐馆、汛房并戕杀兵丁、哨捕、居民、场官子侄，及抢掠钤记、军械、银钱、衣物等"。[1]

乾隆五十三年（1788）正月初四日，福康安拿获林爽文[2]，又据林爽文口供拿获严烟。至此，一方面战争的警报得以解除；另一方面搜捕天地会的创始人和倡立地方的线索也有了重大突破。乾隆下令彻查天地会组织，以绝根株。

漳州天地会事败后，张妈求等八人被判凌迟处死、胡众江等七十九人被判斩立决，另有三十二人一同被重判，发伊犁给察哈尔及驻防满兵为奴。在台湾的严烟、漳州的郑继等天地会骨干人

[1]《清宫宫中档奏折台湾史料》第十册，"乾隆五十三年正月十二日，闽浙总督李侍尧奏折"，页195上—197上。

[2]《清宫宫中档奏折台湾史料》第十册，"乾隆五十三年正月初四日，将军福康安、海兰察、鄂辉奏折"，页170上。

员也相继被清政府判凌迟处死。此后台湾民变中还有人打着天地会的旗号举事，而漳州天地会则从此销声匿迹。

纵观清政府在林爽文战争期间对漳州天地会的控制措施，不得不佩服乾隆皇帝的远见卓识。从常青、孙士毅、李侍尧接连不断、毫无进展的奏报中，即便是作为已知结果的读者，都会觉得天地会虚无缥缈。但乾隆听取了闽浙总督李侍尧的建议，在林爽文战争期间，果断地停止了对天地会的大范围追剿。如果清政府一方面在台湾与漳州移民作战，一方面在漳州大范围的抓人，很可能引发漳州民众激变。因为秘密社会组织遍布漳州，强大的政府压力下，人人自危，揭竿而起，恐怕是民众自保的唯一选择。何况漳州民众本就不怕械斗："漳民喜争斗，虽细故多有纠乡族持械相向者。"[1]张妈求聚众冒充林爽文部下举事[2]，充分证明了乾隆这一决策的英明。清政府的措施，让天地会核心成员从众多会员中剥离出来，也使大多数良民得以安生，有效地稳定了漳州的社会秩序。

三、补齐漳州粮食缺口

作为秘密社会组织的天地会是漳州民变的组织者和领导者。他们的一举一动都会动摇清政府在海峡两岸统治的社会基础，理

[1] 光绪《漳州府志》卷三十八“民风”，光绪三年刻本，页 8b。

[2]《清宫宫中档奏折台湾史料》第十册，“乾隆五十二年十二月十六日，闽浙总督李侍尧奏折”，页 114 上。

应是最高统帅乾隆控制漳州社会的主要对象。其实不然，梳理大量的往来谕令、奏折，不难发现，乾隆最重视的是漳州民众的粮食供应问题。当然，乾隆殚精竭虑关心的粮食问题绝不仅仅是让漳州老百姓有饭吃这么简单。

漳州农业发展的气候条件还算优越。“漳郡，连山亘其西北，大海浸其东南，故多暑少寒，有霜而无雪，树叶长青，凡花果之萌长华实，皆先于北地。秋季尚暖，腊月不衣皮服，贫民单衣薄褐亦可卒岁。”最主要的农业灾害是夏秋多台风，“凡台作必大水，低田不收，行舡者尤苦之。”[1]当然，台风是一把双刃剑，狂风暴雨，也会让干旱的土地得到滋润。但漳州山地多，耕地面积狭小，土壤大多比较贫瘠，则是制约其农业发展的瓶颈。“闽土田素称下下，而漳以海隅，介居闽粤，依山陟阜，林麓荒焉。杂以海壖斥卤，隙间流潦，决塞无常，称平野可田着，十之二三而已。”[2]可谓“有可耕之人，无可耕之田”，因此粮食常常不能自给。“田岁两熟，终岁农最勤。郭外之田亩数石则粪之。其山陬地寒，冬聚草覆以泥，状如墩，以火焚之，谓之灼田。禾方盛，溉以水，其泥烂莠，则苗殖也。故曰：‘闽之属火耕水耨’。生齿日繁，民不足于食，仰给他州。又地滨海，舟楫通焉。商得其利而农渐弛。俗多种甘蔗、烟草，获利尤多，然亦末食而非本计也。”[3]

---

[1] 光绪《漳州府志》卷三十八“民风”，清光绪三年刻本，页32a。

[2] 光绪《漳州府志》卷十四“赋役”，清光绪三年刻本，页1a。

[3] 光绪《漳州府志》卷八“民风”，清光绪三年刻本，页3b。

俗称粮仓的台湾内属后，自然成为漳、泉两府稻米的主要供给区。乾隆五十二年（1787）二月十五日，据福建按察使李永祺奏报："查内地各州县地方均极宁谧，雨水调匀，二麦结穗坚好，园蔬杂粮亦俱茂盛。惟漳、泉二郡山多田少，所产米粮番薯不敷民食，向藉台米接济，近因商贩稀少，市价稍昂。"林爽文战争以及政府军对往来台湾大船的盘查惊扰，导致台米无法接济，粮价上涨。为了稳定漳、泉社会，平抑物价，李永祺一方面"于署藩司任内，节经札饬各属，劝谕有谷之家碾米粜卖，毋使囤积居奇"，另一方面"出示招商赴延平、建宁等属买运，以济民食。"[1]这样的措施，只是应急之策，没法从根本上解决问题。原因有三：

其一，漳州非产米区，有谷之家存米应该不多。

其二，延平和建宁两府虽然为福建省产粮较多之区，但毕竟是闽北山区，产量有限。况且通常此两府之稻米，沿闽江漂流而下，主要供给福州府。

其三，台湾林爽文战争爆发之初，乾隆低估了林爽文及其部下的作战能力，拒绝从外省补给军力。因此，无论是军人还是粮饷主要由福建省内接应。如乾隆五十二年（1787）二月李侍尧奏称："今内地所宜接应者，口粮最为紧要，臣询常青、徐嗣曾已饬各州县碾米四万五千石，分贮厦门、泉州等处，现在尚未解到。

[1]《清宫宫中档奏折台湾史料》第九册，"乾隆五十二年二月十五日，福建按察使李永祺奏折"，页100下—101上。

臣一面严催，以备陆续应用，不致有误。”[1]四月十六又奏：“先据台湾道府等禀称，鹿仔港一带，难民咸来避匿，不下十万余人，请拨米十万石，银十万两，照灾赈例赈恤等因。……臣再四筹划，查闽地民人向食番薯，其切片成干者，一觔可抵数觔，加米煮粥，即可度日。随饬司道先在泉州采买一万觔，拨米二千石，委员运解鹿仔港交与地方官。务查实在贫难男妇，照依灾赈粥厂之例，设厂煮粥散食。仍在于上游延、建一带产有番薯地方，再采买数万觔，酌配米石，陆续运往接济。”[2]而乾隆五十一年（1786）福建通省存仓缺谷二十七万余石。[3]有限的存粮，主要供给台湾前线，无暇顾及漳、泉后方。

其四，战争消息在漳、泉二州四处传播，民众难免恐慌。“细访漳泉一带人情，亦皆安静，大概街谈巷议，风传台事，不过好说新闻，尚无煽谣等弊”。[4]表面看似平静，其实暗流涌动。因此，漳、泉粮价上涨，在所难免：

闽省自入春以来连得透雨，今自三月初一日起，晴霁应

---

[1]《清宫宫中档奏折台湾史料》第九册，“乾隆五十二年二月十九日，闽浙总督李侍尧奏折”，页108上—下。

[2]《清宫宫中档奏折台湾史料》第九册，“乾隆五十二年四月十六日，闽浙总督李侍尧奏折”，页181下。

[3]《清宫宫中档奏折台湾史料》第九册，“乾隆五十二年三月二十八日，闽浙总督李侍尧奏折”，页151上。

[4]《清宫宫中档奏折台湾史料》第九册，“乾隆五十二年二月十九日，闽浙总督李侍尧奏折”，页108下。

时，正当二麦结实之候，大有裨益，可望有秋。民间所留种早禾田亩，高下田水充足，现俱翻犁布种。园蔬杂粮亦皆畅茂。漳州、泉州二府，米价虽未能即时平减，但各属俱设厂平粜，兼之麦秋在即，民食无虞拮据。现在地方宁谧，民情安帖，均可仰慰圣怀。[1]

可见漳州上半年粮价上涨，并非旱、涝歉收，而是战争所致。粮价上涨，漳、泉社会问题迭起。“至漳泉一带，现在情形，不特洋面盗案频闻，而台湾到米日少，粮价骤贵，人情轻慓，已有结伙抢劫械斗之案。”[2]面对如此困境，政府不得不出手赈济，甚至不惜动用军糈。

漳泉一带，田少人多，所出米谷不敷民食，本年麦收虽好，而种麦之区不过十之一二，全赖台湾米谷贩运接济。近因台湾剿匪尚未竣事，商贩米石渐少，泉州所属米价虽未平减，民间尚不至拮据。而漳州府属市价骤增，龙溪、漳浦二县尤为昂贵。该处地方近海洋，民食向资外贩而骤有食贵之虞，即坐待秋收，亦尚需时日。若不亟为调剂，恐日渐加增，民力益难支持，自应照例平粜，以济民食而贴与情。臣

[1]《清宫宫中档奏折台湾史料》第九册，“乾隆五十二年三月二十九日，万钟杰奏折”，页115下。

[2]《清宫宫中档奏折台湾史料》第九册，“乾隆五十二年四月十六日，闽浙总督李侍尧奏折”，页180下。

随飞饬司道在于军需米石内拨米五千石，迅速委员分运龙溪、漳浦，减价平粜，仍一面转饬漳州府动碾仓榖，陆续接济该处。得有此项米石，民情便可安贴。[1]

随着战争的进一步发展，仅从福建调米石，既不能满足台湾前线的需要，也没法平抑漳泉二府的粮价。因此，乾隆下令从福建省外调米，范围涉及浙江、江苏、江西、湖南、湖北和四川诸省。当然，内地之米运至漳、泉，还需时日，加之夏季干旱，漳州粮价至五十二年十、十一月[2]仍然昂贵。据李侍尧奏称：

今漳州自五六月以来，雨泽稀少，间有阵雨，旋即晴干，是以不能插莳者，几十之六七，间有泉水可灌之地，栽插禾苗，而晴干既久，泉水不敷，复多枯萎。其余薯芋杂粮，亦结实瘦小，不能饱绽，兼以台湾并无米谷贩入，是以米粮益少。当此秋收之候，正漳泉缺粮之时，市价自九月中逐渐加增。现在中米价值，漳属每石三两三钱，合制钱三千三百文；泉属每石三两一钱，合制钱三千一百文。若照定例量减三钱，仍属过昂，小民买食维艰，应大加酌减。漳

[1]《清宫宫中档奏折台湾史料》第九册，“乾隆五十二年四月二十六日，闽浙总督李侍尧奏折”，页 193 上。

[2]《清宫宫中档奏折台湾史料》第九册，“乾隆五十二年十一月初六日，福建布政使觉罗伍拉纳奏折”，页 709 上。

> 属每升制钱二十八文，泉属每升制钱二十六文。谨一面具奏，一面饬司分拨米石，运往该二府平粜。约计今冬粜至来年青黄不接之时，需米三十万石可以敷用。[1]

其实，从浙江、江苏和江西等地所调之米约计一百数十万石，使军糈民食均为充裕，何以乾隆还要耗费巨大人力、物力，从两湖和四川调米呢？难道乾隆自己不知道漳州、泉州和台湾三府的粮食总需求量，无视“千里不运粮，百里不运草”的空间经济规律而做的错误决策？非也。远调川米，是乾隆为了稳定闽省人心、摧垮林爽文之部的心理防线而实施的心理战术：“李侍尧接奉此旨，不妨将现在又于江南、川省运米数十万石前来接济之处，先令闽人知之，俾军民口食有资，市价不致踊贵，方为妥善。”[2]李侍尧更是直言：“是米之在漳、泉，固所以绥靖地方；而米之到台湾，尤足散贼党而省兵力。”[3]

清政府在平抑粮价的同时，乾隆还下旨对当年漳、泉二府应纳钱粮予以缓征：“至漳泉二府钱粮，其已经完纳者，自未便再行给还，且恐徒为州县吏胥等肥橐。若尚未征齐，即可一面传旨出

---

[1]《清宫宫中档奏折台湾史料》第九册，“乾隆五十二年十月十一日，闽浙总督李侍尧奏折”，页623上—下。

[2]《清宫宫中档奏折台湾史料》第九册，“乾隆五十二年六月二十八日，两江总督李世杰、江苏巡抚闵鄂元奏折”，页288上。

[3]《清宫宫中档奏折台湾史料》第九册，“乾隆五十二年八月初二日，闽浙总督李侍尧奏折”，页380下。

示缓征，一面据实复奏。”[1]漳、泉二府奉旨缓征共银二十七万余两。[2]其实，战争期间，台运米石并未完全停止，只是其数量之少，已非平日可比。据李侍尧奏：“查台湾自贼扰以来，专贩米谷之商船日渐减少，惟运送兵丁粮饷到台之船回棹时，有附载米谷内渡者。六、七月间，每旬或数百石，至一、二千石。八、九月以来，海多风暴，回船本少。近日始有陆续回来，每船不过带米数十石，均系船户自买食米。其自北淡水回者，尚间有数十石、百余石不等。”[1]

和平时期，台湾海峡移民的迁移方向与稻米的运输方向恰恰相反，移民往台湾去，稻米向大陆来。战争时期，移民自然不会前往台湾，但漳泉二府的稻米却一日不可或缺，因此为了稳定漳、泉二州社会，清政府紧急从福建省内外调拨粮食，并缓征其乾隆五十二年（1787）的钱粮，以平抑物价。从粮食补给效果来看，漳、泉二府虽然没有爆发大规模的社会骚乱，但米价依然昂贵，漳州的秘密社会组织的活动并未敛迹，可见其效果并非乾隆想象得那么完美。但从乾隆到李侍尧、福康安，利用漳、泉二府与台湾府民众之间乡族关系，都把大规模调粮调兵作为一种威慑

[1]《清宫宫中档奏折台湾史料》第九册，“乾隆五十二年七月二十五日，闽浙总督李侍尧奏折”，页364上。

[2]《清宫宫中档奏折台湾史料》第九册，“乾隆五十二年九月十九日，闽浙总督李侍尧奏折”，页557上。

[1]《清宫宫中档奏折台湾史料》第九册，“乾隆五十二年十一月初五日，闽浙总督李侍尧、徐嗣曾奏折”，页696下。

战略，成功地加以应用，其手段可谓高明。

四、提防漳州军人哗变

“远水解不了近渴”。林爽文战争爆发之初，清政府的所有兵力都来自福建省内。因为在乾隆看来，林爽文顶多是又一个朱一贵而已，成不了大气候，所以，乾隆不仅对常青调用外省兵力和驻防满兵的请求嗤之以鼻[1]，甚至对福建陆路提督任承恩欲前往台湾大为光火：

> 看来伊等办理此事，俱不免张惶失措。此等奸民纠众滋事，不过么髍乌合。上年台湾即有漳、泉两处匪徒纠集械斗，滋扰村庄等案，一经黄仕简带兵前往督办，立即扑灭，将首伙各犯歼戮净尽。今林爽文等结党横行，情事相等。台地设有重兵，该镇道等，业经会同剿捕。黄仕简籍隶本省，现任水师提督，素有名望，现已带兵渡台。该提督到彼，匪党自必望风溃散。即使该提督病后精神照料未能周到，亦止可于内地添派能事总兵一员，多带兵丁前往，协剿帮办。而漳泉为沿海要地，其镇将不可轻易调遣，乃任承恩竟欲亲往，岂有水陆两提督俱远渡重洋，置内地于不顾、办一匪类

[1]《清宫宫中档奏折台湾史料》第九册，“乾隆五十二年正月十四日，浙江巡抚觉罗琅玕奏折”，页 56 上。

之理。至所称简派钦差督办，更不成话。督抚提镇俱应绥靖地方，设一遇匪徒滋事，辄请钦派大臣督办，又安用伊等为耶？从前康熙年间，台匪朱一贵滋扰一案，全台俱已被陷，维时止系水师提督施世骠带兵渡台进剿，总督满保驻扎厦门调度，不及一月，即已收复蒇功，伊等岂竟未闻乎？看来常青未经历练，遇事不能镇定。任承恩竟系年轻不晓事体，而黄仕简尚能办事，于此案亦不免稍涉矜张。[1]

然而，林爽文战争的规模和残酷远在乾隆想象之外。乾隆拒绝从外省调兵，常青只好在福建省内挖掘潜力。虽然福建和广东因拥有水、陆两个兵种，是全国存营兵丁数量最多的两个省，但福建兵力总归有限，这样就面临着调不调漳、泉二州，尤其是漳州兵力的问题，因“台湾逆匪祖籍多系漳人”。[2]关于乾隆朝前后漳州府的兵制，据嘉庆《漳州府志》载：

先是海氛弗靖，陆以漳州为中路，以漳浦、海澄为左右路，设三镇总兵官。水则以海澄、铜山，迭置游击、副将、提督、总兵官。营制随时更易，兵额增减俱未有定。自台湾设郡，海外一家，驻防官兵划然归一。移漳浦陆路总兵官于

[1]《清宫宫中档奏折台湾史料》第九册，“乾隆五十二年正月十三日，闽浙总督常青奏折”，页47下—48上。

[2]《清宫宫中档奏折台湾史料》第九册，“乾隆五十二年正月初六日，福建漳州镇总兵官常泰奏折”，页35上。

> 漳州，分镇标中、左、右三营官兵驻防。南靖、龙岩、平和、宁洋四县分城守营官兵驻防。龙溪各汛，长泰、漳平二县而所辖漳浦海澄、诏安、云霄又各为一营，分守其地。若同安营则泉属而兼辖于漳者也。水师则驻提督于厦门，移厦门镇于南澳，以左营为福营，若右营则隶广东而并辖于南澳者也。裁铜山镇协定为一营。若龙溪、海澄、镇海各水师，则厦门提标、金门镇标之分防于漳者也。[1]

漳州镇是福建绿营陆路提督节制的四镇之一，而南澳镇左营，则是福建水师提督节制的三镇之一，因此有人称："福建为东南要地，水陆官兵倍于他省。以漳州为沿海要地，倍与他州。"[2]不无道理。

台湾战争期间先后担任闽浙总督的常青、李侍尧、乾隆钦点的将军福康安以及乾隆皇帝等，他们所处地位不同，面临的具体问题不同，因此对是否以及怎样调用漳州军人，其选择各有不同。

首先关注常青。林爽文战争爆发之前，常青刚刚办完台湾杨妈世、杨光勋械斗案和漳州陈荐抢劫案，因此常青对台湾海峡两岸的社会状况以及民风民俗了然于胸。因此当常青得知林爽文系漳州人时，第一时间就对漳州民众进行监控："漳泉一带，民俗刁悍，且台湾逆匪林爽文等又系漳人，尤不可不严加防范。臣现在

[1] 光绪《漳州府志》卷二十三《兵纪》，清光绪三年刻本，页 29b—30a。
[2] 光绪《漳州府志》卷二十三《兵纪》，清光绪三年刻本，页 29a。

督饬地方文武，密加体察。”[1]因此在福建各地征兵，常青俱酌量选拨，但对漳州之兵，“并未调派，示其不动声色。”[2]

至乾隆五十二年（1787）六月，仅靠福建兵力，林爽文战争已打了半年以上，眼见力不能支。据李侍尧奏称：“现在贼势，昨见蓝元枚奏称：‘彰化北门外遇贼七八千，普吉保在快官庄遇贼二三千，守备张奉廷在大肚溪亦遇贼千余。’今又接恒瑞札称：‘府城外来抗之贼，实有万余，而埋伏在各庄者更不计其数。’又该道府禀称，存留府城之兵，因水土不服，病者千余。是目下南北两路俱有贼多兵少之势。今不从贼之庄已被残破，所存祇府城、诸罗、鹿港数处，所关非细。惟有仰皇上添派大兵，用全力痛加歼除，庶可及早蒇事。”但缓不济急，不得不在福建省内挖掘潜力，调用漳州兵力：

> 查闽兵存营无几，未便再调。惟漳州镇有兵四千，上年因林爽文贼伙多系漳人，是以独未调用。虽漳兵素称强劲，然以派往蓝元枚处，俾漳人统漳兵，或未必不得力，而以之派往常青处，臣亦不敢放心。况贼既鸱张，漳州声息相通。臣现在风闻，有逆首林爽文密遣人来内地勾结会匪之说……

[1]《清宫宫中档奏折台湾史料》第九册，“乾隆五十一年十二月二十二日，闽浙总督常青奏折”，页7上。

[2]《清宫宫中档奏折台湾史料》第九册，“乾隆五十二年正月十二日，闽浙总督常青奏折”，页43下。

是漳属一带亦不可不预为防范。[1]

虽然李侍尧初来乍到，但对漳州人与台湾“贼匪”可能内外“勾结”很是忌惮。因此，采取了极为讨巧的措施，即让漳州将领蓝元枚带领漳州兵去打漳州移民中的匪党。与常青不同，李侍尧至乾隆五十二年（1787）八月，已经认识到“泉漳久分气类”，并加以利用。

> 闽省惟泉漳二府民皆好勇尚气，情愿入伍者多，且调发赴台亦最近便，自应于此二府多行招募。但臣细加体访漳州民情，究不可信。缘泉漳久分气类。现在逆匪林爽文、庄大田等俱系漳籍，是以台地漳人多为贼所诱胁，而拒贼者皆系泉人。内地声息相通，泉民闻募兵杀漳人，尚俱踊跃。若募漳人往剿，势必不能得力，且漳人入伍，难保无会匪混入其中（朱批：所虑是然，不可露形迹），而既令食粮，将来事定后，或须量为裁减，更有难于办理之处。臣通盘计算，与其多募漳兵，不如多募泉兵（朱批：好）。是以臣所募兵内，漳州所属，仅照蓝元枚所指营分，共募兵一千，其余多在泉州及金门、厦门等处招募（朱批：妥当），此臣办理情形也。[2]

[1]《清宫宫中档奏折台湾史料》第九册，“乾隆五十二年六月十一日，闽浙总督李侍尧奏折”，页271下—272上。

[2]《清宫宫中档奏折台湾史料》第九册，“乾隆五十二年八月十二日，闽浙总督李侍尧奏折”，页423上—下。

从中不难看出，乾隆对李侍尧细分泉州人和漳州人，并利用漳、泉之间嫌隙的手段甚是满意。

从北京赶往台湾的福康安，有特权沿途率先阅读乾隆谕旨和李侍尧奏折，故对漳州人与泉州人之间的嫌隙了如指掌，因此，也充分地加以利用：

> 再查泉州民人素与漳人有隙。凡系居住台湾之泉人，多有充当义民者，杀贼保庄，倍加勇往，贼匪不敢轻犯。因思泉州地方风俗剽悍，向有械斗滋事之案。若此时召集泉州乡勇，既可随同剿贼，又可安戢地方。臣于到闽时，先遣妥人密办。及行过泉州，即有乡勇多人恳请随征进剿。观其情辞恳切，当经面加抚谕，饬委同安县知县单瑞龙、教谕郭廷筠拣选身家殷实之人，互相保结，准其前往。一时报名投效者络绎不绝，臣于此内择其精壮者二千四百余名，商同李侍尧酌赏安家口食银两，令其随往。又恐内地漳人闻知疑虑，复遣妥弁召集漳州乡勇百余名，以泯形迹。[1]

可见，随着台湾兵力需求的增加，被提防的兵丁人群范围逐渐在缩小，由泉漳人，逐渐缩小到漳州人，再缩小到漳州的个别

[1]《清宫宫中档奏折台湾史料》第九册，“乾隆五十二年十月二十四日，将军福康安奏折”，页668上—下。

县人。在此期间，漳州兵丁经历了从被隔离到逐步介入的过程，但始终都未作为被信任的兵力参与林爽文战争。

与前线担任总指挥的诸位总督、将军不同，乾隆皇帝是这场战争的最终决策者，因此他对待漳州人的态度就与前者不同。无论是乾隆不太认可的常青，还是乾隆极为信任的李侍尧，再到乾隆非常倚重的福康安，任凭他们怎么认真做事，但眼光和行为，顶多是一个“职业经理人”的角色。因此他们本着能打胜仗就成的原则行事，不大在乎有多少无辜平民蒙冤或充当炮灰。乾隆则不同，他是一“家”之长，因此在许多决策中，都体现了一个家长应该照顾到的方方面面。譬如当常青防漳州人如防洪水猛兽，草木皆兵时，乾隆皇帝则要求常青对漳州人“惟有视其顺逆，分别诛赏。断不存歧视之见，少露形迹，以致漳民疑惧”。[1]并指示李侍尧在募兵时：“应于酌补十分之二三之外，就漳泉两处再募补二千名，使游手无籍之徒得食钱粮，既不至为匪。而闽人素称犷悍，收入戎伍，及时训练，更可得巡防调遣之用。”[2]其实，漳州人也是福建人，因此，外地来的官兵因林爽文事件而对福建人心存偏见的，估计不在少数。乾隆作为少数民族出身的皇帝，对此要比一般将领体会得更为深刻。因此及时提醒福康安，做好团结工作：“其闽省本地兵丁，自不能如川黔兵丁之得力，但现在台

[1]《清宫宫中档奏折台湾史料》第九册，“乾隆五十二年正月十五日，闽浙总督常青奏折”，页60下。

[2]《清宫宫中档奏折台湾史料》第九册，“乾隆五十二年七月十一日，闽浙总督李侍尧奏折”，页314下。

湾统兵大员内，如蔡攀龙等即籍隶闽省，其余偏俾千把，籍隶本省者谅复不少。福康安仍当加以训勉鼓励，于闽省兵丁中，视其出力者，鼓励数人，以作其气，而收其用。不可稍存歧视也。”[1]

乾隆顾全大局的态度，同样体现在如何使用蓝元枚这件事上。蓝元枚，字简侯，漳州府漳浦县湖西人，畲族，提督蓝廷珍孙。因其是漳州人，李侍尧就把最难啃的一块骨头推给了他，让蓝元枚带领漳州兵去台湾攻打漳州移民林爽文及其部下。客观地讲，因两岸同源同脉，且联系紧密，林爽文的部下中一定有蓝元枚认识的乡亲。如蓝元枚在台湾带兵作战时，就有蓝氏族人来投诚："伊族人蓝启能七十余人，由彰化县小路投出，现在分别安插，其有熟谙路径者，即令随营征剿。”[2]好在蓝元枚头脑清醒，是非分明：

> 漳镇兵内平和、漳浦二营，难保无会匪在内。其诏安、云霄二营兵最为勇健得用。镇标中右二营及城守同安二营，亦俱可得力，保无他虞。倘得此等兵五千，不独可以御贼，即相机进剿似亦不难。[3]

---

[1]《清宫宫中档奏折台湾史料》第九册，“乾隆五十二年十月二十八日，将军福康安奏折”，页 685 上。

[2]《清宫宫中档奏折台湾史料》第九册，“乾隆五十二年八月十六日，阿桂奏折”，页 447 上。

[3]《清宫宫中档奏折台湾史料》第九册，“乾隆五十二年七月初五日，闽浙总督李侍尧奏折”，页 302 下。

知根知底的蓝元枚对漳州人进行了更为细致地区分，因此，即便是对故乡漳浦县军人也不避讳。蓝元枚因受祖父蓝廷珍战功卓著的影响，乾隆让他接替水师提督黄仕简，并赐孔雀花翎，授参赞，寄予厚望：“廷珍平朱一贵，七日而事定。元枚当效法其祖，毋负委任。”[1]后来，蓝元枚因连日作战，于乾隆五十二年（1787）八月十八日，患病身故，乾隆闻知后感叹：“殊为轸惜！”[2]可见，乾隆并没有因为蓝元枚是漳州人而对其心存疑虑。

台湾林爽文战争期间，作为作战主力的闽兵，因没有及时取得战争胜利，被人诟病甚多，实属正常。李侍尧就说：“潮州、碣石二镇兵既较闽兵精锐。”[3]战争中期，朝野上下就称闽兵“将怯而卒惰”。有人甚至怀疑海峡两岸闽人暗中勾结：“前后调往官兵虽已不少，然其中如福建本省兵丁竟难深信。即如该提镇等遇贼打仗，屡报多兵不知下落，此项兵丁岂尽死伤逃亡，未必不因与贼同乡，遂尔附从。”[4]因此常青、李侍尧和福康安对漳州军人信任不过，甚至暗中监视，是职业军人的分内之事。其中的原因有

---

[1]《清史稿》卷三百二十八“蓝元枚传”，北京：中华书局，1977年，页10896。

[2]《清宫宫中档奏折台湾史料》第九册，“乾隆五十二年九月十六日，阿桂奏折”，页544下。

[3]《清宫宫中档奏折台湾史料》第九册，“乾隆五十二年三月初十日，闽浙总督李侍尧奏折”，页132上。

[4]《清宫宫中档奏折台湾史料》第九册，“乾隆五十二年九月初二日，阿桂奏折”，页500上。

三，其一，因为从乾隆到总督，之前他们从没有打过这样纠结的战争：一方面移民迁出区与迁入区同源同脉，声气相通，另一方面两岸却互为敌我；其二，福建人浓厚的乡族团结意识，很让人怀疑他们之间会暗中互通声气，互相帮助；其三，满族作为统治者，其对汉人的不信任，始终是一个抹不去的阴影。譬如，乾隆根深蒂固地认为，只有驻防满兵才是坐镇汉人地方的中坚。因此无论是闽浙总督还是两广总督，谁要调动旗兵，都被乾隆以“坐镇省垣恒瑞旗兵更不宜轻动”[1]等理由拒绝。同时，考虑到战后必有大批林爽文部下的漳州人过境福建，乾隆便晓谕李侍尧，“将来拿获台湾匪犯，多系漳州人，解送内地必由厦门经过，不可无满兵弹压，着李侍尧派调闽省驻防满兵一千名，以示威重。”[2]

五、拘讯漳州海上贸易商人

林爽文事件发生后，闽浙总督常青给乾隆上的第一份奏折中，便把沿海各港口的控制提上重要议事日程，即一面调集水陆大军赴台作战，“一面通饬沿海营县严密防范，并咨广东、浙江等省督、抚各臣，于海口要隘一体严查，不使匪徒得以窜逸。”[3]

---

[1]《清宫宫中档奏折台湾史料》第九册，“乾隆五十二年正月十三日，闽浙总督常青奏折”，页49上。

[2]《清宫宫中档奏折台湾史料》第九册，“乾隆五十二年十月初四日，闽浙总督李侍尧奏折”，页602上。

[3]《清宫宫中档奏折台湾史料》第八册，“乾隆五十一年十二月十二日，闽浙总督常青奏折”，页730上。

林爽文事件后，在乾隆看来，内地社会的稳定远比外洋事务重要："常青、任承恩现住蚶江一带，着严饬沿海口岸地方文武员弁，实力巡防，如有窜逸余匪，即行擒获审办，最为要紧。常青、徐嗣曾等总须不动声色，妥协办理，若因外洋遇有此等案件，该督抚等纷纷调遣，迹涉张皇，转致内地民人心生疑骇，殊有关系，该督抚不可不处以镇定也。"[1]因此无论是战争一线的福建省，还是负责协防的广东省和浙江省，都把严查口岸作为要务去办。

如此以来，往来各口岸贸易的商人首当其冲。据李侍尧奏称："臣但当静以镇之，不露形迹，而密以稽查口岸为要务。台湾远隔大洋，非小船可渡。向来人民俱附商船及大渡船来往。今但于此等船严加查察，自不使有匪徒一名阑入。臣已严饬各口岸员弁，实力稽查，仍不时察其勤惰，勿使稍懈。"[2]对大船的严格检查，导致远洋贸易受到极大干扰。福建如此对待海商，广东也不例外，据孙士毅奏称："粤省沿海文武员弁，臣早密令防范搜捕。现复饬加紧巡查，如有窜入或诡称商贾抵岸，立即究明拏解，毋使一名漏网，以净余孽而绝根株。"[3]

[1]《清宫宫中档奏折台湾史料》第九册，"乾隆五十二年正月十二日，闽浙总督常青奏折"，页42上—下。

[2]《清宫宫中档奏折台湾史料》第九册，"乾隆五十二年二月十九日，闽浙总督李侍尧奏折"，页108下。

[3]《清宫宫中档奏折台湾史料》第九册，"乾隆五十二年正月二十一日，两广总督孙士毅奏折"，页66下。

严苛的海口盘查，动辄拘捕，乃至栽赃诬陷，使众多渔民商人望而却步，贸易因此终止，海口海盗案件频发。事情之严重，已到了要乾隆出面制止的地步：

> 闽省百姓，捕鱼为业者甚多，或载赴江浙一带海口贩卖。本年台湾逆匪滋事，该处耕种已稀，若渔船不能照常出洋，小民更致失业。着传谕该督即行查明，如有因贼氛未靖，不敢出口捕鱼贩卖，应饬沿海口岸文武员弁，明白晓谕，仍令照常谋生，毋令失业。仍宜细查台湾逆匪逃亡混入内地者耳，不可因噎废食。将此遇报便各传谕知之。钦此！[1]

渔民如此，被重点盘查的海商之境遇由台湾粮食无法运进漳、泉就可知一斑。另外，因大量从长江流域调运粮饷，强行征用商、渔船，是商业衰败的另外一个原因。上谕："运闽米石，止需源源接运，若将川省湖广船只押雇，恐有累商民。况江浙等省，全赖川米接济，商贩无船装载，于民食大有关系。敕令设法妥办，毋庸概行封雇等因。钦此！"[2]

尽管有乾隆皇帝的圣旨在，但漳、泉州商民仍然是各级政府

[1]《清宫宫中档奏折台湾史料》第九册，"乾隆五十二年七月初五日，福建漳州镇总兵官常泰奏折"，页 306 下。

[2]《清宫宫中档奏折台湾史料》第九册，"乾隆五十二年八月初六日，闽浙总督李侍尧奏折"，页 388 下。

重点盘查和控制的对象。其中不乏下南洋谋生的漳州人。据孙士毅等奏称：

> 又据惠来县地方盘获陈孟琴等七名，潮阳县地方盘获林海瑞等二十九名，均系福建漳州府属漳浦、龙溪、南靖等县人氏。虽讯据坚供俱系上年十一月及十二月在福建厦门出口，欲赴西洋唝嘛所属之噶喇吧地方谋生，因遭风驶船至粤，并不知有为匪结会情事。但正值台逆滋事之时，该犯等胆敢纠约多人偷越出口，形迹可疑，不能保无不法情事，未便仅据一面之词，从轻完结。臣亦密咨闽省存记，统俟事定后，彼此查明知会，再行分别办理。[1]

按历史惯例，无论是民船、商船还是兵船，被风漂泊入境，皆由当地政府出面，为他们疗伤治病，修补破损船只，并提供食物和淡水，等天气晴好时护送出境。同样是被风之人，漳州下南洋的民众，则成为被两广总督及其下属控制的对象。即便到了远离台湾海峡的渤海岸边，漳州商人仍是被拘讯的对象。如漳州府龙溪县郑锦兴，驾驶一艘糖船，于乾隆五十二年（1787）六月二十四日抵达天津，因其船照内登记的水手赵荣与通缉台匪赵荣的名字相同，被天津知县查获。据赵荣供称：

[1]《清宫宫中档奏折台湾史料》第九册，"乾隆五十二年二月二十一日，两广总督孙士毅、广东巡抚图萨布奏折"，页 111 下—112 上。

> 伊名欧阳焕，年五十四岁，福建龙溪县人，在城内东隅巷居住。此船本系郑锦兴与吴保合造，郑锦兴故后，即交与吴保管理，吴保旋亦物故，始交与伊侄吴拱驾驶，现在船户即系吴拱。伊在船已二十余年，到过天津十八次，天津行铺人等亦俱认识，伊实系欧阳焕，并非赵荣。至船照水手赵荣之名，系当日郑锦兴所报，因与伊年岁相仿，是以令其顶名以备过关进口点验。伊家中现有母林氏，并妻子可以查询质之，接充郑锦兴船户之吴拱亦相符。

直隶总督刘峩对欧阳焕审问后认为："似非咨缉案内之赵荣"，尽管有"天津行铺人等情愿代为具结"，仍以为赵荣所供"究系一面之词，实难凭信"，飞咨李侍尧于福建省内查覆。此案件中一同被捕的，还有案情类似的漳州府海澄县商人金得胜。[1]乾隆看到刘峩的奏折后，大为光火，痛斥道：

> 实属不成事体。台湾与天津远隔数省，即有逸匪，岂遂能逃匿该处勾结为匪之理？且船户等俱系身家殷实，天津行户皆为出结，更属可信。刘峩不顾事理轻重，率行拘讯，将来各海口商人闻风畏惧，裹足不前，成何事体？现已降旨将

[1]《清宫宫中档奏折台湾史料》第九册，"乾隆五十二年七月十七日，直隶总督刘峩奏折"，页325上—326下。

该督交部严加议处。[1]

各地方大员对漳州商人乃至福建商人率行拘讯，固然有常青咨会沿海各地，严密堵缉台匪逸犯在先，但也与两广总督孙士毅、直隶总督刘峩乃至两江总督李世杰等人急功近利，私欲太强不无关系。

六、小结

乾隆朝晚期，海峡两岸政治、经济和文化已逐步走向一体化。因此当漳州府移民林爽文在台湾举事时，清政府既要在台湾岛作战，还要维持海峡西岸移民社会的稳定。从战争结果来看，乾隆皇帝及其部下对台湾战争的关联方——漳州府社会的控制应该说是成功的。控制对象有四：天地会、粮食、漳州军人和闽南海商。

对天地会的控制是一个非常棘手的问题。秘密社会组织兼有宗教组织性质，因此他们的会众常常隐身于基层社会之中，人数众多，介于贼、民之间。一旦政府的高压政策与谣言掺和在一起，人人自危，就极有可能使大多数良民变为贼匪，反之则随着会首和主要领导成员被捕，他们会主动退出会党，成为守法公

[1] 《清宫宫中档奏折台湾史料》第九册，“乾隆五十二年七月二十四日，阿桂、毕沅奏折”，页 348 下—349 上。

民。乾隆对天地会成员的控制取其后者，即战争期间只是对天地会进行秘密调查，并不激化矛盾，让那些处于摇摆观望之中的民众正常生活，战后再依律从重严惩涉事人员。清政府选择了一个适合移民社会的控制策略，从而使处于战争后方的漳州，在战争期间有了一个基本稳定的社会秩序，并没有让外洋战争殃及“沿海要地”。

手里有粮，心里不慌。饥饿会把大多数良民逼上犯罪的道路。但漳州粮食危机——战争造成的粮食市场供应不足只是问题的一个方面。因为台运粮食虽然是漳州粮食的主要供应地，但不是唯一的供应地，比如广东潮汕、江西等地，就有相当数量的粮食就转卖到漳、泉一带。故推高粮价的，很可能是民众对林爽文战争的恐慌。这种恐慌心理，除去一般战争都会造成动荡的原由外，还因为作为移民迁出区的漳州人，有很多人可能跟林爽文的部下沾亲带故，那么清政府秋后算账，难免被株连。因此，乾隆不惜成本从遥远的长江流域调运粮食，弥补漳州粮食缺口只是目的之一。最主要的目的是稳定漳州民众人心，威慑林爽文部下。

对漳州籍军人的防范，有合理的部分，也有地域偏见。漳州人浓厚的乡族互助意识，与海峡对岸民众同源同脉，一定程度上助长了地方要员的防范行为。而政府人员对漳州商人的干扰是此次战争的次生灾害，折射出地方各级官员“攻其一点，不及其余”的官僚作风，因此，乾隆对此坚决地加以制止。

海峡两岸政治、经济和文化已逐渐一体化，因此，战争期间的社会控制是一个独特的社会控制案例。常青、李侍尧和福康安等无一例外地把漳州府内生息的民众，当做一个无内部差别的乡族团体——“漳州人”，而没有当做一个个独立的个体——独立的公民。因此在控制漳州社会时，才会不分良莠，广泛怀疑，甚至不惜利用漳州人、泉州人与广府人之间的嫌隙，控制漳州社会。这样的方法无疑是有缺陷的。他们虽然也称“父母官”，但战争期间，打胜仗才是首要任务，所以很难顾及无辜百姓。乾隆则不然，国即是家，因此，这位最称职的皇帝，既能打赢外洋战争，也能适时地体恤苍生。从长时段来看，对台战争维护了国家统一，为东南沿海社会发展提供了一个稳定安全的外洋环境。

第九章

无远弗届与生番地界

——清代台湾外国漂流民的政府救助与外洋国土理念的转变

一、引言

清康熙二十二年（1683）秋，盘踞在台湾的郑氏集团归顺，台湾岛成了清政府管辖下的最大外洋岛屿。尽管历史上来自中国大陆的移民始终在台湾岛居民中所占比例最高，但在郑氏归顺之前，台湾经历了荷兰、西班牙和郑氏政权的统治，因此收复后的台湾，需要清政府在台湾建立一整套国家权力机构，可谓建章立制，教而化之。比如地方行政机构的建立、军事防御系统的构筑、行政区划制度的施行、科举考试制度的设立、财税系统的完善等等。对于从福建泉州、漳州与广东潮州、汕头等地迁居台湾西部平原地区的居民来说，这样一套制度尽管有一定适应难度，但还是可以被接受的。然而，生活在台湾岛东部的原住民，包括生番和熟番，则有一套自我管理的制度，因此，拒绝清政府强加给他们的地方行政管理系统。这样，在清政府的管辖下，台湾岛形成了建有地方行政系统的“教化之地”和尚未建章立制的“化外之地”两大政治空间。可见清政府对外洋岛屿国土的管理其实是不完整的。在大陆内部，就管理不完整或不彻底的民族区域而言，清政府通过建立类似民族自治性质的土司制度，并通过改土归流的办法，最终把这些地区整齐划一地归并在清政府的地方管理体系内。即便有类似大、小金川、苗疆等民族独立事件发生，清政府也能凭借其强大的武力征服和内部瓦解，都在短时间内平定了“叛乱”。而对于生番地区，清政府则划定土牛番界，禁止番人出、汉人进，成为法外之区。

随着大航海时代的到来，尤其是在殖民者的触角伸向中国的时候，台湾岛从传统的外洋之岛，转变为海上各种势力交汇的战略要地。清政府管辖外洋国土不够彻底的缺陷便日渐显露出来。欧美诸国及近邻日本都想利用这一制度漏洞，趁机吞并台湾，从而在西太平洋第一岛链上建立一个远东战略支点。

西北太平洋海域受季风气候和热带气旋的影响，无论是大陆、岛屿还是半岛国家的船舶，都很容易遭风，从本国漂向他国，进而成为国际性事件。台湾岛所处的位置，恰好是其北方的日本、朝鲜和琉球，西部的祖国大陆，以及南方的吕宋、越南等国的遭风船舶最易漂至的位置。清朝后期，在中国近岸航行的遭风欧美船舶也加入到这个行列。因此，梳理清政府救助外国遭风船舶和漂流民的历史有助于我们了解清政府对外国际关系转变的具体时间和影响因素。

有关台湾岛救助国际遭风船舶和漂流民的历史，汤熙勇[1]、

[1] 汤熙勇：“清代台湾外籍船难与救助”，《中国海洋发展史论文集》第七辑下册，台北：“中央”研究院中山人文社会科学研究所，1999年，页547—583。“清朝初期の中国における北朝鮮の難破船と漂流者の救済について”，《南岛史学》，2002年，第59号，页18—43。“清王朝中国におけるベトナム難破船のレスキュー方法について”，《南岛史学》，2002年，第60号，页36—56。汤熙勇、刘序枫、松浦章主编：《近世环中国海的海难资料集成：以中国、日本、朝鲜、琉球为中心》，台北：蒋经国国际学术交流基金会，1999年。

刘序枫[1]、刘迎胜[2]等先生做了大量的资料整理和分析研究工作。本章以《明清宫藏台湾档案汇编》为主，举例分析不同国家遭风船舶的主要漂流路线，影响漂流路线的风场与洋流系统，以及救助制度变化的国际背景，从而揭示清政府外洋国土管理理念的转变过程。本章以宫藏档案作为分析研究的基础材料，是因记录在案的遭风事件在绝大多数情况下要比未记录的事件更具政治意义。清宫档案清楚地记录了政府决策出台的目的、协商过程和最终执行的情况。尤其是地方官员的奏折和皇帝的朱批和谕旨，能够清晰地反映清政府与相关国家之间的关系亲疏，故而是研究清代国际关系的第一手史料。

二、朝贡时代台湾的外国漂流民

散布在太平洋上大部分有淡水的岛屿都是有人类居住的。人类的足迹能踏上这些岛屿，与早期大陆或周边岛屿居民遭风漂流不无关系。台湾也不例外，其原住民既有来自中国大陆和朝鲜半岛的，也有来自日本群岛、琉球群岛及菲律宾群岛的。至清代，

[1] 刘序枫:《清代档案中的海难史料目录（涉外篇）》，台北:“中央”研究院，2004年；刘序枫:“清代档案与环东亚海域的海难事件研究：兼论海难民遣返网络的形成”，《故宫学术季刊》，2006年，第3期，页91—126。

[2] 刘迎胜:“乾隆年间清政府处理朝鲜海难事件案例研究：看待宗藩关系的另一种视角”，载氏著《海路与陆路：中古时代东西交流研究》，北京：北京大学出版社，2011年，页126—142。

还有不少民众从这些地方遭风漂至台湾。

（一）来自吕宋岛的漂流民

台湾与菲律宾的吕宋岛之间，相隔宽度约为五百里的吕宋海峡。每年的五月到九月，盛行西南季风。这一海域又有强大的黑潮暖流及其台湾海峡分支，由南向北运行。因此，在吕宋岛北部航行的船舶一旦因遭遇强对流天气或台风而失控，便很容易向北漂流，进入台湾海峡，最终在海峡两岸停泊（见表9—1）。

表9—1　清代吕宋遭风漂至台湾的船舶及人员统计[1]

年代	放洋时间地点		漂至时间地点		搭载人数	死亡人数	资料来源
乾隆五年（1740）	六月初三	苏禄	六月二十一	凤山县岐后外海	番夷12名，中国人25名	无	乾隆五年七月十二日，巡视台湾监察御史舒辂奏折
乾隆十四年（1749）	不详	吕宋	六月二十二	淡水大溪墘	番黎共33名	无	乾隆十四年七月三十日，福建巡抚潘思榘奏折

[1] 中国第一历史档案馆、海峡两岸出版交流中心编:《明清宫藏台湾档案汇编》，北京：九州出版社，2009年。

续表

年代	放洋时间地点		漂至时间地点		搭载人数	死亡人数	资料来源
乾隆二十年（1755）	五月初十	吕宋	五月二十三	金门金龟尾	26 名	无	乾隆二十年九月十九日，福建水师提督李有用奏折
	不详	吕宋	五月二十九	厦门	20 名	无	
	二月	吕宋猫利腊洋面	五月二十七	台协中营大港口外汕	25 名	无	
	不详	吕宋	五月二十六	澎湖左营销管港汛	番人、番妇、番孩 20 名	无	

与台湾本岛周边国家相比，来自吕宋的漂流民数量是最少的，宫藏档案中总计有三份奏折涉及吕宋漂流民的救助问题，集中在乾隆朝。乾隆五年（1740）闰六月二十五，“据台湾水师副将王清报，据防守打狗汛右营把总林胜报称，本月二十一，有双舵夷船一只，飘流到汛，查系苏禄国差番目乌人皆色爹，同汉人伙长马灿，舵工廖受，配带水手番丁九名，共十二人，驾船内载遭风难民送回内地，于本年六月初三，在苏禄放洋，被风飘括，延今月余，水米俱无，布篷吹破，不堪驾驶，随风飘流，在岐后外海适遇小船，雇引到汛湾泊。”其中遭风漂到吕宋的两批人，分别是福建泉州府晋江县人和漳州府海澄县人，“把总胜查

明，该番船内系渡载晋江县商船户蔡长茂，该船户于上年十月二十一，在鹿耳门放洋，遭风飘至番界，船身击破，存活十人。又杨兴发系海澄县商船户，因往苏禄国生理，不意该船到港冲礁砧沉，存活十五人，共二十五人。”苏禄国护送中国人的主要目的是与中国进行朝贡贸易。据台湾镇总兵何勉奏折：“臣等文武公同慰劳，赏给绸布食物等项，该番目人等欣呼踊跃，口称：‘我国感沐皇恩浩荡，国王苏老丹麻喊末呵禀膀咛，因雍正四年（1726）祖父苏老丹母汉水母粒律林，曾遣番丁进贡，荷蒙先帝宠赐龙物，慰谕使臣，我国顶戴不忘。今欲仍效祖父，差丁朝贡，不敢冒昧轻进，我国王有书，令我载送众人回唐时，到水师提督海道衙门投递，恳求奏请皇上，恩准朝贡，我国不胜愿幸。’等语。”[1]

类似的事件也发生在乾隆十四年（1749）六月二十二，“据庄民贝干忠具报，有飘流番船一只，到大溪墘海中外汕泊住，另有舢仔小船一只，番人自载行李，上岸求救，随会同营汛查验，系吕宋番船，大小桅俱砍断，尾柁砍去一半，船身无破，番黎共三十三名，查其船内装载白米六七百石，大小夹板箱共十八个。其小夹板二个，一装贮番银三小布包，一装贮番银二大布包，约计二千余员。其大夹板十六个，系装贮番衣，并烟货杂项，又番铳七枝，黄牛子二只，番布三捆，宋肉脯数百斤，小猪一只，瓮二个，封固。”这艘遭风船舶，完全是以贸易为目的，在开往中

[1]《明清宫藏台湾档案汇编》第十五册，“乾隆五年七月十二日，台湾镇总兵何勉奏折”，页263—265。

国的途中遭风，漂至台湾。“又该国番备汉字书四封，上写投缴厦门水师提督、兴泉永道水师中军、厦防同知各衙门，开看拆阅，番书一封，内开：尝闻两洋虽隔，一苇相通，声闻邻国丰年缺少，米谷高价，人间困苦，各往采粜，弟思之念及连邦之爱，切备土食、生珍、白米千余石，即令使者运载，以赴国内人间贷进发粜，或价高低，以随行前，勿遗相弃，不敢不遵。上启福建分府，许察夺施行，宋国敝臣，即一示知办叩。”[1]

乾隆二十年（1755）漂到台湾的吕宋船舶是在其国内贸易的途中遭风的，而且很有可能是在同一次比较大的强对流天气中遭风的，因此分别于五月二十三至二十九，即短短的六日之内，漂至金门、厦门、台湾本岛和澎湖列岛。[2]

清初，对欲朝贡贸易并送难民回国的船只，舒辂奏：“伏思外夷趋义，自古罕闻，今苏禄国能远冒风涛，诚请入贡，并送难民，此皆世宗宪皇帝仁恩遐畅暨我皇上御极以来，盛德大业化行无外之所致也。”[3]因此，他们“遣人役送其归船，料理篷具，资给口粮”[4]，“并拨官兵防护，毋许地棍赴船骚扰，一遇风顺，立

[1]《明清宫藏台湾档案汇编》第二十九册，“乾隆十四年七月三十日，福建巡抚潘思榘奏折”，页241—242。

[2]《明清宫藏台湾档案汇编》第三十七册，“乾隆二十年九月十九日，福建水师提督李有用奏折”，页89—93。

[3]《明清宫藏台湾档案汇编》第十五册，“乾隆五年七月十二日，巡视台湾监察御史舒辂等奏折”，页258—259。

[4]《明清宫藏台湾档案汇编》第十五册，“乾隆五年七月十二日，台湾镇总兵何勉奏折”，页265。

即派配熟练舵工，与其帮驾，仍移行沿海营汛，遣拨兵船接送来厦。”[1]他们对其所带货物和朝贡贸易要求也是特别优待的：“业经督抚诸臣饬令地方官，将苏禄国来人抚绥安顿，其恳求朝贡之处，应听督抚具奏外，惟查该国来人带有花刀、玳瑁、海参、蚌壳等物，计应输税银六十余两。案查向例，凡外国船只，如系贡使，其来回所带货物，俱系免税，若贸易船只，例不宽免。今该国虽非朝贡，然亦非贸易而来，实因闻系内地难民，不惜盘费，不惮险阻，远涉风涛，遣人伴送回籍，其慕义效诚之意，自当优恤。臣仰体皇仁，援照贡使之例，谕令该口委员，免其输税，至将来回棹时，所置货物一体照贡使例宽免，并严行稽察，牙行、胥役不得稍有撞骗、需索情事，务使番人得受免税实惠，仍传谕通事人等宣示圣恩，俾该国之人咸知我皇上怀柔怙冒之至意。”[2]

在清初，不仅有泉州、漳州两地人民在吕宋往来贸易，也有不少人定居在吕宋，如乾隆二十年（1755）五月遭风的船户，“番名郎夫西，又名林伯，伊父林登在一咾吱娶番妇为妻，生林伯，闻祖籍系福建龙溪县，从未回闽，此次系遭风而来。”[3]由“译询

---

[1]《明清宫藏台湾档案汇编》第十五册，“乾隆五年七月二十五日，福建水师提督王郡奏折”，页277—278。

[2]《明清宫藏台湾档案汇编》第十五册，“乾隆五年八月二十九日，福州将军策楞奏折”，页294—296。

[3]《明清宫藏台湾档案汇编》第三十七册，“乾隆二十年九月十九日，福建水师提督李有用奏折”，页90。

番语”[1]来看，台湾也有人掌握吕宋的语言。因此两地贸易往来频繁，遭风漂流的吕宋人都是从台湾被护送到厦门，然后搭乘贸易船舶回国的。“吕宋番黎情愿在厦附搭商船返国，据值月铺户李鼎丰等复称，有龙溪船户林顺胜往贩宋腒塍，船户郭元勋往贩一咾哥，愿将番黎搭回吕宋。……俱于十二月十八日登舟，按名资给口粮，发给自买货物，挂验出口，该番黎感激皇上生全之德，莫不叩头称谢。”[2]

（二）来自朝鲜半岛的漂流民

清代从朝鲜漂至台湾的船舶，由地方官员奏报到朝廷的总计 6 起（表 9—2）。从时间上来看，主要集中在冬季风占优势的冬半年，尤其以正月居多，占到三分之二。漂流时间从数天到一个月不等。导致船舶遭风的主要因素是冬季强劲的西北风、不时爆发的冷锋天气系统，以及冬季自东北向西南流动的沿岸流。因此，遭风的部分船舶由东北向西南漂向台湾北部淡水县境内的海域。

[1]《明清宫藏台湾档案汇编》第三十七册，“乾隆二十年九月十九日，福建水师提督李有用奏折”，页 89。

[2]《明清宫藏台湾档案汇编》第三十册，“乾隆十五年正月二十六日，福建巡抚潘思榘奏折”，页 172—174。

表 9—2　清代朝鲜遭风漂至台湾的船舶及人员统计[1]

年代	放洋时间地点		漂至时间地点		搭载人数	死亡人数	语言	资料来源
乾隆十七年（1752）	正月十三	黑山岛	二月初六	淡水中港老衢崎岭下，咸水港仔海边	7	无	该难民不通汉音，内有一人能写汉字	乾隆十七年四月初九，闽浙总督喀尔吉善等奏折
乾隆二十三年（1758）	正月初三	珍岛（津岛）	正月十四	台湾淡水地方	41	无	此内有能书汉字者	乾隆二十三年四月十五，闽浙总督杨应琚奏折，福州将军新柱奏折
道光二年（1822）	九月十二	朝鲜国节罗海南岛	十月十二	淡水大安港海汕搁浅击破	9	无	该难夷等有粗晓汉字者，遂令书写	道光三年二月二十七闽浙总督赵慎畛奏折
道光十一年（1831）	正月二十二	朝鲜江京	二月十四	淡水青水外洋	9	无	船内夷人九名，音语不通，授以纸笔，该夷人自书系朝鲜国全罗道海南县居住	道光十一年五月十一，闽浙总督孙尔准奏折

[1] 据《明清宫藏台湾档案汇编》整理。

续表

年代	放洋时间地点		漂至时间地点		搭载人数	死亡人数	语言	资料来源
道光二十一年（1841）	不详	云岩	八月二十七	淡水三貂港外鼻外洋	11	无	传同琉球通事译讯，言语不通，省中召募亦无通晓夷语之人，授以纸笔，俱不能书写供词。	道光二十二年二月二十七，福建巡抚刘鸿翱奏折
同治九年（1870）	正月十八	康津九江浦	二月十六	台湾白沙墩	15	其水手佐成突1名在船饿毙	缘闽省并无通晓朝鲜国夷语之人，莫从译讯，惟该难夷内有朴春绿一名，略知汉字，授以纸笔，令其书写	同治九年四月十六闽浙总督英桂奏折

虽然闽浙总督杨应琚于乾隆二十三年（1758）上奏说："臣查朝鲜属国，臣事天朝，最为恭顺。今远飘至闽，自应优加体恤。"[1]但台湾本岛乃至整个福建，与朝鲜鲜有商业往来。这与福建和吕宋之间频繁的商业贸易形成了鲜明对照。因此，但凡漂到

[1]《明清宫藏台湾档案汇编》第四十册，"乾隆二十三年四月十五日，闽浙总督杨应琚奏折"，页439。

台湾的朝鲜籍漂流民，都无法通过翻译来了解其从何而来，好在朝鲜语中有许多汉字，六起船难中，就有五只船中有人会书写汉字。大多数遭遇船难的朝鲜人正是依靠自己书写的汉字被清政府地方官员识别出来的。乾隆二十三年（1758）四月十五福州将军新柱奏："正月十四，有外番男妇四十一名口遭风，飘至淡水社地方，查问音语不通，写字向问，内有三人能书汉字，据开系朝鲜国人，行船生理。上年十二月十五，自海南驾船至津岛，装载白米往南塘浦交易，将米发卖，制买竹笠等物。于本年正月初三开船，回至洋中，陡遇狂风，飘收至此。船只冲礁击碎，各人仅带随身衣物，扶板登岸得生，货物船只一并漂流无存。"[1]不仅漂流民姓甚名谁，而且漂流事件的来龙去脉，都写得清清楚楚。惟一不懂书写汉字的一船漂流民，也是通过汉字腰牌识别身份的。道光二十二年（1842）二月二十七福建巡抚刘鸿翱奏：

> 窃臣于道光二十二年正月十三准，据台湾镇道咨报，道光二十一年八月二十七，淡水三貂港外鼻外洋，漂来小渔船一只，被风击碎，有难夷十一人凫水倚岸得生。缘台地并无通晓夷语之人，无从译讯，授以纸笔，又不谙书写，经镇道督同府厅妥为抚恤，派拨兵役，将难夷护送内渡办理等由，经臣行司转饬译讯详办。去后，兹据藩司曾望颜详称，据福

[1]《明清宫藏台湾档案汇编》第四十册，"乾隆二十三年四月十五日，福州将军新柱奏折"，页445。

> 防同知褚登会同署闽县王江、署侯官县陈圩详称，传同琉球通事译讯，言语不通，省中召募亦无通晓夷语之人，授以纸笔，俱不能书写供词。惟查该夷内有三人各带镌刻汉字腰牌一面，一镌灵岩崔纯彦，乙丑生揪子岛；一镌灵岩崔梦乭闲良戊辰；一镌灵岩良李欣扃甲午效子，其闲扃效三字模糊不清，查海外诸夷，惟朝鲜、日本、琉球、越南各国通晓汉字，又朝鲜国色尚白，又一统志中载：朝鲜全罗道领郡三，曰灵岩、古埠、珍岛。今该难夷中间有服色纯白者，其所带腰牌又有汉书灵岩地名，似为朝鲜国夷人，由司转详请奏前来。[1]

由于福建与朝鲜没有贸易往来，无法通过商船将其漂流民护送回国，因此，几乎所有的朝鲜漂流民都是从台湾鹿耳门护送到厦门，再由厦门护送到福州，然后由福州沿陆路护送至京城，俟有朝鲜国使臣或贡船回国附搭遣回。如道光三年（1823）二月二十七日闽浙总督赵慎畛奏："臣查该难夷等在洋遭风漂流，情殊可悯，现经饬司照例给与口粮，加意抚恤，不使失所。隹查朝鲜国海道相距闽洋甚远，向来商贩不通，无船可附，应请将该难夷金光宝等，遴委妥员，护送进京。俟有该国贡使之便，饬令带回，以仰副圣主怀柔远人至意。"[2]

---

[1]《明清宫藏台湾档案汇编》第一百六十六册，"道光二十二年二月二十七日，福建巡抚刘鸿翱奏折"，页306—307。

[2]《明清宫藏台湾档案汇编》第一百三十七册，"道光三年二月二十七日，闽浙总督赵慎畛奏折"，页390—391。

（三）来自琉球的漂流民

从地方官员的奏折来看，从琉球漂至台湾的船舶主要集中在嘉庆七年（1802）至同治十年（1871）之间，共计15起（见表9—3）。考虑到道光二十年（1840）中国海洋地缘政治环境发生了重大变化，因此，同治十年（1871）琉球国漂流民在台湾被杀事件留待下文讨论。

在15起琉球船难事故中，最早由地方官员上奏朝廷的两起，都是贡船遭风事件。两起事件分别发生在嘉庆七年（1802）和嘉庆十一年（1806），出发时间都在十月，出发地都是琉球姑米山[1]，最终漂收于台湾淡水鸡笼大武仑外洋、澎湖吉贝屿等地，漂流时间最长28天，最短5天。进贡船队由两只船组成，分别是正贡船（头号贡船）与常贡船（二号贡船）。正贡船有116名左右的船员，常贡船有80—82名船员[2]，两次事故中均无人员死亡。嘉庆七年（1802）贡船载煎熟硫磺一万二千六百斤，炼熟白刚锡

[1] 周煌辑:《琉球国志略》卷四:“进贡由福建海道，来以冬至，自姑米山起，五十更;（六十里为一更，计三千里。）回以夏至，至姑米山止，四十更。（二千四百里）姑米至国都，四百八十里。径直海面，西距福建布政司一千七百里、距京师七千八百三十二里。国人至今自呼琉球地曰:‘屋其惹’。”北京：商务印书馆，1936年，页51。

[2]《琉球国志略》卷三：顺治十一年，“遣兵科爱惜喇库哈番张学礼为正使、行人司行人王垓为副使，赍诏书一道、镀金银印一颗，令二年一贡，进贡人数不得过一百五十人，许正副使二员、从人十五名入京；余俱留边听赏。学礼等疏请十事，部议赐一品麟蟒服，于钦天监选取天文生一人、南方自择医生二人，赐仪仗、给驿护送外，给从人口粮。至福建，修造海船，选将弁二、兵二百人随往。”

表 9—3　清代琉球遭风漂至台湾的船舶及人员统计[1]

年代	放洋时间地点		漂至时间地点		搭载人数	死亡人数	语言	资料来源
嘉庆七年（1802）	十月十五	琉球国姑米山	头号贡船（可能）	漳州（可能）	不详	不详	兹据译讯	嘉庆八年二月二十，闽浙总督玉德等奏折
			二号贡船十一月十二	淡水鸡笼大武仑外洋	80 名	无		
嘉庆十一年（1806）	十月初九	琉球国姑米山	头号贡船十月十三	凤山县枋寮洋面	116 名	无		嘉庆十一年十一月二十五，福州将军赛冲阿奏折
			二号贡船十月十四	澎湖吉贝屿	82 名	无		

[1] 据《明清宫藏台湾档案汇编》整理。

续表

年代	放洋时间地点		漂至时间地点		搭载人数	死亡人数	语言	资料来源
嘉庆十五年（1810）	二月二十一	日本武藏江户	三月十四	彰化县塭仔寮海边铁板沙汕	14名	无	臣传该番等询问，语不通，又无通事，惟内有水手善藏、新助二名粗识汉字，当令自书各名，并写出漂到台湾原委，文义不甚明晰，且多别字，约略大意	嘉庆十五年四月二十三，闽浙总督方维甸奏折

续表

年代	放洋时间地点		漂至时间地点		搭载人数	死亡人数	语言	资料来源
嘉庆十五年（1810）	十月十七	琉球国麻姑山	二十三	台湾南路番地四浮蛮洋面	42名	病故淹毙并被生番戕害25人	于五月十六行至番地，遇不识姓名生番赶逐，因言语不通不能分诉，山田筑、野国锦官良三名因病不能跑走，被生番杀死，余俱逃避	嘉庆十七年四月二十五，闽浙总督汪志伊等奏折
嘉庆二十五年（1820）	七月十五	琉球那霸	七月二十八	淡水鸡笼大武仑澳	8名	平良即世波一人因病身故		道光元年二月二十九，福建巡抚颜检奏折
道光五年（1825）	九月二十四	琉球国姑米山	十月初七	台湾噶玛兰苏澳弓赛地方	30名	无	据署福防同知张腾译讯得	道光六年四月二十二，闽浙总督孙尔准奏折

续表

年代	放洋时间地点		漂至时间地点		搭载人数	死亡人数	语言	资料来源
道光十二年（1832）	十一月初四	琉球国那霸府	十一月二十四	台湾噶玛兰龟山外洋	4名	无	言语不通，授以笔纸，未能书写	道光十三年五月十九，福建巡抚魏元烺奏折
道光十三年（1833）	正月初五	琉球国那霸府	正月二十三	台湾噶玛兰南风澳山南之触奇犁地方	10名	淹毙1人 被生番杀6人	译讯	道光十四年三月二十九，闽浙总督程祖洛等奏折
道光十三年（1833）	十二月十八	琉球国那霸府	十二月二十三	噶玛兰触奇犁地方	5名	淹毙1人 患病身故2人	译讯	道光十四年八月二十七，福建巡抚魏元烺奏折
道光二十四年（1844）	四月十二	琉球宫古岛	四月十五晚	台湾府噶玛兰	7名	无	译讯通详	道光二十四年十一月初四，福建巡抚刘鸿翱奏折
道光二十九年（1849）	九月初九	琉球国八重山中山地方	九月二十四	台湾噶玛兰厅	41名	淹毙5人	译讯	道光三十年四月二十八，福建巡抚徐继畬奏折

续表

年代	放洋时间地点		漂至时间地点		搭载人数	死亡人数	语言	资料来源
咸丰七年（1857）	六月初十	琉球国那霸府	六月十八	淡水厅三貂保洋面	9名	无	译讯	咸丰七年十一月二十九，福建巡抚庆端奏折
同治三年（1864）	十二月初四	琉球国久志郡川田村	十二月二十	台湾淡水洋面	6名	无	一面查传该国留闽通事详细译讯	同治四年四月二十六，福建巡抚徐宗干奏折
同治三年（1864）	十二月初四	琉球国大宜郡喜如嘉村	十二月十七	台湾噶玛兰洋面	3名	无		
同治八年（1869）	八月初六	琉球国那霸府	八月十二	台湾淡水厅	2名	染病身故1人	一面饬传该国留闽通事详细译讯	同治九年九月十四，闽浙总督英桂奏折
同治十年（1871）	十月二十九	琉球国八重山岛	十一月十二	台湾凤山县牡丹社	69名	淹毙同伴3人 患痘身故1人 上下被杀54人	一面饬传该国留闽通事谢维垣译讯	同治十一年二月二十五，兼署闽浙总督文煜等奏折

一千斤。[1]嘉庆十一年（1806）贡船携带贡物表文，配载硫磺、红铜、白刚锡等贡物。[2]清政府对于遭风贡船的救助和赏赐较一般商船要优厚。如嘉庆七年（1802），玉德称："臣等查琉球国王尚温，恭顺天朝，极为诚敬。此次贡船遭风击碎，以至贡物银货等项尽行沉失，夷使人等捞救得生，情殊可悯。应请照例在于存公银内动支银一千两，赏给夷使人等承领，俾得雇船回国，以仰副圣主加惠远人，优恤难番之至意。"[3]嘉庆十一年（1806）的赏赐同样优厚。[4]

遭风漂至台湾的琉球商船远多于贡船。其中有档案记录的就有13次，较之台湾周边各国中漂来船舶数量，其数最多。漂流船从那霸出发的有6只，从中山出发的有2只，从麻姑山、宫古岛、久志郡川田村、大宜郡喜如嘉村，以及姑米山出发各1只。其中漂至台湾噶玛兰厅的船有8只，淡水厅有3艘，凤山县、台湾南路番地四浮銮洋面各1只。遭风漂流的季节，主要集中在每年的秋冬季，即九月至第二年的四月，共计10次。究其原因，自然与强对流天气和秋冬季盛行风向有关，正如李鼎元《使琉球

[1]《明清宫藏台湾档案汇编》第一百〇一册，"嘉庆八年二月二十日，闽浙总督玉德奏折"，页256。

[2]《琉球国志略》卷三："康熙十九年，世子遣使进贡；圣祖谕：'琉球国进贡方物，止令贡硫黄、海螺壳、红铜；其余不必进贡。'"

[3]《明清宫藏台湾档案汇编》第一百〇一册，"嘉庆八年二月二十日，闽浙总督玉德等奏折"，页257—258。

[4]《明清宫藏台湾档案汇编》第一百一十三册，"嘉庆十一年十一月二十五日，福州将军赛冲阿奏折"，页438—439。

记》所言:“按琉球国，在泉州之东：自福州视之，则在东北。是以去必孟夏，而来必季秋；乘风便也。”[1]遭风船舶持续漂流3—9天的有6只，13—23天的有7只。

有关琉球船舶在洋遭风的状况，常见的描述是:“在洋遭风”“在洋忽遇风浪，冲坏船身”以及“在洋陡遇暴风，折断帆桅，随风漂流”等寥寥数语，且都是琉球人自述的内容。通常，人们以为折断帆桅导致帆船失去动力是最可怕的灾难。其实不然，一旦遭风，最可怕的事情是翻船，因此为了最大限度地保证船舶的平稳航行，“在洋忽遇狂风大作，该难夷等急将头桅砍断，随风漂流”。[2]其次是扔掉船上所载货物，一是减轻船舶重量，便于操控；一是减少船上货物对船员的撞击。“是夜四更时候，忽起暴风，吹断椗索，船只被风漂出深水大洋，几至沈覆，急将船上所载茶叶、食盐、烧酒、麻片等物尽行抛弃下海，任风漂流。至二十四日漂收不识名洋面，船只冲破，舵工古路岛、水手大滨大城大底、搭客照屋五人在洋淹毙，该难夷等三十六人，各自扶板登岸。”[3]

值得注意的是，乾隆四十四年（1779），嘉庆十三年（1808）

[1] 陈侃:《使琉球录》，载《使琉球录三种》，台北：台湾大通书局，1984年，页24。

[2]《明清宫藏台湾档案汇编》第一百三十三册，“道光元年二月二十九日，福建巡抚颜检奏折”，页433。

[3]《明清宫藏台湾档案汇编》第一百七十三册，“道光三十年四月二十八日，福建巡抚徐继畲奏折”，页110。

和十五年（1810），还有两艘日本国船舶漂至台湾。嘉庆十五年（1810）二月二十一，1艘日本船舶从武藏江户志州大王崎洋面于三月十四日漂至彰化县塭仔簝海边铁板沙汕，用时21天。闽浙总督方维甸奏："臣传该番等询问，语言不通，又无通事，惟内有水手善藏、新助二名粗识汉字，当令自书各名，并写出漂到台湾原委，文义不甚明晰，且多别字，约略大意。"[1]两国之间不仅语言不通，且鲜有闽商赴日本贸易，因此日本漂流民都是从台湾送至厦门，由厦门再送至浙江乍浦港，然后搭商船回国。"臣查乾隆四十四年（1779）日本国人汉昭禄遭风至闽，嘉庆十三年（1808）日本国人源吾郎等漂至凤山，均因闽省商船向不赴日本贸易，咨送浙江乍浦，遇有往贩东洋便船，遣令回国。今日本遭风难番三次良等十四名，船已损坏，应委员护送内渡，仍由内地委员照例送至浙江乍浦附搭便船回国。"[2]这一点与琉球不同，琉球每年都有贡船来中国，因此，许多琉球漂流民都是由贡船带回国的。

虽然日本国远没有朝贡国琉球那样"恭顺天朝，极为诚敬"，但当日本遭风遇难，船舶所载货物被当地居民抢劫时，清政府对此却严惩不贷：

嘉庆十五年三月十四，日本国番民三次良等贩货船只遭

[1]《明清宫藏台湾档案汇编》第一百二十册，"嘉庆十五年四月二十三日，闽浙总督方维甸奏折"，页51。

[2]《明清宫藏台湾档案汇编》第一百二十册，"嘉庆十五年四月二十三日，闽浙总督方维甸奏折"，页53—54。

风漂至该县属塭仔藔海边搁沙撞破，三次良等凫水登岸，陈凤瞥见，起意抢夺，纠邀现获之林章、蔡接、李带、李拂，在逃之陈雪、杨栋、蔡梅、蔡秦、蔡抗、王发、魏周、陈瀣、蔡交，同伙十四人。陈凤看管鱼藔，并未同行。林章等十三人徒手分驾渔船二只，赶上三次良破船，抢得烟叶、苎麻、烟杆并茯苓等药味，以及船上各货。回至陈凤藔内，先将烟叶六捆、茯苓二篓变卖，得价银一十两。同其余赃物，陈凤分得三股，林章等十三人分得七股而散。

依据乾隆五十三年（1788）奏准定例："台湾抢案最多，不可不严加惩儆。嗣后，聚至十人以上，及虽不满十人但经执持器械肆掠者，为首之犯照粮船水手抢夺，以强盗例治罪，为从各犯发往新疆给种地兵丁为奴。又律载强盗已行但得财者斩。又例载台湾盗劫之案罪应斩决者，照江洋大盗例斩决枭示。"因此，这伙汉人抢劫犯受到政府严惩：

此案陈凤聚众十四人，抢夺遭风夷船货物，赃逾满贯，实属强横，该犯虽未同行，而起意为首，分得多赃，仍应照为首科断陈凤一犯，应请照台湾抢夺聚至十人以上肆掠者，为首之犯，照粮船水手抢夺，以强盗例治罪。强盗已行，但得财者斩律，应拟斩立决。该犯明知夷船遭风纠约多人肆掠，情罪较重，未便稽诛。臣于审明后，即恭请王命，饬委宁福道冯撆、署北路协副将英林将该犯陈凤绑赴市曹处斩，仍传首犯事地方示众，以昭炯戒；林章、蔡接、李带、李拂四犯均请照台湾抢夺聚至十人以上为从例，发往新疆给种地兵丁为奴，照例刺字；失察之保甲饬县查拘，照例发落；买赃之不识姓名人，免其查究。已起原赃并冲破夷船估变价银一百七十二两零，同贼犯已经变卖及未起原赃共估值银一百二十五两零，着落地方官先行照数赔出，一并交还，三次良等具领。贼船变价充公，严拿逸犯陈雪等，获日另结。[1]

同样的法律，在应用于台湾杀人生番时，则大打折扣。

据福州府知府朱桓、海防同知徐景扬、傅齐，通事郑煌等，译讯得建西表等系琉球国麻姑山人，经该处地方官差赴琉球国公干事毕，适麻姑山头目玻座真、有石垣等赴琉球国进贡，事竣转回，建西表同跟丁锦高岭附搭玻座真船只同回。该船内头目、舵水、客人、跟丁并建西表等共四十二名，各带行李，于嘉庆十五年十月十七开船放洋。是月二十驶至不知地名洋面，陡遇暴风，大桅打坏，随浪漂流。二十三漂至台湾南路番地四浮銮洋面，又遭风刮断椗绳，船只击碎。建西表等即上杉板小船，经该处生番救援上岸，杉

[1]《明清宫藏台湾档案汇编》第一百二十册，“嘉庆十五年四月二十三日，闽浙总督方维甸奏折”，页67—70。

板小船亦即漂失无存。该难夷因不识路径，即在番地将随身所带零星银物易食度活，玻座真、有石垣、大嵩筑、平良、内间平川、新城、下地、舟户、长滨、元山、涌川等十一名，在四浮鍪番地先后病故。十六年四月，建西表、锦高岭二名见四浮鍪海边有小渔船一只，求其随带至琅峤地方，该处距凤山县界相近，建西表等寻路至县，经该县送府抚恤。有宫良、梅照良、保大滨、平得四名，因病重留住四浮鍪，不知下落。山田筑、野国、锦宫良、大佐、花城、山小滨、粟盛、前盛、兼盛、小滨、本原、加武多、与那、上江地、仲间、鹤滨元、龟大滨、西平良、多良间、上里、仲本、大嵩、小桥川、南风原、山石户等二十五名沿途乞食，于五月十六行至番地，遇不识姓名生番赶逐。因言语不通，不能分诉。山田筑、野国、锦宫良三名因病不能跑走，被生番杀死，余俱逃避。十七日渡溪，小桥川、南风原、山石户三名失足落溪，淹毙，二十四日到崃南，龟大滨一名病故。七月十一至凤山，经该县送至台湾府城，西平良、多良间、上里三名在凤山、台湾先后病故。该道、府将建西表等十七名照例抚恤，派员配船内渡，于十月二十四至厦门登岸。仲本、大嵩二名在同安、闽县途次病故，将建西表等十五名于十一月初七护送到省，由司具详请奏。

汪志伊奏报生番杀人的原因时说：“据供船只遭风漂收四浮鍪地方，该处近海之生番稍通人性，是以尚肯救护收留，其后山田筑等起身到崥南，路过无人居生番之地，该番向来不通人性，又见言语不通，人非其类，山田筑三人因病不能跑走，以致被其所杀。从前救护收留者系近海稍通人性之生番，杀死山田筑等三人者系不通人性之生番，并无另有起衅别情等情。”因此对生番的追责只能是：“至戕害山田筑等三名之生番，本系不通人性，且不知姓名住址，未便遽令兵役径入番地查拿，转致惊扰。应饬台湾文武各官遴选妥干兵役，协同屯弁社丁，在于番界留心查访，务将正凶缉获究办。”[1]可见生番杀人，很有可能是把琉球人误认为是与其长期争夺土地的汉人。而地方官也是对其投鼠忌器，小心查办。

类似的情况亦发生在道光十四年（1834）四月，“据该难夷知念供称，同水手嘉手川、陶源二名，均系琉球国渡名喜岛人，坐驾小船一只，原共十人，并无牌照、军器，因贩猪只往本国那霸府售卖，于道光十三年（1833）正月初五驾船回籍，初九遭风，折断桅篷。二十三，漂至不识名之洋面，船只冲礁击碎，水手佑吉一名当时淹毙，余俱凫水上岸，猝遇赤身散发数十人，手执刀镖将水手嘉守传、陶元、朱敛、陶原、仲春、大城六人杀死。该难夷知念等三人逃走，五日始见中国人救护。”对于致六人于非命之生番，闽浙总督程祖洛的处理颇耐人寻味。“臣等查噶玛兰通判仝卜年原报，匠役遇见难夷，在南风澳山南之触奇犁地方，

[1] 《明清宫藏台湾档案汇编》第一百二十三册，“嘉庆十七年四月二十五日，闽浙总督汪志伊等奏折”，页401—407。

该处系兰疆极南界，外为生番出没之区，该难夷嘉守传等六名被害处所，果否番境，已饬台湾道府确查详办。”[1]言下之意是，如果琉球人是在番境被害的，只能自认倒霉。

在朝贡时代，即便琉球国有怨言，也无法进一步追究台湾肇事生番的刑事责任，更无法通过类似今日之国际法向清政府施压。清政府这样处理也无可厚非，因为生活在台湾的汉人，甚至因为放牛误入生番地界，也常常被生番杀害。但其中蕴藏的悖论和危机，却随着殖民者的触角逐渐伸入中国而发酵。

三、朝贡时代遭风船舶的国家救助制度

在西方殖民者到来之前，东亚地区诸国中，大清国一家独大。清政府推行朝贡贸易政策，政治目标是维护海疆秩序的稳定，彰显皇帝“仁恩遐畅”和“盛德大业化行无外”的治世伟业。当然，宗主国地位的彰显，除了对藩属国国王册封之外，尚佐之以定期的朝贡贸易。遭风船舶的救助制度，是朝贡制度时代诸国维持海洋秩序的重要措施之一。

就遭风船舶的国家救助而言，明朝政府与朝贡各国之间已经形成制度。至清代，虽然满族来自关外，但大部分明代成熟的国家制度得以延续。政府对遭风漂流船舶和人员的救助主要包括人

[1]《明清宫藏台湾档案汇编》第一百五十六册，“道光十四年三月二十九日，闽浙总督程祖洛等奏折”，页132—134。

员、货物和船舶等三个方面的救助和遣返工作。但因每一艘遭风船舶执行的任务有所不同，因此政府对其救助和奖赏也存在着差异。总体来看，清代对漂流船的国家救助制度经历了援例救助到依法救助的转变。

（一）外国贡船遭风的救助制度

与遭风商船相比，贡船数量要少很多，且主要来自琉球国。但遭风贡船的特殊性在于：一是船上人员多，如清初限定琉球参贡人数 150 人，到嘉庆朝已突破 200 人；二是所载货物多，且大多数比较名贵。所以船舶一旦遭风沉失，救助不仅涉及大量的人员，还有价值不菲的贡物。

如上文所述，乾隆五年（1740）吕宋船舶在护送遭风人员回中国的时候，提出朝贡的请求，虽然还不属于正式的朝贡船舶，尚且得到官方的优待。对于真正的贡船，政府的救助则愈加妥善。如嘉庆七年（1802）十一月十二日琉球二号贡船在台湾洋面沉失，《起居注》载：

> 官汪滋畹、万承风、扎兰泰、赓泰二十九日乙未内阁奉谕旨：据玉德等奏查明琉球国二号贡船在洋遭风，漂至台湾地方冲礁击碎，救援人口上岸抚恤缘由一折。外藩寻常贸易船只遭风漂至内洋，尚当量加抚恤，此次琉球国在大武仑洋面，冲礁击碎船只，系属遣使入贡装载贡品之船，尤应加意优恤。其捞救得生之官伴水梢人等，着照常例加倍给赏。至

> 所载贡物，除常贡各件业经沉失外，其正贡船只据称既与常贡船同时开驾，至今尚未到闽，自系同时遭风。现经玉德等移知浙粤等省沿海口岸一体确查。如查无踪迹，或亦已漂没沉失，所有正贡常贡物件均毋庸另备呈进。该督等即缮写照会，行知该国王。以此次该国遣使入贡船只，在洋遭风冲礁击碎，人口幸无伤损，所有贡物行李尽皆沉失，此实人力难施，并非该使臣等不能小心护视所致。现已奏明，特奉恩旨优加抚恤。其沉失贡物，远道申虔，即与赍呈赏收无异，谕令不必另行备进，所有此次赍贡使臣等回国，该国王毋庸加以罪责，以副天朝柔怀远人至意。嗣后，遇有外藩贡船遭风漂没流失贡物之事，均着照此办理。[1]

对于捞救得生之官伴水梢人等，“照常例加倍给赏”。沉失贡物，因其“远道申虔，即与赍呈赏收无异，谕令不必另行备进”。嘉庆皇帝还谕令该国国王：“所有此次赍贡使臣等回国，该国王毋庸加以罪责。”对于沉失船舶，应该是据乾隆五十九年（1794）的标准，赏银购买。嘉庆八年（1803）二月二十，闽浙总督玉德等奏：

> 二号船只于十一月十二日漂至台湾大武仑外洋冲礁击碎，贡品货物行李等项尽行沉失，官伴水梢共八十人，亦

[1]《明清宫藏台湾档案汇编》第一百〇一册，“嘉庆八年正月二十九日，起居注”，页179—182。

俱落水，经该处地方官捞救得生，给予口粮衣物，搭配海船，委员送至厦门。起旱一路，官为护送，于二月初八日到省。复蒙按名给予口粮，并加赏羊酒等物，我等感戴皇上天恩不尽等语。并据藩司姜开阳详称，检查乾隆五十九年夷船失水，奏蒙圣恩，赏给银一千两，给该夷官自行雇觅商船，于夏至以前南风司令之时开驾回国，照例给与口粮并加赏羊酒布匹烟茶等物，在于存公项下动支报销等情，具详请奏前来。臣查琉球国王尚温恭顺，天朝极为诚敬，此次贡船遭风击碎，以致贡物银货等项尽行沉失，夷使人等捞救得生，情殊可悯，应请照例在于存公银内动支银一千两赏给夷使人等承领，俾得雇船回国，以仰副圣主加惠远人、优恤难番之至意。[1]

换而言之，除购船银两外，嘉庆七年（1802）之后，“遇有外藩贡船遭风漂没流失贡物之事，均着照此办理。”从嘉庆十一年（1806）福州将军赛冲阿的奏折来看，对遭风贡船的救助制度基本按此成例执行：

经该道清华督饬府县，将失水难夷，安顿驿馆，制给衣履，并查明正贡船只风篷损坏，拨匠代为更换修理，一体

[1]《明清宫藏台湾档案汇编》第一百〇一册，“嘉庆八年二月二十日，闽浙总督玉德等奏折”，页256—258。

给与口粮、薪水、食物，俾无缺乏，详请照例派拨员弁、兵役护送内渡前来。奴才查该国夷使官伴人等在洋遭风漂流多日，其二号船复冲礁击碎，夷使等落水遇救得生，情殊可悯，自应优加抚恤，以仰副皇上加惠远人之至意。除该道清华照例分别赏恤，并将失水难夷搭配商船，以便随同正贡夷船内渡外，该夷使杨克敦、梁邦弼等复率同通事官伴人等赴奴才行营谒见。奴才随宣示皇上天恩，加赏猪羊盐酒等项，夷使二员仍另给绸二疋、绫四端，以示优异。其通事以下及官伴人等分别给与绸绫花布，该夷使等无不感戴欢忭。至该国贡船例应由五虎门进口赴省，今北风司令，难以戗驶，自应即由鹿耳门放洋，就近对渡厦门，更为妥便。奴才并饬总兵爱新泰会同该道派委文武员弁，带领兵船六只随同护送。仍雇熟悉海道舵工二名，令其在正贡船内帮同驾驶，以期稳渡，以免疎虞。除饬令查看风色放洋，一面移咨督抚，臣查照派船迎护，并饬澎湖通判将沉失铜锡等项设法打捞，有无捞获另办外，所有琉球国贡船遭风抚恤缘由，奴才谨会同陆路提督奴才许文谟恭折具奏，伏祈皇上睿鉴。谨奏。[1]

由此可见，由于贡船往来的政治象征意义远大于朝贡国之间贡品与礼品往来的经济意义。因此，清政府不惜花费重金，重奖

[1] 《明清宫藏台湾档案汇编》第一百一十三册，“嘉庆十一年十一月二十五日，福州将军赛冲阿奏折”，页438—441页。

遭风朝贡人员，沉失贡物亦无需再贡，赦免责任者，重金修复或购买沉失船舶，保障朝贡体系的完整性和稳定性。

（二）外国护送大清国民回国遭风船舶和人员的救助制度

对护送中国遭风难民回国遭风的外国船舶和漂流民的救助，其力度仅次于贡船。除了常规性的救助，还有一定额度的赏赐。康熙二十三年（1684）三月二十八，礼部、兵部大臣谨题：

> 海禁已开，各省民人海上贸易行走者甚多，应移文滨海外国等各饬该管地方，凡有船只漂至者，令收养解送。查前此朝鲜解送漂海人口来者，官赏银叁拾两，小通事赏银捌两，从人赏银各肆两，于户部移取赏银，礼部恩宴一次。嗣后外国如有解到漂失船只人口，照此例赏赐、恩宴、遣还。……现今朝鲜国差来副司猛伊之徽、小通事一名，从人十一名，共赏银八十二两，于户部移取赏赐，礼部恩宴一次，令回可也。[1]

经康熙批准的这一赏赐、恩宴和遣还制度，到了乾隆朝，赏银和恩宴已经不再严格执行。如乾隆五年（1740），苏禄国派船护送福建泉州府晋江县和漳州府海澄县遭风漂至该国的25人回

[1] 冲绳县历代宝案编集委员会：《历代宝案校订本》（第一册），冲绳县立图书馆史料编集室，1992年，页196。

国，途中又遭风漂至台湾。政府对他们的赏赐主要有两个方面：一方面，“文武公同慰劳，赏给绸布食物等项”；一方面，对其所载货物，在中国贸易时免税。

由前文所引乾隆五年八月二十九，福州将军策楞奏折可以看出[1]，地方官员的奏折中既不提赏银，也不提恩宴。到了道光年间，赏给的只是修船的银两，而不是康熙朝直接赏给船员。道光十年（1830）十一月十二陈棨由台湾带其已故妹夫李振青妻室幼女并婢仆等七名，出口内渡，配坐同安县叶进福商船，由鹿耳门放洋，是夜风浪大作，桅舵皆失，在海飘流，至十二月初六日漂到越南国地界，该国王查知，送给钱米，妥为安置，并派拨兵船差官护送，濒行又赠以银两衣服。道光十一年（1831）六月十五日自越南国沱瀼汛放洋，二十五日遭风收泊南澳，七月初八日开驾来厦。对于护送国人前来的遭风越南船员和货物，地方官员的救助在奏折中被报告得颇为详尽：

> 据来员陈文忠、高有翼带同通事登岸，将通船官兵人数及炮械货物开单，呈送查验，并称国王有咨呈督抚公文，必须赴省面呈，方可回国复命。所有防船炮械缴贮局库，俟回国时给还，并以该国素少经商，此次带有压船货物，求在厦门贸易，该道等查所带货物皆非违禁，请照从前吕宋等国来

[1]《明清宫藏台湾档案汇编》第十五册，“乾隆五年八月二十九日，福州将军策楞奏折”，页294—296。

厦贸易之案，听其就近销售等情。又经臣批司照例办理。去后，兹于本年八月二十一日，据委员伴送该夷使陈文忠等来省，臣于是日监临事毕出闱，次日即传其谒见。该夷使面缴该国王咨呈公文一角，臣率同司道当堂拆阅，当即犒赏该夷使等食物，饬令地方官安插公所，妥为照料。

兹据藩臬两司会详请奏前来，查例载内地商船飘至外洋，其国闻报拯救资赡治舟送回各省，如蒙恩降敕褒奖，并赐国王使臣银币，奉旨后行知该国王等语。今越南国遣使护送已故彰化县知县李振青眷口及遭风难民到闽，具见恭顺，小心克尽藩臣之道，可否降敕褒奖颁赏之处，出自圣裁。其官伴水梢人等，应请查照历届琉球国护送内地遭风商人来闽之例，自安插日为始，分别给予蔬薪盐菜口粮，回国之日另给行粮一个月，并赏给修船银两，在于存公项下动给，造册报销。至该使臣所带货物，查照从前吕宋等国船只遭风来闽，准其就地发售，并令地方官妥为照料，毋许买带违禁货物，以仰副圣主怀柔远人之至意。[1]

可见，如果要朝廷褒奖护送回国的越南遭风船队，就必须经地方官员奏报，皇帝批示后才能执行。因此，地方官员只是援例救助和赏赐。

[1]《明清宫藏台湾档案汇编》第一百五十一册，“道光十一年八月二十八日，闽浙总督孙尔准奏折”，页288—290。

（三）外国商船遭风的救助制度

乾隆二年（1737）以后，对外国商船的救助，朝廷援照乾隆二年（1737）对琉球中山国漂流民的救助之例执行：

> 谕：闻今年夏秋间，有小琉球中山国，装载粟米棉花船二只，遭值飓风，断桅折柁，飘至浙江定海、象山地方。随经大学士嵇曾筠等，查明人数，资给衣粮，将所存货物，一一交还。其船只器具，修整完固，咨赴闽省，附伴归国。
>
> 朕思沿海地方，常有外国船只遭风飘至境内者，朕胞与为怀，内外并无歧视。外邦民人，既到中华，岂可令一夫之失所。嗣后，如有似此被风飘泊之人船，着该督抚，督率有司，加意抚恤。动用存公银两，赏给衣粮，修理舟楫，并将货物查还，遣归本国，以示朕怀柔远人之至意，将此永着为例。[1]

从谕令的内容来看，救助的政治目的是为了体现乾隆的治世精神，即“怀柔远人之至意”。救助的地方最高负责人是总督和巡抚，资金来源是“存公银两”，救助项目，总计四条，即“赏给衣粮，修理舟楫，并将货物查还，遣归本国”。至于具体标准，则要视遭风船舶的损失状况而定，如乾隆十四年（1749）七月

[1]《清实录》卷五十二，北京：中华书局，1985年，页889。

三十日，福建巡抚潘思榘在办理遭风漂来台湾的吕宋贸易船只抚恤的奏折中就称："臣查吕宋一国，素称恭顺，往来贸易者络绎不绝。今该国番黎运米来厦，既经遭风折桅，自应仰体皇仁，妥协安顿，不使失所。除飞饬藩司移行道府，并咨水师提督台湾镇臣实力防护，照例动拨公项，逐一抚绥。"[1]可见遭风吕宋船舶，是由驻防地方水师实力防护的。"在船米石发交行铺，眼同番黎，公平粜售，不许亏短价值。夹板箱内银货听其自行检点。断桅船只，饬令台湾道府，速行设法吊入内港，购觅桅柁配竖妥协。候风驾驶，来厦置货回国，以副我皇上柔远之至意。至该船桅柁虽经砍断，银货未曾遗失，毋庸仰请格外加恩。"[1]

漂流民回国的情况是："吕宋番黎情愿在厦附搭商船返国，据值月铺户李鼎丰等复称，有龙溪船户林顺胜往贩宋腒朥，船户郭元勋往贩一咾哥，愿将番黎搭回吕宋。两船分装，会同水师中军参将亲加点验。……俱于十二月十八日登舟，按名资给口粮，发给自买货物，挂验出口。"[2]这里虽然"按名资给口粮"，但没有道及资给口粮的具体标准。道光年间，口粮的标准是"自安插日起，给发口粮盐菜，回国之日，另给行粮一个月。"[3]口粮盐菜的

[1]《明清宫藏台湾档案汇编》第二十九册，"乾隆十四年七月三十日，福建巡抚潘思榘奏折"，页243—244。

[2]《明清宫藏台湾档案汇编》第三十册，"乾隆十五年正月二十六日，福建巡抚潘思榘奏折"，页172—174。

[3]《明清宫藏台湾档案汇编》第一百四十四册，"道光六年四月二十二日，闽浙总督孙尔准奏折"，页266。

执行标准是："每人日给米一升、盐菜银六厘，将来附便回国，另给行粮一个月"，有时要根据情况加赏，如"每名加赏布棉等物，折价给领"，事竣造册报销。[1]而对于海上沉溺或登陆后病故的外国漂流民，处理的办法是"地方官捐棺殓埋"[2]，或"照例棺殓，就地掩埋标记。"[3]

（四）救助制度的完善：从援例救助到依法救助

正如上文所述，当遭风船舶沉没或靠岸后，频频遭受沿海居民抢劫。"伏查沿海岛屿星罗，礁石林立，往来船只一遇大雾迷漫，每易触礁搁浅，近海居民往往乘危肆抢其船货。已沉者，海岛居民谙习水性，不顾生命泅水捞摸，情固可恕；其船只仅止搁浅，货物并未沉海，乃竟乘势上船恣意抢夺，甚至图财害命，折船灭迹，罪实难逭。而被难船户皆系异地商民，不敢涉讼，多不报案；地方官亦随不加深究，久之于习成风，直以抢滩为生业。甚有商船虽遇损坏，不敢近岸，竟至全船淹毙，惨不可言。"为了治理这一乱象，"光绪二年间，会经总理各国事务衙门奏宣保护中外船只遭风遇险章程，抄录咨行到东，当经前抚臣丁严饬沿

[1]《明清宫藏台湾档案汇编》第一百五十六册，"道光十四年三月二十九日，闽浙总督程祖洛等奏折"，页134。

[2]《明清宫藏台湾档案汇编》第一百二十三册，"嘉庆十七年四月二十五日，闽浙总督汪志伊等奏折"，页406。

[3]《明清宫藏台湾档案汇编》第一百三十三册，"道光元年二月二十九日，福建巡抚颜检奏折"，页434。

海各县州晓谕遵办。原章程本极周密详尽，惟各属奉行不力，过致日久，视为具文，亟重申旧章极力整顿。”光绪十四年（1888）四月，朝廷按照原定旧章，参以当时地方情形，重新颁布了保护中外船只遭风遇险六条章程。[1]

各地的海况和社会状况有所不同，如台湾对遭风船舶的救助，总体情况相对较好：“兹查台湾沿海居民遇有此等危险之船，均能认真保护，卓有成效”，而到了澎湖则又是一种情况：

> 澎湖孤悬海岛，在汪洋大海之中，列岛三十六，有民居者十九。岛分为七十余社。各岛屿犬牙丛错，沙浅礁多，山后北碗尤称天险。每年冬春，北风盛发，狂飕非常，往来船只，尚有遭风击破。虽西屿有灯塔为行船标准，而狂风骇浪淜湃之中，亦属人力难施。沿海乡愚，捞抢遭风船物，习惯成性，视为故常。叠经出示严禁，三令五申；但积习已久，难免仍蹈故辙。

所以各地制定的六条内容也不相同。光绪十七年（1891）二月二十五日台湾颁布了五条救护章程（详见本书页215—217引文）。[2]

---

[1] 台湾银行经济研究室：《台湾私法商事编》，台北：台湾大通书局，1987年，页304。

[2] 光绪《澎湖厅志》卷五“武备·海防”，《台湾文献丛刊》第164种，台北：台湾银行经济研究室，1963年，页162—164。

台湾的五条救助规则无疑继承了之前救助制度中的一些精华，比如对漂流民衣食和旅费的资助等。但新章程更为规范，救助的各级组织分工更为明确，对救助的官员赏罚有例可循，救助的程序更为合理，杜绝了一些人借救助之名而营私舞弊的情况。对救得人员和财物上岸的相关人员奖赏明了。尤其对于沿海居民乘危肆抢行为的惩罚也有法可依，实现了援例救助向依法救助的转变。

四、殖民时代的漂流民与清政府国土意识的转变

第一次鸦片战争爆发，定海失守，为了防止英军进一步入侵，清政府加强了近岸防御。“至台湾孤悬海外，防堵事宜，尤应准备。着该督飞饬该镇道等遵奉前旨，与前任提督王得禄同心协力，加意严防，毋稍疏解。”[1]台湾的军事布防，在道光二十一年（1841）八月，便初见成效：

> 本年八月以来，英船叠向台湾外洋游奕停泊，经该总兵等饬属严防堵御。是月十六日卯刻，该英船驶进口门，对二沙湾炮台发炮攻打，经该参将邱镇功等将安防大炮对船轰击，淡水同知曹谨等亦在三沙湾放炮接应。邱镇功手放一

[1] 张本政主编:《〈清实录〉台湾史资料专辑》，福州：福建人民出版社，1993年，页874。

> 炮，立见英船桅折索断，退出口外，冲礁击碎，洋人纷纷落水，死者无数。其上岸及乘船驶窜者，复经该参将督同署守备许长明等带兵驾船赶往，生擒格杀黑人多名。复经即用知县王廷干等驾船出洋，帮同出力，生擒黑人多名。并见白人自行投水，其时复经千总陈大坤等驾船开炮，击沉三板船一只，格杀白人并生擒黑人多名。又据曹谨等在大武仑港外追获外窜三板船一只，刺死白人及生擒黑人多人，并捞获黑白人尸身炮位，搜获图册。此次文武义首人等，共计斩获白人五人，红人五人，黑人二十二人，生擒黑人一百三十三人，捞获洋炮十门，搜获洋书等件。

乍一看，这是一场相当激烈的海战，且完胜英国人。道光皇帝还因此嘉奖了一干办事人员："办理出力，甚属可嘉。提督衔台湾镇总兵达洪阿着赏换双眼花翎，台湾道姚莹着赏戴花翎，达洪阿、姚莹及道衔台湾府知府熊一本均着交部从优议叙。其在事出力各员弁兵勇义首人等着据实保奏，候朕施恩。伤亡兵勇，查明照例赐恤。"[1]让道光皇帝开心的海战胜利还不止此一场。"英人复于九月间乘驾三桅船只，至淡水鸡笼口滋扰。英人突进口门，直扑炮台，大炮齐发，势甚猛烈。经我兵开炮回击。三沙湾地方，复有英人登岸，其势甚凶，亦经我兵开炮击毙二人，众始驾

[1] 张本政主编:《〈清实录〉台湾史资料专辑》，福州：福建人民出版社，1993年，页880。

驶逃窜。”道光皇帝“览奏欣悦”，明降谕旨，“分别赏给达洪阿、姚莹、熊一本世职”。[1]

然而好景不长，英国公使璞鼎查便四处张贴告示，揭露事件真相：

> 英国钦奉全权公使大臣世袭男爵璞为再行晓谕事。照得本月二十一日本公使曾已晓示，以前此所有英国遭风得生之人多名，在于台湾被该地凶官无故歼杀在案。旋后仅有刑余难民九人遵照和约被释解厦。
>
> 据伊等所述，去年八月间，呐吩吓哒名号船只遭风之时，该船内有欧罗巴之白脸人二十九名、小吕宋人二名、属印度国之黑脸人二百四十三名，共二百七十四人。当该船搁礁之际，欧罗巴人二十九名、小吕宋人二名及印度人三名，一同下三板逃生，幸得归粤。船中尚遗印度人二百四十名，其船随风逐浪，飘过礁石，直至鸡笼湾内，比之外洋，稍可安身。船中人等不忍舍船，在彼尚居五日。继则合木成排，弃船，手无寸械，分散逃命上岸。彼时，被海波溺死者已有数人，被匪民抢夺乱杀者亦有数人，其余皆被台地凶官混拿链锁，分行监禁，少有可衣，微有可食，辛苦难捱，致丧多命，竟且该被遗弃之二百四十人中，止留二人得生解厦。

[1] 张本政主编：《〈清实录〉台湾史资料专辑》，福州：福建人民出版社，1993年，页884。

至阿呐名号船只，原自舟山起椗，意欲驶赴澳门。乃于本年正月间南还之时，风浪大起，将船飘至台湾洋面搁礁破坏。彼时有欧罗巴及米利坚白脸人十四名，西洋及小吕宋人四名，印度黑脸人三十四名，汉人五名，共五十七名在船。而风涛汹涌，将船漂入浅滩。迨至风息潮退，船已搁在旱地，进退两难，无路可出。是以我人先上福建渔船，希图逃出海面。不幸旋见汉军尾至，我人即弃兵械，一皆投降。因无抗拒之意，是以不放鸟枪。其阿呐及呐吥吓哒之难人，均被抢剥衣物，裸体牵拉解至台湾城内，四散分派监禁，来往希少，信息不通，凶款恶待，旦夕饿死。

究竟阿呐船之难人，共五十七名，除愿在台湾居住汉人一名外，送厦交还者止有白脸人六名，黑脸人一名，汉人一名，共八名，其余呐吥吓哒船之二百三十七名，阿呐船之四十六名，共二百八十三人。据所述先后惨情，或被台湾凶官枉杀，或因饥饿、恶待在彼苦死，种种凶酷，实情未可推驳。而本公使因念英国官员，每遇擒获兵民，即行宽恩释放，比之此等凶官所为，天地悬绝。愿众民共知，是以刊刻布示。惟仰赖大皇帝御聪，必秉公答报，庶免后患。是本公使所切望也。

一千八百四十二年十一月二十七日

道光二十二年十月二十五日[1]

---

[1]《明清宫藏台湾档案汇编》第一百六十七册，“道光二十二年十月二十五日，清单”，页134—137。

初次看到璞鼎查的告示，熟悉传统朝贡体系下遭风船舶救助制度的读者，很难相信达洪阿、姚莹、熊一本有胆量制造这一惨案，但事实却如璞鼎查所言。道光皇帝得知消息后，下令闽浙总督怡良赴台调查，结果是：

> 渡台后沿途访察两次洋船之破，一因遭风击碎，一因遭风沉搁，并无与之接仗及计诱等事。达洪阿、姚莹一意铺张，致为洋人借口，殊属辜恩溺职，请从重治罪，命革职解交刑部，会同军机大臣审讯。[1]

比调查结果更令人感到意外的是，两江总督耆英建议将达洪阿解部审办，道光皇帝的决定是，“自有办理之处，此断不可。英人诡诈百出，勿坠其术中也。即使实有其事，亦当另有处置。”[2]最终的处理结果是“达洪阿、姚莹加恩免其治罪。”[3]

这大约是外国遭风漂流民在台湾遭遇的最为惨重的人祸。究其原因，自鸦片战争开始，英国人依靠其坚船利炮，夺取定海，

[1] 张本政主编：《〈清实录〉台湾史资料专辑》，福州：福建人民出版社，1993年，页901。

[2] 张本政主编：《〈清实录〉台湾史资料专辑》，福州：福建人民出版社，1993年，页896。

[3] 张本政主编：《〈清实录〉台湾史资料专辑》，福州：福建人民出版社，1993年，页901。

又北上天津，给大清朝野带来极大的压力，因此，无论从清廷往来奏折，还是民间反应来看，清朝官民都视西方人尤其是英国人为仇敌。“两军交战之时，明攻暗袭，势所必然，加以言语不通，来即拒之，又何能望而知其为难人，不加诛戮耶？”[1]在这样背景下，达洪阿、姚莹等人在面对遭风的英国船只时，首先想起的不是传统朝贡时代的救助制度，而是趁机置来犯者于死地。再说，这样重创英军的机会，对于装备落后的清军水师来说可谓机会难得。从道光皇帝最初得到战争胜利消息时的欣悦，到后来对达洪阿、姚莹加恩免罪等行为，都证明了这一点。其实，处决英国遭风遇难人员是道光本人批准的，“览奏均悉。据奏称：英人等罪大恶极，若解省讯办，洋面恐有疏虞，仍请在台正法。所见甚是，着即照议办理。”[2]至于英国人把这次人道灾难与鸦片贸易损失一同打包列入鸦片战争战后赔偿的范围，则是后话。但这一事件却实实在在把台湾遭风船舶的救助模式，从传统朝贡贸易时代带入了殖民扩张时代。

如果说英国军人遭受这样的惨案是战争时期的特殊现象，那么台湾生番劫杀西方漂流民则是官方待解的涉及国土安全的重大问题。在以大清为地缘政治中心的朝贡时代，生番劫杀琉球国漂流民，官方借口生番属“化外之民”，尚且可以搪塞了事。至殖

---

[1] 张本政主编:《〈清实录〉台湾史资料专辑》，福州：福建人民出版社，1993年，页897。

[2] 张本政主编:《〈清实录〉台湾史资料专辑》，福州：福建人民出版社，1993年，页888。

民扩张时代，宗主国和藩属国之间的等级关系不复存在，类似的借口显然无法平息事态。同治六年（1867）三月十九日美国驻华公使蒲安臣致奕䜣的照会称：

为照会事：照得厦门领事官李于二月二十七日咨称：美国商船之水手华人到台湾府港口，禀知英国领事官云：伊先十余日坐美国船一只，名罗发，往牛庄去。开船三两日，忽被飓风吹船，船触海礁，以至沈没水底。船主与水手共十四人，坐三板往台湾极南之海股，耳聆其音名彭流，十四人一齐登岸。彼时困惫之极，忽有一群土匪突出，将十三人全行杀害。

该水手即行躲避，逃至台湾港口英领事署禀明等语。英领事立刻偕该水手坐兵船一只，往该地方查验或生或死。兵船主驾两只三板，甫到海滨，尚未登岸，忽见丛林中放出许多弓箭鸟枪，只伤一人。而被害之十三人所乘之三板，置在沙岸，形迹显然可见。该兵船回至台湾府，本领事风闻此事，亦往验过等因前来。

本大臣因思此等凶恶之徒，连杀十数命，复逞凶施放箭枪，实属难容。而且台湾极南之海腰，系险隘之区，历年以来，往来船只遭难者不少，务使该处无危险之虞。为此照会贵亲王，请速行知该地方官。本大臣随即达知本国水师提督，派兵船到台湾府，与贵国官相商前往该地方查办可也。[1]

事件发生地，既非彭流，亦非澎湖，而是台湾南部琅峤一带的生番地界。此时的台湾府已设有英国领事馆，因此，在英国人的帮助下，美国第一时间掌握了事件真相。美国驻华公使蒲安臣立即照会奕䜣，并以美国人自己出兵查办相威胁。

鸦片战争后，清政府朝野的自信心已无法与道光朝相比，更遑论康乾盛世。因此，当美国人提出自己出兵解决问题的时候，朝廷不得不派员彻查事件，给美国人一个可以接受的说法。

厥后李领事、费总兵至台，与吴大廷接晤，经该道将台地生番穴处猱居，不载版图，为声教所不及，是以设有土牛之禁；今该船遭风，误陷绝地，为思虑防范所不到，苟可尽力搜捕，无不飞速檄行，无烦合众国兵力相帮办理，或损威失事，愈抱不安，剀切开导。该领事等均各允服乐从。现仍再饬凤山县会营查办各等情前来。[2]

从闽浙总督吴棠、福建巡抚李福泰所奏来看，台湾道吴大廷在美国领事面前的说辞仍然是“台地生番穴处猱居，不载版图，为声

[1]《明清宫藏台湾档案汇编》第一百八十二册，“同治六年三月十九日，美国驻华公使蒲安臣致奕䜣照会”，页89—90。

[2] 宝鋆编修：《筹办夷务始末·同治朝》卷五十，“同治六年七月二十一日，闽浙总督吴棠、福建巡抚李福泰奏折”，页257。

教所不及，是以设有土牛之禁”，并极力表现出认真查办的姿态，生怕美国人觊觎处于生番地界的国土，正如总理各国事务王大臣奕䜣所云：“并告以生番虽非法律能绳，其地究系中国地面，与该国领事等辩论，仍不可露出非中国版图之说，以至洋人生心。”

美国人自然不信这一套。“讵于五月十二日美国轮船驶赴傀儡山，有二等带兵洋官一员，洋兵一百七十名，被生番诈诱上山，从后兜击，带兵官受伤毙命，洋兵被伤者数人。轮船已驶回上海，声言回国添兵，秋冬之间再来剿办等情。”尽管美国人出兵生番地界，并未占得任何便宜，但问题显然更趋复杂，正如奕䜣所论：“生番匿处穷山，林深箐密，即使带兵剿办，非有熟悉路径者为之引进，亦不易得手。倘该国果于秋冬间带兵而来，比时更难阻其不往。设使洋人受挫，则生番之滋扰益甚。若生番被挫，则洋人难保不别存觊觎之心，办理更形棘手。”说白了，设有“土牛之禁”的生番地界，终归不是教化之区，因此，遇到这类问题时，清政府其实左支右绌。奕䜣想出的办法是：“今吴棠拟令雇觅熟番，购线筹办，尚为得法。惟事经该督等照会该领事等允为查办，倘所派文武委员及镇道等，不能预为熟筹妥办，迁延日久，必致哓渎不休。臣等公同商酌，应请旨饬下闽浙督抚，严饬该镇道及所派文武委员，迅速购觅熟番，相机办结，不得任令颟顸支饰，庶美国无所借口，而别衅亦可不生。”[1]即竭力搜罗生

[1]《明清宫藏台湾档案汇编》第一百八十二册，“同治六年八月初五日，总理各国事务王大臣奕䜣等奏折”，页159—160。

活在“中国地面”上，又“声教所不及”犯罪生番，给美国人一个说法，以维持国土之完整。

“此次罗妹船上洋被害，系因五十年前，龟仔角一社之番统，被洋人登山杀灭，仅存樵者二人，以至世世挟仇，心存报复，并非无故逞凶。”[1]生番总在这一海域劫杀洋人，原因当然不止于此。同治六年（1867）六月十七日福建台湾镇总兵刘明灯、福建台湾道兼学政吴大廷奏：

> 窃考台湾图志，南路凤山县所属，洋面之险、沙汕礁石、触舟即碎者，以琅峤为最；生番之凶，豺目兽心，见人即杀者，以傀儡山为尤。距凤山县西十里打鼓口放洋至琅峤，约二百四十里之遥，由琅峤换小舟，登岸东折，迄于傀儡，鸟道羊肠，箐深林密，自来人迹所罕到，亦版图所未收。我朝设土牛之禁，严出入之防，所以戢凶残而重人命，用意固深远也。[2]

一方面，凶险的航道，在进入大航海时代后有更多的西方商船和兵船在这一海域遭风触礁搁浅，增加了洋人与生番接触的机会。一方面，易守难攻的地理环境，以及国家法律监管的缺失，

[1]《明清宫藏台湾档案汇编》第一百八十二册，“同治六年十一月二十九日，福州将军英桂等奏折”，页280。

[2] 宝鋆编修：《筹办夷务始末·同治朝》卷四十九，“同治六年六月十七日，福建台湾镇总兵刘明灯、福建台湾道兼学政吴大廷奏折”，页245。

让生番杀人越货的成本很低，有恃无恐。然而，此事暴露出清政府对外洋国土管理的破绽，很快被强大起来的近邻日本所利用。

同治十年（1871）十月二十九日，琉球国八重山岛和太平山岛的两只船，遭风进入台湾府海域，其中来自太平山岛的遭风船只的船员，上岸后误入排湾族领地被生番出草。闽浙总督文煜等，于同治十一年（1872）二月二十五日奏称：

> 窃据署福防同知张梦元详报，同治十一年正月十七日准台湾县护送琉球国两起难夷松大著、岛袋等五十七名到省，当即安插馆驿，妥为抚恤，一面饬传该国留闽通事谢维垣译讯……又据难夷岛袋供：同船上下六十九人，伊是船主，琉球国太平山岛人，伊等坐驾小海船一只，装载方物，往中山府交纳，事竣，于十年十月二十九日，由该处开行，是夜陡遇飓风，漂出大洋，船只倾覆，淹毙同伴三人，伊等六十六人凫水登山，十一月初七日，误入牡丹社生番乡内，初八日生番将伊等身上衣物剥去，伊等惊避保力庄地方，生番探知率众围住，上下被杀五十四人，只剩伊等十二人，因躲在土民杨友旺家，始得保全，二十一日将伊等送到凤山县衙门，转送台湾县安顿，均蒙给有衣食，由台护送来省。

这件事与道光十三年（1833）生番劫杀琉球漂流民的事件没什么大的不同。因此文煜对此事的处理也符合常规，没有特别的措施，甚至没有类似防范美国人抢夺台湾岛的措施。

> 臣等查琉球国世守外藩，甚为恭顺。该夷人等在洋遭风，并有同伴被生番杀害多人，情殊可悯。应自安插馆驿之日起，每人日给米一升，盐菜银六厘，回国之日，另给行粮一个月，照例加赏，物件折价给领，于存公银内动支，一并造册报销。该难夷等船只倾覆击碎无存，俟有琉球便船，即令附搭回国。至牡丹社生番，见人嗜杀，殊形化外，现饬台湾镇道府认真查办，以儆强暴，而示怀柔。[1]

明治维新之后，日本军国主义抬头。原本藩属于中国清政府的琉球，此时已处于中、日共属的状态。1871 年，日本明治政府“废藩置县”，将琉球王国所属的萨摩藩改为鹿儿岛县。也就是说，琉球王国实质上已被纳入日本的地方行政区划体系之中。虽然清政府并不承认这一变化，但当日本政府以牡丹社事件为借口寻衅滋事时，清政府对此早有防备。

同治十三年（1874），总理各国事务衙门就将日本兵船停泊厦门之事奏报到朝廷。三月二十九日，上谕：“日本使臣上年在京换约时，并未议及派员前赴台湾生番地方之事，今忽到闽，声称借地操兵，心怀叵测。据英国使臣函报，日本系有事生番，并据南北洋通商大臣咨覆情况相同。事关中外交涉，亟应先事防

[1]《明清宫藏台湾档案汇编》第一百八十五册，“同治十一年二月二十五日，兼署闽浙总督文煜等奏折”，页 81—84。

范，以杜衅端。……生番地方本系中国辖境，岂容日本窥伺？该处情形如何，必须详细查看，妥筹布置，以期有备无患。李鹤年公事较繁，不能遽离省城，着派沈葆桢带领轮船兵弁，以巡阅为名，前往台湾生番一带察看，不动声色，相机筹办。应如何调拨兵弁之处，着会商文煜、李鹤年及提督罗大春等酌量调拨。”在进行军事监控和防御的同时，同治皇帝其实已经认识到现有“生番”管理政策的漏洞，才是西方各国觊觎台湾的借口。因此特意强调，“至生番如何开禁，即设法抚绥驾驭，俾为我用，借卫地方，以免外国侵越，并着沈葆桢酌度情形，与文煜、李鹤年悉心会商，请旨办理。”[1]同治皇帝想要在政策层面彻底化解“中国辖境”内，却生活着不受国家法律制度制约的“化外之民”的内在矛盾。

在殖民主义时代，抢占没有归属或归属不明的土地是西方各国最热衷的“事业”。生番地界，乃至整个台湾，自然是各国眼中的肥肉。台湾生番问题是清政府对其采取“封禁”政策的结果，至道光朝还没有松动的迹象。道光二十六年（1846），刘韵珂等因台湾生番献地输诚，请归官开垦一事上折。道光皇帝将此折交给大学士军机大臣会同该部议奏。会议的结果由道光以谕令方式传达给地方：

[1] 张本政主编:《〈清实录〉台湾史资料专辑》，福州：福建人民出版社，1993年，页998。

该番性类犬羊，裸居崖谷，忽因衰弱穷困，献地投诚，恳请官为经理，恐有汉奸怀诈挟私，潜为勾引。一经收纳，利之所在，百弊丛生，有非预料所能及者。此事大有关系，着该督于明年二三月渡台后，将该处一切情形，亲加履勘，悉心体察，筹及久远，据实奏明。未奉谕旨之先，不准措办。断不可轻听属员怂恿，以为邀功讨好，受其朦蔽，率行议准，致贻种种后患，懔之慎之。原折抄给阅看。将此谕令知之。[1]

道光二十七年（1847），其对生番封禁的态度更为坚决：

兹据穆彰阿等公同酌核，以该生番输诚献地，固由不暗耕种，谋食维艰，欲求内附以为自全之策。惟利之所在，日久弊生，况生番熟番合壤而居，不能不与汉民交易。倘日后官吏控驭，偶或失宜，即易激生事端。国家开辟边境，计划必周，与其轻议更张而贻患于后，不若遵例封禁而遏利于先。所议自系筹及久远，未肯迁就目前。且此项番地，旧以土牛为界，乾隆年间，复立石碑，例禁綦严，自应恪遵旧章，永昭法守。该督所请六社番地归官开垦之处，着毋庸议。[2]

---

[1] 张本政主编:《〈清实录〉台湾史资料专辑》，福州：福建人民出版社，1993年，页909。

[2] 张本政主编:《〈清实录〉台湾史资料专辑》，福州：福建人民出版社，1993年，页911。

早在道光十三年（1833），琉球国那霸府六名遭风漂流民就被台湾生番出草，但因两国存在朝贡关系，因此，清政府既没有赔偿被害人家属，也没有对封禁政策进行调整。美国漂流民被台湾生番出草，美国人也曾出兵台湾复仇，虽然清政府最终答应惩治肇事生番，也对美国人可能侵吞台湾的动机预为防范，但仍然没有对封禁政策做出任何调整，直至各国觊觎生番乃至整个台湾的版图时，清政府才认识到问题的严重性。

同治十三年（1874）四月，随着日本出兵压力的增大，同治皇帝对待台湾生番的态度变化越来越大。“番地虽居荒服，究隶中国版图，其戕杀日本难民，当听中国持平办理，日本何得遽尔兴兵，侵轶入境？”[1]此时，对于生番出草之事，清政府已由原来事不关己的态度转变为“当听中国持平办理”。五月，当日本兵侵略台湾，进攻牡丹社时，原本“性类犬羊”的生番，在清政府眼里，有了根本性的转变：“生番既居中国土地，即当一视同仁，不得谓为化外游民，恝置不顾，任其惨遭荼毒。事关海疆安危大计，未可稍涉疏虞，致生后患。”[2]为了“海疆安危”才对生番“一视同仁”，此举显得太过功利，但已经有了长足的进步。原本拒绝生番归化，现在也敞开了大门：“现据各社番目吁乞归化，即

[1] 张本政主编:《〈清实录〉台湾史资料专辑》，福州：福建人民出版社，1993年，页1001。

[2] 张本政主编:《〈清实录〉台湾史资料专辑》，福州：福建人民出版社，1993年，页1002。

着该大臣等酌度机宜，妥为收抚，联络声势，以固其心，俾不至为彼族所诱。”[1]

同治十三年（1874）十一月，清政府为了平息牡丹社事件，与日本签订了《中日两国台湾事件专约》，赔偿日本五十万两白银，并承认琉球归属日本，日本兵才撤出台湾。有了这次教训，清政府彻底意识到对外洋国土管理不够彻底，即对生番长期的隔离和封禁，才使得西方列强有机可乘。光绪元年（1875）元月十日，清廷废除不准内地民众渡台的禁令，招民开垦，并“开山抚番”：

> 福建台湾全岛，自隶版图以来，因后山各番社习俗异宜，曾禁内地民人渡台及私入番境，以杜滋生事端。现经沈葆桢等将后山地面设法开辟，旷土亟须招垦，一切规制自宜因时变通。所有从前不准内地民人渡台各例禁，着悉与开除。其贩卖铁、竹两项，并着一律弛禁，以广招徕。[2]

对台湾原住民政策的调整，彰显了清政府对外洋国土的重视，虽然“开山抚番”的方式现在看来不无商榷之处，但能够认清国际关系的转变，可谓“亡羊补牢，为时未晚”。只可惜在甲

[1] 张本政主编:《〈清实录〉台湾史资料专辑》，福州：福建人民出版社，1993年，页1004。

[2] 张本政主编:《〈清实录〉台湾史资料专辑》，福州：福建人民出版社，1993年，页1021。

午战争后，大清的国力一落千丈，无力保护外洋国土，台湾岛最终被觊觎已久的日本吞并。

五、小结

国际救援，自然需要多国之间的通力协作。作为东亚最大的国家，清政府在朝贡时代对海上遭风船舶和漂流民的救援与其宗主国的地位非常相称。最彻底的救助对象是来自朝贡国且肩负着政治使命的贡船和船员。清政府不仅有常规化的救助措施，且不惜花费重金，奖励遭风朝贡人员，沉失贡物也无需再贡，修复或重新购买沉失贡船，并指示朝贡国赦免责任者，以保障朝贡体系的完整性和稳定性。其次是护送中国遭风漂流民回国时，遭风漂流的外国船只。吕宋国的行为，不仅仅是出于人道，也是借机与中国建立贸易关系，甚至朝贡的关系。对于此类遭风船队的救助，除常规外，最显著的特点是让他们在中国进行免税贸易，从而达成所愿。救助数量最多的自然是商船，其中绝大多数都是在本国海域贸易时，遭风漂流至台湾洋面的。

从遭风外国船只的空间分布来看，来自琉球国的船只数量最多，其次是朝鲜国，吕宋国排在第三位，日本和越南亦有少量的船舶漂至台湾海域。从时间上来看，漂流民的数量和来源都受每年不同地区的盛行风向和灾害性天气影响，比如，朝鲜和琉球主要是受冬季盛行风即冬季风向控制，遭风的时间主要集中在每年的九月至次年的一月份，从北向南漂至台湾海域；而吕宋则受西南季风控制，遭风的时间主要集中在每年的五六月份，由南向北漂至台湾海域。最主要的灾害天气是强对流和冷锋天气系统。强对流天气短时间内让船舶桅杆折断，或船员为了保持船舶平稳主动砍断桅杆，失去动力，而尾舵被浪打碎，让船舶失去控制，随风漂泊。最糟糕的情况是强风巨浪让失去控制的船舶触礁撞碎，船员们只能扶船板在汪洋巨浪中求生。从被救漂流民送回国的方式来看，琉球和朝鲜是清政府的朝贡国，因此，被救起的漂流民大多数都是通过搭乘使臣的船舶或贡船回国。而与福建商业往来频繁的琉球国漂流民还可以搭乘商船回国。吕宋则非大清的朝贡国，几乎没有官方往来，所以既没有使臣的船舶，也没有朝贡船舶可以搭乘，好在闽南人很早就下南洋，因此，往来商船不少，方便吕宋漂流民搭乘回国。至于少量的日本漂流民，政府派员从台湾护送至厦门，由厦门护送至浙江乍浦港，搭乘商船回国。

由亚洲大陆与西太平洋第一岛链围成的海域，即黄海、东海和南海所在的区域，其本质上相当于亚洲的“地中海”。汉语是这一海域的主要交际语言。大国与小国之间，虽然从表面上看，地位并不平等，但本质上从没有形成大国殖民小国的关系，因此，距离遥远的岛国吕宋，才会想方设法要加入这一朝贡体系。西方殖民者的出现，使东亚传统的地缘政治关系和海上国际救助体系被彻底打破。尤其在英国入侵后，原本是大清国通过海上救助“宣示圣恩，俾该国之人咸知我皇上怀柔怙冒之至意”的区域，转眼间变成了各国相互厮杀的战场。原本被列为“化外之民”，与大陆移民基本上和平相处的台湾原住民，他们生存的“化外之地”因其有别于建章立制的“教化之区”而成了西方列强趁机掠取的“无主空间”。清政府被迫改变现状，“开山抚番”，以保住外洋岛屿国土。然而，清政府的这一举措，固然顺应了国际地缘政治关系的转变，却没法改变自己日趋衰落的国势。最终台湾还是在大清国的手里，被东亚新霸主日本吞并。

台湾外国漂流民的政府救助制度的变化，如一面镜子，清楚地反映了清代东亚海域国际地缘政治的风云变化。

第十章

此岸与彼岸之间

——由《遐迩贯珍》看19世纪中叶中国民众的海上生活

历史上“人类之俊秀、物产之蕃庶、可置列邦上等之伍、久已超迈侪伦”的中国，至19世纪中叶，在西方传教士看来，与列邦相比已是“降格以从”。“其致此之由，总缘中国迩年，与列邦不通闻问。昔年列邦人于中土，随意游骋，近年阻其往来，即偶有交接，每受中国人欺侮，惟准五港通商而已。彼此不相交，我有所得，不能指示见授，尔有所闻，无从剖析相传”。故拯救颓势之道是中国“准与外国交道相通”。[1]然而，此时的中国，却缺乏有传播能力的媒体来承担这一重任。

> 中华不似泰西诸国，恒无分送日报，又无置邮递信，更无迅速驰骤。平时透达讯息，多由耳食传闻，或由书筒寄递。素有携带书函，以资营生，其日行至速，亦不逾一百二十里。故此土相距辽远之事，颇难早得确耗，除系要事，关系官宪，应奏朝廷者。毕竟入于京抄，众目共睹，列后所叙各情，间亦得于此。但所叙仅撮其时日及地方，因其铺张各说，原难凭信。且其所载专指军兴之事，亦未精详，尤属迂阔。故除时地之外，足征不讹者，无几。[2]

1853年9月在香港创刊的《遐迩贯珍》(*Chinese Serial*)，就

[1]《遐迩贯珍》1853年第1号，页1b—2b。文中所引《遐迩贯珍》资料，皆出自松浦章、内田慶市、沈国威编著的《遐迩贯珍：附解题・索引》(上海：上海辞书出版社，2005年)一书。

[2]《遐迩贯珍》1853年第1号，页4a。

想弥补这一缺憾。因此，英国传教士麦都思（Medhurst Walter Henry，1796—1857）在论及《遐迩贯珍》办刊的目的时说："纂辑贯珍一帙，诚为善举。其内有列邦之善端，可以述之于中土，而中国之美行，亦可以达之于我邦。俾两家日臻于洽习，中外均得其裨也。"[1]

关于《遐迩贯珍》，日本关西大学的松浦章、内田庆市、沈国威，国内复旦大学的周振鹤等先生进行过系统的研究。其中松浦章教授就有题为《〈遐迩贯珍〉所描述的近代东亚世界》的论文发表。该文章侧重于文献学的研究，提纲性地阐述了《遐迩贯珍》史料的重要性："《遐迩贯珍》刊行之后，第1期新闻揭以'近日各报'为题，第2期以后以'近日杂报'为题，持续至停刊。本栏及时传递东亚及世界的各种'新闻'。《遐迩贯珍》刊行时间不满三年，但在'近日杂报'栏中揭载了很多反应近代东亚世界变化状况的重要消息。"[2]可见，《遐迩贯珍》作为媒体，交通中西的目的未必达到，但却真实地记录下了这一时期中国民众生活的许多方面。

19世纪中叶，是中国民众登陆新大陆的初期。相对于地理大发现时期即登陆新大陆的欧洲人，中国民众无疑是迟到者。本土生存压力巨大的中国民众，并不是没有机会在大洋彼岸获得生存空间和话语权力，但事实上我们错失了这一良机，原因何在？

---

[1]《遐迩贯珍》1853年第1号，页3a。
[2]《遐迩贯珍：附解题·索引》，页15。

以往的学者对这一时期海上中国民众生活历史的研究，更多着眼于西方资本主义对东方的侵略扩张、殖民掠夺，以及众多华工被拐骗至西方殖民地当奴隶等问题上。单就华工问题而论，揆诸史实，有相当一部分中国民众是自愿出国佣工的，而且热衷于此。同时，在大洋彼岸，华人的主要社会组织和经济实体——会馆，也主要由华人自己所掌控。西方资本家介入华人社会，主要是通过附加额外的税收来实现的。即便如此，华人在新、旧金山佣工的收入比在家劳作的收入要高，否则有谁会不远万里去做“亏本生意”呢？若说西方资本家是剥削者，为什么他们还要千方百计地限制被剥削者华人入境呢？所谓的华人被西方殖民地资本家奴役之说又从何而来？

本章尝试运用《遐迩贯珍》的每月新闻信息——“近日杂报”叙述19世纪中叶，在多元政治格局下，中国民众从中国东南沿海的此岸到东南亚、大洋洲和美洲的彼岸之间飘荡的海上生活，清政府、西方势力和民间基层社会组织等对身处此岸与彼岸之间的中国民众海上生活的影响，并探讨中国民众没有在大洋彼岸获得生存空间和话语权力的制度原因。

一、此岸——多元政治格局下的动荡时世

海上航行，是由航行出发的此岸，航行到达的彼岸以及漫长的海洋航线组成。1853年至1856年间，《遐迩贯珍》记述的此岸中国口岸城市主要有香港、广州、厦门、福州、宁波和上海（见

表10—1)。这些中国沿海城市规模大小不一，民生状态各异。清政府、西方势力和民间基层社会组织之间在这些城市中进行着程度不等的权力角逐，社会动荡不安。由动荡形成的强大推力使许多中国民众在沿海各港口登上了由此岸到达彼岸的航船。

表10—1 《遐迩贯珍》对中国城市的关注度排序

地名	关注度	合计
上海/上海县	140/1	141
广州/广洲/广州府/省城/省垣/黄埔/粤省/粤城	6/1/1/21/22/20/29/9	109
香港/港/九龙	36/10/1/2/1/7	57
南京/江宁/江宁府/江宁城	24/12/2/4	42
厦门/古浪屿	38/3	41
澳门	26	26
宁波/宁波府	20/5	25
福州/福洲/福州府	21/2/1	24
北京	15	15
佛山	14	14
桂林/桂林府	8/4	12
镇江/镇江府/镇江俯	6/5/1	12
台湾/台湾府	10/1	11
天津/天津府	9/1	10

资料来源：据《遐迩贯珍：人名·地名索引》沈国威先生的词频统计资料制作。

（一）上海

中英吴淞之战后，英军于 1841 年 6 月 19 日占领上海。施美夫（George Smith）记述这场战争给上海人与英国人之间造成的影响时说：

> 在最近灾难性的战争中，上海受损甚微。上海为英军攻占，但毁坏的财产不多，伤亡有限。大多数损失是当地暴民恣意抢劫所造成的。因此，在那方面，上海人对英国人没有太多的憎恨或不满情绪。最初，人民偶尔会用鬼子这一丑化词来称呼外国人。但中国当局迅即贴出公告，禁止使用该词，若使用类似的攻击性词语将受到惩处。[1]

其实中英吴淞一战，只是英国人在上海顺风顺水立足的一个开端。1848 年 3 月，英国人又借传教士麦都思在青浦被山东人殴打一事——青浦教案，大肆要挟，获利甚多。[2] 上海对洋人忍让的惯性，在小刀会占据上海的时，转变为主权丧失的事件：

> 上海邑处边壖，五方杂处，而闽粤人居多，良莠不齐，

[1] 施美夫（George Smith）著，温时幸译：《五口通商城市游记》，北京：北京图书馆出版社，2007 年，页 112。

[2] 熊月之、周武：《上海：一座现代化都市的编年史》，上海：上海书店出版社，2007 年，页 55—56。

> 居恒逐利勾怨，树党相仇杀。近则小刀会兴焉，会中复判七党，闽则曰建，曰兴化，粤则曰广，曰潮，曰嘉应，浙则曰宁波，而土著则上海也。合之数千人，居无恒产，出无执业，攘夺抢掳，其资生之具，莫能问所从来。[1]

开放上海口岸，造成大量的水手和棉农织户失业，鸦片泛滥，社会动荡，地方会党乘机起事。会党蜂起之时，大多数在上海的英、美侨民，因商业利害和宗教信仰关系，都祝愿叛乱成功。正如美国传教士丁韪良所言："作为旧国都的南京落入任何起义者之手，对于全世界来说都是一个非常严重的事件。然而当人们得知这些起义者是基督徒时——不仅仅是为了夺取帝国，而是对中国的异教主义发动圣战——他们便觉得激动不已。商人们开始盘算这一胜利对于商业的影响；传教士们则讨论起它对于传播基督教信仰可能会产生的意义。"[2]因此在上海的英语集团[3]，上

[1] 《遐迩贯珍》1853 年第 3 号，页 9b。

[2] 丁韪良（W. A. P. Martin）著，恽文捷、郝田虎译：《花甲忆记：一位美国传教士眼中的晚清帝国》，桂林：广西师范大学出版社，2004 年，页 86。

[3] 在上海小刀会战争中，法国人与英美所持的态度大为不同。如《遐迩贯珍》1855 年第 3 号载："去年腊月二十日，黎明时，有官兵数千攻城，佛兵亦发大炮相助，斯时贼匪难近城隅，被官兵得据附城屋宇一间，其屋高与城齐，官兵即登屋上，放炮下击城中。二十四日，红头开东门往攻官兵炮台，奋其锐气，亦不能取胜。当交仗时，城中有一民人，乘间出城，据云，城内贼军只有一月之粮，而民间则皆室如悬罄，故猫犬虫类，搜杀殆尽，凄凉景况，难以尽言云云。" 1855 年 2 月第 2 号亦有法国军队攻打小刀会的记载。可见法国人还是支持官军的。

下其手，暗中支持小刀会：

> 上海信来云，县城现未收复。官军于城之西北，设立三寨，计有士旅八千名，而城中人不知其数几何。第能操戈出阵者总不逾千人而已。城中居民，禁止薙发，犯者获而笞责之，但留辫发以绾髻。其头目居常红衣红帽，坐厅事行刑，则用明装冠服。观此情景，官军恇怯既甚，诚恐不能奏功克复，计或他时城中匮乏银钱，无以购物度活，则弃空郭如遗，斯为官军复得耳。至薪米火食，其来源饶裕，因城外设有市肆，晨夕所需，于女墙上縋篮以交易，不忧其缺也。[1]

洋人暗中襄助会党，官府可以装作看不见，但群众的眼睛是雪亮的，因此“上海有人出一诉贴，哀悯目下荼毒情形。并云外国人原属耶稣教，其道恒爱人如已，举世睦好，不能无故两相残害，岂合置借军机凶器，潜货与敌人，致令资以攻杀，益增于戈之惨，而助残戮之祸，殊可嗟悼而痛惜也”。[2]相反对于外国人资助政府军的行为，则严加禁止：“上海前月因有外国人卖火药等物，与军营为用。英领事官知之，大以为不合，出示严禁，略言两军对垒之际，不宜偏有所资助，自示之后，有复蹈故辙者，严办毋贷。”[3]

---

[1]《遐迩贯珍》，1854 年第 34 号，页 14b—15a。

[2]《遐迩贯珍》，1854 年第 34 号，页 14b—15b。

[3]《遐迩贯珍》，1854 年第 2 号，页 9a。

英、美在支持小刀会的同时，还乘乱打压地方政府、攫取财富和权力。其一，英、美乘小刀会捣毁了上海海关之机，控制了上海海关。[1]其二，英美借机保护商人，建立自己的军队，与政府军对打。洋人以炮击事件为契机，成立了自己的职业军队——上海义勇队，后演变为万国商团，使租界地实质上变成洋人的"城邦"。其三，华洋二分的城市聚落格局，在战争期间转变为华洋杂居的新格局。[2]

各方势力混战，上海普通民众损失惨重："其城门外滨河一带，屋宇千五百余间，今已遭焚毁，居民荼毒之苦，惨不可言。既遭蹂躏，而官兵纪律荡然，散游城厢乡落，欺扰良善，攘夺资财，淫其妇而杀其夫，奸其女而戕其族，种种惨祸，缕述难详，时事艰难，一至此极。"[3]本土贸易和洋货生意盛衰之势因之发生了逆转：

> 上海洋货生意甚盛，洋船约五十号停泊海面，中国经纪客商，乘轿往来于番人驻扎之处，纷纭不绝，体貌丰肥，衣冠华美，日厌膏粱之味。而城中之人，多有菜色。本土贸易，多因兵戈扰乱，迁往宁波、镇海两城，是以贸易艚船，云泊彼所。[4]

[1]《遐迩贯珍》，1854年第10号，页2a—3b。
[2]《遐迩贯珍》，1854年第9号，页9a。
[3]《遐迩贯珍》，1853年第5号，页10a。
[4]《遐迩贯珍》，1854年第12号，页17a—b。

战前上海县城约有30万人，战后仅存二三万人。当然绝大部分是逃难至宁波、镇海，还有许多绕道香港去旧金山，但死亡的人数也不少。[1]

可见，开埠后上海是清政府和地方士绅阶层力量极为薄弱的地方。士绅阶层缺失，是因为他们在上海发财，在苏州消费，因为“苏州是古典文学、美食与时尚的大都会，享有中国牛津之美誉。苏州亦是产生影响的中心，当地哲学的光芒辐射到中国成千上万受过教育的民众”。[2]政府力量薄弱，是因为上海是边壖地区。在这样的环境下会党入城，洋人乘机攫取财富和权力，那么，普通民众就只有亡命天涯的份了。

（二）福州

如果说上海、厦门是标准的边际社会，即边壖，福州则不然。福州作为省会城市对外开放，朝野内外是十分谨慎的，因此当西方列强提出开放福州口岸时，道光皇帝就称“福州地方万不可予”[3]，原因正如雷以诚所论：“闽省各府均产茶叶，武夷山为

---

[1] 熊月之、周武：《上海：一座现代化都市的编年史》，上海：上海书店出版社，2007年，页61。

[2] 施美夫著，温时幸译：《五口通商城市游记》，北京：北京图书馆出版社，2007年，页228。

[3] 齐思和等整理：《筹办夷务始末·道光朝5》，北京：中华书局，1964年，页2277。

最，岁可出数千万斤。福州省会环山，五虎天堑，足资捍御。若听该夷往来，据险而权大利，势将不可复遏。该将军等若非确实有把握，度不遽然轻许。”[1]

1853年太平军攻占南京，势力发展至华南和华中地区，福州对外贸易封闭的局面被打破。美、英商人乘机介入茶叶贸易，开辟了由武夷山沿闽江顺流而下至福州的贸易航线，福州对外茶叶贸易由此盛旺异常：

> 福州地方安靖，茶叶贸易盛旺异常。各国商船，多至彼处交易，且有预定来岁之茶者。近得一信，福州城内，地方官出示，准身家殷实人，设立公茶行一所，承充总茶商。[2]
>
> 福州地方，年来外国船只，前往贸易者甚多，生意情形极有腾茂起色。[3]

尽管外商云集，贸易发达，但福州的社会秩序依然被地方当局牢牢的控制在自己手里：

> 十一月十三日，福州来信云，数月来，因地方多故，致数家大银行关闭歇业，而小经纪挑贩贫民，多受苦累，盗贼

[1] 齐思和等整理:《筹办夷务始末·道光朝5》，北京：中华书局，1964年，页2402。

[2]《遐迩贯珍》，1854年第1号，页10a。

[3]《遐迩贯珍》，1854年第7号，页7b。

纷乘窃发，兴花、廷平等处，频遭滋扰。该省制府若非念切痌瘝，刻意整顿，且能办理勤敏，令在必行者，罔克有济。盖氛恶方炽，殊形棘手也。原其起事之由，因各家银行，仓卒间银钱支绌，不敷应付，阛市骚然，莠民藉端鼓众哄闹，乘衅抢掠铺户，波及各富室。署制府王懿德闻变，派兵捕办，擒枭为首六人以徇，事稍定。旋访得各银行实有，咎失招衅之瑕，提鞫根由，据云银项现尚足敷支结，惟铜钱缺乏，所以壅闭不通，制府传谕，本部堂暂借拨款项，先为汝等支理清楚，后即宜筹款归抵可也。讵事定后，饬令缴银，伊等竟禀云无款可筹，制府恚为众人所给，乃按名拘押，立限着缴，逾期不交者，查抄家产，估变归偿，后始得如数清完结案。现在地方已获安贴如故，延平府亦复静谧，刻下总宪印务，已移交该省将军有凤兼署。福州五虎门外洋面不靖，海盗甚伙，频为官兵捕办。[1]

可见，无论是平息金融风潮[2]，还是捕办闽江口的海盗，福州地方政府的运作都显得相当的迅捷有效。

由于贸易往来，中英之间的仇恨和对立局面也有缓和的迹象，由 1854 年福州地方政府救助和接待英国人的举动中可以看

[1]《遐迩贯珍》，1854 年第 2 号，页 7b—8a。

[2] 关于这次金融风潮，可参阅傅衣凌：《十九世纪五十年代福建金融风潮史料摘录》，载《明清社会经济史论文集》，北京：中华书局，2008 年，页 255—275。

出一些端倪：

> 有英划艇，由上海驶往福州，至半途，被海盗掠劫，船主搭客等，皆脱身登岸，投访地方官衙门，该处官宪，饰备夫轿，赠馈盘费，将英人等送至福州府，殊堪感谢。[1]
>
> 七月廿一日，英公使包，于上海回棹时，暂泊福州。入城进节署会晤闽浙总督王，启门声炮，礼仪极周，总宪旋诣该处英领事官署回拜。[2]

要言之，在清政府的国家力量和地方士绅协力同心的口岸——福州，西方势力很难立足，即便后来中西茶叶贸易茂盛，但主权仍然把握在地方政府的手中。这个唯一没有经过战火洗礼的口岸城市，老百姓生活的稳定因此有了保障，所以从这里踏上海路的人比同在一省的厦门要少很多。

（三）厦门

厦门是闽南人下南洋的离岸城市之一。1846 年，“厦门的人口估计只有 15 万，拥有的商船数目却是重要的省会城市福州的三倍。人们大量移民婆罗洲（加里曼丹岛）、暹罗、新加坡、马六甲、巴达维亚、三保垄，以及爪哇的其它地方，想要贸易发

[1]《遐迩贯珍》，1854 年第 8 号，页 11b。
[2]《遐迩贯珍》，1854 年第 9 号，页 10b。

财，然后衣锦还乡”。[1]移民海外寻求发展，是明清时期厦门人生活的常态。

1841年8月27日，英国军人侵入厦门后，“侵占石寨及各衙署，肆行拆烧，抢掳资财，奸淫妇女，焚毁庙宇，人人痛愤”。[2]孙衣言《哀厦门》诗云：

> 红毛昨日屠厦门，传闻杀戮搜鸡豚。
> 恶风十日火不灭，黑夷歌舞街市喧。
> 提督自言捕小盗，远隔洲岛安能援？
> 飚帆径去幸无事，天阴鬼哭遗空村。[3]

“黑夷歌舞街市喧”是英国的印度雇佣兵恶劣行径的写照。施美夫游记云：“英军在城里没有抢到什么东西，因为厦门只不过是个附近更重要城市的外港，当地商人亦不闻有多少财产。印度士兵干了许多过分的事。即使到现在，厦门的丈夫们、父亲们都会义愤填膺地诉说对他们家庭所造的孽。印度士兵的行为给这一事件蒙上了耻辱。”[4]

---

[1] 施美夫著，温时幸译：《五口通商城市游记》，北京：北京图书馆出版社，2007年，页382。

[2] 齐思和等整理：《筹办夷务始末·道光朝3》，北京：中华书局，1964年，页1569。

[3] 孙衣言：《逊学斋诗钞》卷二“古体诗”，清同治刻增修本，页4b—5a。

[4] 施美夫著，温时幸译：《五口通商城市游记》，北京：北京图书馆出版社，2007年，页302。

1853年，地方会党的出现，加大了厦门人出洋的规模。5月18日，“福建厦门为天地会人攻夺。其党本无大志，只因挟官司私刑之恨，欲报复旧仇。据云与别股尚无往还，惟已遣人北诣江宁，欲投其党，是否允受，未可预决。但福州有驻防骑旗兵如许，谅江宁城中人，必乐闻此说也”。[1]光绪《马巷厅志》亦载：

> 咸丰三年，乃有同安石兜社黄得美之乱。初，海澄县民江源与其弟发以无赖武断乡曲，源归自外洋，购有洋小刀数百柄，遍赠同类，结为小刀会。其膂力绝人者倍其刀，故名小刀会。黄得美有田在龙溪浒茂洲，常受强佃抗租之苦，越境控追，官不为直，乃约族叔黄位同入会以凌佃，繇是江党渐盛。海澄知县汪世清闻之，捕江源、江发置之法。黄得美愤甚，乃与位谋作乱，为源、发复仇。[2]

这场复仇战不仅有会党与政府军之间的战争，同时会党内部也不平静。《遐迩贯珍》1853年第1号载：“厦门现尚被天地会党据守，官兵于邻近聚集扎营，其头目首次二人，近因微嫌不睦，各帅其党相斗，互有杀伤。”[3]至1853年11月22日，即农历十月十一日，厦门城被清军攻克：

---

[1]《遐迩贯珍》，1853年第1号，页7a。

[2] 黄家鼎：《小刀会纪略》卷下，光绪《马巷厅志》附录，光绪十九年重刊本，页90a—b。

[3]《遐迩贯珍》，1853年第1号，页12b。

> 厦门于本月初十日，为官兵收复。城中人先数日自顾势蹙难守，其头目预将眷属等，载逃他方。是日黎明，官兵用云梯登城，其党众遂弃城由南门奔窜，至海滨，船艇皆无，飞渡无术，官兵随后追蹑，铳轰、刀砍、矛刺，骸骴载途，有被戕倒毙者，有缚其一手一足，掷于海者，有赴水逃生而沉溺者，断头折足，剐者醢者，被剿残酷之状，笔难罄书，约千有二百余人。时英国领事官，目睹其惨，心殊恻然，况其中非尽党徒旧侣，多有城内被胁充役贫民，及良善安业者，受此惨毒，因协同该处驻守水师官，督兵救拔，力劝官兵无过于惨戮，得脱生者四百余人，中有受创伤重剧者，带回交官医调治。现在城中居民欣忭，重葺旧业，铺户生理，亦有开张者矣。[1]

战败后，大多数会员逃往新加坡、印度尼西亚、中国台湾和香港，还有人在逃难途中葬身鱼腹：

> 厦门海面有十二月二十日来信云，地方静谧，惟海面盗匪滋多。前城中逃脱会匪头目一名，现查得已抵息力（即新加坡）。彼时偷驶，因船中人多，伙食不敷，沿途抛弃数人

[1]《遐迩贯珍》，1853 年第 5 号，页 9a。

于海，始得抵其处。[1]

风闻昨年占据厦门之叛党，有一队往台湾，攻取一城，劫掠财物甚多，惟近日多被官军擒杀者。另有一队共计五十八人，十月十一日，于本港为差役连船并获，因有福建商人，曾被他劫掠，知所失之物尚在其船，故诣差馆委差捕之。十一月初一日晚间，役宪闻报，有数百贼匪，身藏军器，聚集上湾，即领差捕捉，获得五十一人，闻说此贼亦属厦门余党，欲即攻九龙云。[2]

由于清政府、英国人和地方会党在厦门的交替控制，使本来就已形成下南洋求生习惯的厦门人更多了一份内推力。据戴一峰先生考证，1841 年至 1875 年间，经厦门口岸出国人数达 49.9 万人。[3]

（四）广州

“若天下之海关，必推广东为第一矣。天下之税饷，每年共计三千三百万余两，是以粤之税为十之一矣。”[4]就是这样一个贸

[1]《遐迩贯珍》，1854 年第 2 号，页 8a。

[2]《遐迩贯珍》，1855 年第 1 号，页 9a—b。

[3] 戴一峰：《区域性经济发展与社会变迁：以近代福建地区为中心》，长沙：岳麓书社，2004 年，页 311。

[4] 爱汉者（Karl Friedrich August Gützlaff）等编，黄时鉴整理：《东西洋考每月统记传》，北京：中华书局，1997 年，页 393 下。

易发达的口岸城市，鸦片战争后，却成为“对外国人怀着极为憎恶的感情”[1]的城市。施美夫对这种仇视的印象极为深刻：“我们遇到的欧洲人，没有一个在最近两年敢冒险出城。例外的只有一个海军上尉，他出城不久即遭遇枪林弹雨，也不得不逃命，身上还伤痕累累。仇洋的暴力行为，长久以来得到鼓励，当局现在也许无力控制，也许还是始作俑者，背地里利用民众的暴力来阻止欧洲人的侵入，以免屈辱清朝统治者。”[2]丁韪良回忆 1850 年到达广州时说：“当我们上岸时，有一大群人围着我们喊：‘番鬼，番鬼！杀头，杀头！’。……他们看上去就如食人生番一般野蛮和凶狠。”[3]

1853 年 10 月，何六在广州府以东的东莞起事：“东莞县钱岗地方，有会党二千余人举事，地方被害极惨，督抚宪现已派饬员弁，分路往剿。”[4]在广州府以西，三合会的七千名会员，在陈开的带领下，于 1854 年 7 月 4 日占领佛山。“佛山地方，有会党聚众起事，党羽近万人，据衙署、戕官拒捕，勒富室铺户，交银打单，阖镇骚然，闭户歇业，士民妇稚，纷纷迁徙。省中大吏派调员弁，带兵勇前往剿办，开炮轰击，亦有歼获。闻匪等乌合

[1]［美］卫斐列著，顾均、江莉译：《卫三畏生平及书信：一位美国来华传教士的心路历程》，桂林：广西师范大出版社，2004 年，页 121。

[2] 施美夫著，温时幸译：《五口通商城市游记》，北京：北京图书馆出版社，2007 年，页 15。

[3] 丁韪良著，恽文捷、郝田虎译：《花甲记忆：一位美国传教士眼中的晚清帝国》，桂林：广西师范大学出版社，2004 年，页 7。

[4]《遐迩贯珍》，1853 年第 4 号，页 14b—15a。

起事，炮药未备，然近日亦开炉铸造炮位，筑建泥炮台，以御官军，其附近一带乡村，如西南芦包均多不靖”。[1]1854年农历六月二十二日，会党兵分三路围攻广州城。

会党所到之处，为害甚巨，“省城之西面一路，屡遭佛山贼匪之害，贼自据佛后，苛敛居民，复火房铺，数日不熄，所毁民房铺店，三分去一，人民死者约有一千有余，合镇罹其残酷，殊属残不忍言。夫佛镇为四方辐辏之区，货物丰盈之地，一旦皆成灰烬，焦土堪怜，君子仁人，有不握腕而唏嘘者乎”。[2]“有人云，距粤省不远地方，有数处匪徒党众，肆行霸掠，残暴不堪。其党徒中有为人所控，官购线捕办。其党即访明线人住址，获其子女，任其父母哀鸣，钉其子女手足于木而毙，其母亦自尽以殉，残酷丧心，以一至于此”。[3]

面对四起的会党，一方面“粤东省垣，街坊众户，佥捐银九十万两，为经费之用，团练丁壮，保护地方”[4]，士绅也积极参政议政，“省中人民，大遭饥困。闻有仁者权粥店，赈济贫乏，于长值外，只取三分之一。省中大小绅士，与诸当路，日夕会议军机，绅士等献策，有欲求助外邦，以驱除丑虏，制军意以为然，但绅士中有一人不允。闻此人前为御史，即曾奏穆章阿被点者也。制军以此不果于行，盖恐其申奏朝廷，则已独任其责，故

[1]《遐迩贯珍》，1854年第8号，页11a。
[2]《遐迩贯珍》，1855年第2号，页10b。
[3]《遐迩贯珍》，1854年第5号，页8a。
[4]《遐迩贯珍》，1854年第8号，页6a。

特先拜本，听上裁夺，然后施行”。[1]可见，士绅阶层在广州还是很具有影响力。另一方面，“省垣各富室，畏乱先徙，多挈眷附本港常行载运贸易之火轮船，赴港及澳门寄寓。有一火轮船载至六百余人者，多妇女幼稚，亦有用中土快艇载人，以缆系于火船以行者，各船价水脚涌贵，闻一中土客赁一火船载眷，价至一千二百余圆”。[2]“有人云，粤省会垣士民眷属迁徙者，有数家因欲回城，值戎马梗途，进退维谷，竟有数妇人自尽者，是可悯也”。[3]

“广东贼盗无时不有，无地不有，而莫甚于今日”[4]，会党四起，使这个华南最富庶的城市，沦落为战场，民众大量逃亡香港和澳门。

（五）香港

周边口岸城市的动荡，导致大量士绅入香港避祸。这些移民的到来给香港带来巨额财富的同时，还给香港输入了大量的社会精英。关于香港人口状况，《遐迩贯珍·香港纪略》云：“此土初归英国时，居民稀少，多属随趁捕鱼之人，设铺种地，鱼汛既过，即复随而他徙。总计彼时港中居民，不逾二千，今则不下三万二千矣。此外尚有诸多英吉利等国人，并天竺国等处人民，

[1]《遐迩贯珍》，1854 年第 10 号，页 10a—b。

[2]《遐迩贯珍》，1854 年第 8 号，页 11b。

[3]《遐迩贯珍》，1854 年第 9 号，页 10a。

[4]《遐迩贯珍》，1856 年第 1 号，页 6b。

俱不在此数。”[1] 1841 年 5 月 15 日香港人口普查结果显示，该岛有居民 4 350 人，此外还有 2 000 渔民住在船上，800 名主要是移民的商人住在市场，还有来自九龙的 300 名劳工，即当时在香港的中国人约有 7 500 人。[2]1844 年增至 1.9 万人，至 1853 年时约有 3.2 万人。最初移民香港的内地人员素质并不高。“中国的社会渣滓，成群结队地涌入这个不列颠殖民地，或是梦想发财，或是图谋抢劫。虽然有几个颇为殷实的店铺老板开始来这个殖民地定居，但新来者中，绝大多数地位低下，人品卑劣。城里的中国人口主要是佣工、苦力、石匠和打零工的泥水匠，大约三分之一的人住在船上。……简而言之，目前来香港的不是流民就是劫匪，吸引其他人的希望十分渺茫。那些梦想发财之人或是图谋抢劫之徒，一旦希望破灭，便会毫不犹豫地徙迁他乡”。

造成这种局面的原因是，一方面“在广州，具有身份地位之人，极其不愿意与香港有任何瓜葛，以免引起公愤。中国爱国人士心中的这种偏见，不能不谓之为自然，因为香港是用刀剑强行割走的。中国的统治者应当承担最大的公愤，而香港则成了他们骄傲的心目中一颗永久的眼中钉。在公众的这种感情之下，律法的威慑和约束成了强有力的工具，遏制有身份地位的人移居外国殖民地。”另一方面，“一位有钱的中国人来香港，必须把一大笔财产和许多家庭成员留在大陆，作为当局手中的抵押和人质。这

---

[1]《遐迩贯珍》，1853 年第 1 号，页 8b。

[2]［英］佛兰克・韦尔什（Frank Welsh）著，王皖强、黄亚红译:《香港史》，北京：中央编译出版社，2007 年，页 165。

样，他在香港居住期间，仍然在清朝官员的掌控之下，跟在中国本土居住没有多少差别。处于这种实质性的威胁制度之下，不难看出，我们没有任何希望可以吸引中上流阶层的人来香港，只是方便了清政府驱逐不想要的人。”因此香港早期移民“几乎都是文盲，不识字”。而且“来香港的中国人通常是未婚男子，或是把家眷留在大陆，打完几个月的工后，带着积蓄回归故里”[1]，使“香港没有一个正经的中国妇女”[2]，男女性别比例严重失衡，犯罪率极高，“一度成为海盗、窃贼的乐土”。[3]

这种情况，在太平天国起义之后，发生了巨大的变化，“近日来港者，冠冕之彦，接踵日增”。[4]“粤稽道光戊申年，唐人居于香港者，有二万二千四百九十六口，至咸丰元年（1851），数已加至二万八千四百六十三口，讵料旧年约增至五万五千人之多，究其原故有二：一因近来粤东内地扰乱，省垣震惊，唐人以本港为乐土，故挈眷源源而来；一因本港官清法善，到处传扬，唐人闻风，悉来营业，故近悦远来，如鱼龙之趋大壑焉”。[5]因此，理雅各（James Legge，1814—1897）称这次移民潮是“香

[1] 施美夫著，温时幸译：《五口通商城市游记》，北京：北京图书馆出版社，2007年，页403—405。

[2] 1852年8月25日《驻广州领事埃姆斯雷致包令文》，载陈翰笙主编：《华工出国史料》第2辑《英国议会文件选译》，北京：中华书局，1981年，页9。

[3] 施美夫著，温时幸译：《五口通商城市游记》，北京：北京图书馆出版社，2007年，页403。

[4] 《遐迩贯珍》，1853年第4号，页12b。

[5] 《遐迩贯珍》，1855年第5号，页9a—b。

港发展历程的一个转折点”。[1]据《遐迩贯珍·香港客岁户口册》计算[2]，1854年的香港人口男女性别比为2.67比1，已经达到19世纪后期的平均状况，即2.7比1，足见这次移民潮的对香港社会影响之大。

不仅有钱人避难香港，大量的中国民众也以香港、澳门为离岸港口，横穿大洋，四出佣工。

二、漂洋——艰难地穿越海墙

19世纪中叶，中国民众出国佣工的目的地，已由南洋延伸至新大陆，时人叹曰：“寰瀛四境，无处无中土人。”有关中国民众在海上与世界各国交通的状况，以及在各地佣工的种类，《遐迩贯珍》载：

> 十一月十四日有花旗国船二只，由金山抵港，载回中土人五百六十一名，有带资财返里者，有暂返乡井度岁，仍图前往金山者。另有别国船由彼抵港，载有中土多人，从息力、葛剌巴、亚士低里亚三地回者亦不少。其由息力、葛剌巴者，系自昔年以来，贸迁生聚于斯，实繁有徒，而前赴加尔各得、孟买两地者亦有之。惟金山及亚士低里亚均为产金

[1]《香港史》，第284页。

[2]《遐迩贯珍》，1855年第5号，页8b—9a。

之地，离乡井而越境至彼者，乃出于近年。但事虽起于近年，而人数至盈万累亿之多。越境之人，将来日见其增，因各处皆需营建工作，而人力尚缺。种田，砌路，筑室，造舟其费不赀，皆已具备，但乏人力操作而已。现际各国驰驶往来之道，皆臻便捷，佣工者恒如货物流转，择利是趋，自兹不远。余思中土人，多有迁赴花旗国南境，及西印度海岛，种植棉花、甘蔗、加非等物，况现值南北亚美理驾地，其居中咽喉如茎处，名巴拿马，需铸造火轮车路，及开挑运河以通接太平洋、大西洋两海，免似从前往返纡回，故兴此大工，需人尤多。亚士低里亚地，因近时探出金矿，众民多诣采金，致各牧场内工作稀少，新西兰之地俱然。想能坐致中土人，趋而补助之也。毕竟寰瀛四境，无处无中土人。似此兆亿侪流，越境与别邦人士往来接洽，不得不于中土情形风气，稍有变化，自有变而至于美者，可无他虞耳。[1]

东南亚和南亚是中国民众下南洋的传统目的地，清中叶以后，“闽、广之民，造舟涉海，趋之如鹜，或竟有买田娶妇，留而不归者。如吕宋、葛罗巴诸岛，闽、广流寓殆不下数十万人”。[2]美洲和大洋洲是中国民众新开辟的谋生目的地。在这里华人主要以采金为业，还有一部分人在中美洲热带种植园种植棉花、甘

[1]《遐迩贯珍》，1854年第1号，页5b—6a。

[2] 徐继畬:《瀛寰志略》卷二“南洋各岛”，上海：上海书店出版社，2001年，页28。

蔗、咖啡等经济作物，或在巴拿马开凿运河。

由中国沿海到达美洲和大洋洲的航线都属于远洋航线，船舶在海上滞留的时间很长，海难频发，使中国民众的海上航行异常艰难，如同穿越巨浪滔天的“海墙”，以至有的旅客在海上漂荡大半年，竟然又回到起点：

> 前八九月，有船一只名西�士者，运载搭客，由黄埔扬帆，前往旧金山加拉宽，不料其船自开行始，至二百零十日之久，犹未能抵埠，竟于十月十一日，回此港口。泊后一刻，即往黄埔。闻搭客中遭死之惨者数人，历艰险者亦复不鲜。夫搭客获生还之庆者，犹得复得其水脚，而数月之间，身在茫茫洋海，惊受风波，竟不得到其意中之地，其痛可胜道哉。[1]

海上常见的事故有台风、疾病和海盗等。

（一）台风与强对流天气

西北太平洋海域是全球热带气旋活动最频繁的海域，因此台风以及强对流天气就成为过往船只不得不面对的自然灾害：

> 五月二十三日，有三枝桅货船，名黎地伊弗伦，由港开

[1]《遐迩贯珍》，1855 年第 1 号，页 8b。

行，载有中土二百四十一人。六月十七日，驶抵台湾东北洋面，猝遇风暴，遂于该处之太平山岛搁礁。全船覆没，人货俱空，仅余伙长一名。中土人二十四名，泅泊山岛得免。船经英水师提宪，闻信，派火轮船至彼拯载其人至厦门，现已陆续回港矣。[1]

十月十六日，火船筒顿牵花旗船迦士里入此港口，其船已经破坏，此船亦由旧金山回者，船上搭客甚繁，特回故土。九月三十日，忽遇狂风，将船桅尽皆摧折，其时浪盖船面，继入仓里，溺死十六人，船主之器皿尽入水中，而船主及水手，犹勉力行事于危苦之际，故十四日半，其船驶行四千五百里许，恰遇火船，牵之入港。[2]

突然发作的强对流天气是天灾，客船破损和超载是人祸，两相一旦耦合，受害的是无辜的乘客。所以香港经常表彰奖励那些患难相救者：

正月初间，有洋船一只，正在海外驶行，忽值飓风顿作，将船击破，以至举船之人，尽为鲸鲵，良可慨也。幸也得水手二人，素善于游泳者奋力逃生，随水飘荡，直至新宁山下。适山上有人采樵，二人见之，乃登山乞救，惟

[1]《遐迩贯珍》，1853 年第 4 号，页 14a。

[2]《遐迩贯珍》，1855 年第 1 号，页 8b。

> 樵人未通其音，乃以手指示迷津，引至唐薄村。值有李泽者，乃仁人君子，见此亡命之人，遂发怜悯之心，给之衣服更换，作饭食之。后共一老人名杨绶者，带二人至澳门，于十三日，搭船回港，二人既感得救之恩，乃往禀知总督。因此，总督赏银一百员，英商数人，亦赏银六十四员，共一百六十四员。[1]

在这些自然灾害的救助记载中，有一点值得注意，那就是来自中国本土的国家救援力量严重缺失。

鸦片战争造成的本土民众对西方人的恐惧和仇恨，在飓风灾害的救助中也有体现。“廿五日，英火轮邮船名都劳在港开行，未几驶抵巴刺些罗士遇飓风，将船上烟筒打折。欲用帆返驶回港，复触礁石破船甚危，乃用小舢板载救数人，驰至海南，欲取中土船来援。而中土人士不容外国人登岸，不得已仍用该舢板，鼓棹力驰返港报知，即派拨火轮船二只，前往救援诸人，及书信等件，舱中有湖丝一百六十箱，虽亦得回，然已被沾湿矣”。[2]

（二）疾病

漂流之客在浪涌如山的海上航行，能活着到达彼岸，并寄信回家报平安，实属不易。有搭客五人寄信回港，信中说：

---

[1]《遐迩贯珍》，1855 年第 4 号，页 10a。

[2]《遐迩贯珍》，1854 年第 7 号，页 7a—b。

> 祖父、伯父、祖母、双亲大人、众位兄弟知悉，启者，小孙曾姑自别，不能膝下奉孝，任作漂流之客，分离小孙手足，失供淑水之常，夙夜自思，殊不孝矣。但自三月初四日，在港启程，行至七月初六日到埠，名尖美加。彼地方水土，此情亦合。惟在船中间，系难言，浪涌如山，亦为闲事，实不尽说，托赖上天保佑，一路平安。小孙亦中（终）日祈祷，乞上天保佑家中老少平安，小孙平生之愿也。到埠之日，有番官担保，打定合同，限五年为止，每月工银八元，倘年期限满，公司备船送至香港为定，孙也不敢逗留于外国，立即回家，书不尽言。

这样的书信，无论格式或内容，都因有职业书信人执笔，所以不大能看出船中的生活，其实，就是这五人所搭乘的名为叶信的船只，航行期间，传染病暴发，死亡四十多人：

> 今年三月初四日，未士士吉发船一只名叶信，载搭客三百一十一人，离此港而往西印度英国属埠尖美加。今按火船所带新闻纸有云，其船驶行一百零四日，皆获安康，艰险历尽，讵料将抵埠十四日内，有搭客偶染一病，中国之人恒有之，惟西边之人不谙此症，因此悮亡者四十人。是船一百一十八日方抵埠，若开行早在二月，则得顺风相送，不须一百日则埠，庶可免船上染病之虞，而皆得安宁到

彼矣。[1]

船舱拥挤，航线漫长，中途如有风浪阻隔，在海上漂荡的时间无疑要加长许多。所以跨越太平洋到达东岸的美洲，特别是金银矿极为富饶的旧金山和秘鲁航线，是传染病最容易发生的航线：

> 上年五月内有秘鲁国船雇载中土佣工人，前赴南亚美理驾之加勒澳地方佣作。驶至半途，舟中人多患病，死者二百余人，船主亦在其内。[2]
>
> 四月初二日，有船名里伯达由港开行，共计八十日始抵金山。不料开行后，染疟疾而死者，有九十人之多，迨抵埠后，亦日死八九人。此事实出意外，然究其故，盖因该船开行，得出水单时，只报有二百九十七人，夫以四百九十吨之船，载二百九十七人，额固已足，查其抵埠日，竟载至四百人之多。此皆租船者，以射利为怀，故先将船抛泊近处，再搭客百余，以至有此奇惨也。[3]

在当时的卫生条件下，几百号人挤在狭窄的船舱内，一旦引发急性传染病，就很难控制，故船主个人的道德水平之高低，就

[1]《遐迩贯珍》，1854 年第 12 号，页 11b—12a。
[2]《遐迩贯珍》，1854 年第 3—4 号，页 8b。
[3]《遐迩贯珍》，1854 年第 10 号，页 11a—b。

显得尤为重要。然而那些漂流之客，总会遇见一些丧尽天良的船主。《遐迩贯珍·蛙为得船唐客受惨录》云：

> 九月初二日，有洋船一只，名曰蛙为得在厦门近处山头扬帆，载有唐人四百五十名，欲往南亚麦里加秘鲁国，再彼雇工。开行数日，船主身故，于是伙长摄职，驶至小吕宋岛，欲登岸埋葬船主尸首，且欲另雇一伙长以充已职。九月望日，船至吕宋，伙长殓尸方欲埋葬，忽然唐客与伙长不知何故，互相角口，伙长即开放手枪，轰毙一客。水手齐起，将众客驱落船舱，紧闭舱门。不料舱下四无窗窍，气悉不通，迨伙长上岸埋尸毕，以船上之事告人，闻者大为惊愕，急往开舱，可惜死者已二百五十一人矣，其余尚多染病者。[1]

面对这样的惨祸，传教士也禁不住大发感慨：

> 惨事如此，世所罕有，遐迩闻之，莫不切齿，吕宋官员已拿到该船伙长及水手辈，欲处置其罪云。窃思洋船于唐山海滨，雇客运至远处，不过惟利是图，固属可鄙，而唐官置若罔闻，亦失爱民之道。若在本港有船搭客，不拘何国之人，有司必先亲验其船，察其坚固与否，并山水食物足用与

[1]《遐迩贯珍》，1855 年第 12 号，页 14b。

> 否，然后准其开行，今唐官既有父母斯民之责，竟置其事于不理，几何不视民如草芥哉。夫贫民于故土乏食，游食远方，不惜劳苦，其安分固属可嘉，但以世上昧良者多，若不为之提防，则贫民必入其圈套，为民父母者不可不垂念及之也。[1]

面对船主，可以发“夫以一人之贪，至丧多人之命，无良若此！”的叹息，面对“唐官置若罔闻，亦失爱民之道”的麻木，传教士不禁要问“今唐官既有父母斯民之责，竟置其事于不理，几何不视民如草芥哉”。这些拿着纳税人钱的“父母官”，却不能尽“父母斯民之责”，这对于一个有浓厚的公民意识的传教士而言实在是费解。

（三）海盗

在中国水面上，以海盗为副业的人要比以海盗为职业的人多。海上的渔民和船民，甚至内河沿岸的农民，当他们的收入无法维持日常生活时，便立刻投身于劫掠别人财产的海盗生涯，以此来弥补生活资源的不足；当政府衰弱和维持治安力量降低时，这种水路的强盗就成为有组织的海盗，谋杀被抢劫者的事件也就随着发生了。[2]

---

[1]《遐迩贯珍》，1855 年第 12 号，页 14b—15a。

[2]［美］马士（Morse Hosea Ballou）著，张文汇等译：《中华帝国对外关系史》，上海：上海书店出版社，2000 年，页 454。

从地理分布上来看,《遐迩贯珍》记载的海盗主要分布在中国南海的广东水域和台湾海峡的福建水域。

南海广东水域的海盗案，共有21例。集中分布于珠江口，香港四周的伶仃洋、高栏岛、万山群岛和平海半岛周围的海域。《遐迩贯珍》载：

> 月内本港附近洋面，船只往来，频遭意外之变。九月二十日，担杆头有拖船一只被劫。二十三日平海洋面，亦有拖船只被掳。十月初一日，龙船湾有渔船一只被匪搜抢罄尽，除二日有渡船被劫于急水门，并船亦牵驶而去。初三日有快艇被掠于零丁洋。初五日后门湾有渔船两只同时被劫。咫尺内洋，而出没层迭，肆其凶暴，恬不畏法如此。[1]

文中提到的担杆头、平海、龙船湾、急水门、伶仃洋和后门湾，都是海盗频频出没的海域。另外，粤东海域也是海盗作案的高发区:“粤东洋面近有海贼无数，每有良民运货出口，辄被劫掠，财命两丧，殊堪悼惜。”[2]

在海盗肆虐的近海，中国师船打击海盗的记载只有一例。《遐迩贯珍》1854年第7号:“十一日有中国师船在九洲洋面，捕获盗舟二只。”绝大多数海盗，都是英、美师船出海巡缉:“近日

[1]《遐迩贯珍》，1853年第5号，页10b。
[2]《遐迩贯珍》，1853年第1号，页12b。

香港附近洋面，海盗窃发，四处劫掠，有两枝桅花旗师船出海缉捕，复有英师船一只，出海巡缉。”[1]从打击古兰（高栏？）海盗一役中，可以看出当时活跃于广东水域的海盗的规模和装备状况：

> 十月初五，有知离国两枝半桅船一只，名加地拉者，扬帆往金山开行数日，不料为飓风所击，于是船主寻觅泊船处所，以避风险，遥见一市，市名古兰，遂就而泊焉。斯时见有许多小舟同集，泊后，乃忽有大船无数，齐来劫之。悉取其物，并执船主，船主哀求贼主带彼至澳门俾得以银易其船。于是有贼匪二人，与之偕行，迨抵澳后，船主诡称银两不便，复给他同到香港为差役所获。至十三晚，人将是事一察，尽得其情。因知有佛廊西一女，及唐搭客一人，为贼所擒，即发火船马利活娘娘带齐刀枪兵器，往彼处寻觅二人，是夕船抵达古兰，次早使小舟数只，往探消息，刚遇贼船，泊于大市侧，遂发炮相战，贼战不利，齐奔上岸，于是舟人直迫上岸，往市中寻觅，竟不获二人踪迹，但见有加地拉船破败之物在彼，遂登舟而返，后复使火船名晏者，往觅，带水兵七十人同行，至十六晚，船到底流，离人村约七八里许，遂泊于此，次日晨早，遥见旁有大船一只，及无数小船，货物沉重，船人装饰齐整，知是贼船，遂发大炮一

[1]《遐迩贯珍》，1854年第7号，页8b—9a。

口，向大船桅上打去，其船亦发炮相拒，贼人惧怯，退至岸而奔，于是上其船寻觅，幸得二人在彼，遂携之登火船，尽焚贼船。是时又遥见大船二只，既使小舟追之，贼弃船奔走，登其船，见有无数生口火炮等物，遂取之，乃焚其船，厥后舟人登岸，往村中寻回加地拉船之货，焚毁各处贼庄，计是日焚毁者，不下一百屋宇，复见一村建于山顶，上村之路甚窄，仅二尺许，便欲上山擒贼，贼见人上山，即将乱石打下，被伤者甚众，然舟人奋不顾身，直抵贼巢，贼势瓦解，遂尽获其所有而返。十八日，晨早，复至一村，甚为雄壮，知非四五百人不能取胜，而船只有七十人，与战无益，遂反。古兰近地之村，不能下者，惟此而已，近日提督已在日本回港，余料必发兵船往剿，谅指日可殄灭也。[1]

九月二十一，有数英御火船二只，邮船公局火船二只，花旗火船一只，并唐官船一只，同往古兰剿贼者。路遇英御火船一只，拉与同往，将抵古兰，又遇葡萄牙船一只，亦来剿贼者。至二十三日晨早，与贼相战，贼人大败，上岸而奔，同聚炮台，终难固守，遂杀死贼匪四十人，活擒者数人，交与唐官囚禁，是役也，焚去二村，及贼船四十七只，花旗船亦被伤一人，贼势瓦解，诸船皆即回港，惟有烟究打火船主，犹顾穷寻余党，后闻省中督抚已准贼魁投降，遂罢

[1]《遐迩贯珍》，1854年第11号，页13a—14b。

其役，惜哉。[1]

虽然在这次剿捕海盗的行动中，有唐官船一只参与了收尾之战，但剿捕的主力还是英美。

台湾海峡福建水域，是仅次于广东洋面的海盗高发区。《遐迩贯珍》共记录了海盗抢劫案5例，以厦门海域为集中作案区。闽南泉漳海盗集团的形成，与福建水师的纵容脱不了干系。张集馨《道咸宦海见闻录》云："漳郡城外有军功厂，每月派道督造战船一只，以为驾驶巡缉之用。其实水师将船领去，或赁与商贾运货运米，或赁与过台往来差使；偶然出洋，亦不过寄碇海滨而已，从无缉获洋盗多起之事。水师与洋盗，是一是二，其父为洋盗，其子为水师，是所恒有。水师兵丁，误差革退，即去而为洋盗；营中招募水师兵丁，洋盗即来入伍，诚以沙线海潮，非熟悉情形者不能充补。"[2]正因为如此，这一地区发生的海盗事件，主要是英国人出海缉拿：

福建洋面有盗匪，经英国师船，将其拿获，俱解地方官衙门讯治正法。[3]

十月间有英商船一只，由厦门驶赴福州，于二十三日在洋面被盗匪劫掠，旋经火轮师船闻报，驰赴剿捕，残毁四十

[1]《遐迩贯珍》，1854年第12号，页13b。
[2] 张集馨:《道咸宦海见闻录》，北京：中华书局，1981年，页63。
[3]《遐迩贯珍》，1853年第1号，页13a。

余船，而师船尚有三板小艇一只，水手五名，失落无踪。现在水师军门悬赏购访，有知该水手等下落，能报信，或妥送就近英官衙门者，获回水手一名，赏银一百圆。[1]

要么就是其它过往船只搭救："廿五日上海火轮船驶行将近台湾，见有海盗六舟，追掳一中土大货船，势将危殆，火船驶近，盗舟四散窜逃，其货船上人，苦求火轮船主援助，乃用长缆牵之驶行，自寅至辰之久，货船人极感激，其船乃潮州装贩米粮者。"[2]

对于清政府"委之外国代除残暴"的做法，时人即已提出质疑：

近日海上盗贼蜂起，不可胜数，此皆因官府无制，遂使群盗劫掠海岸。既已失察于前，复不剿捕于后，得毋谓外国与中国，既通贸易，而遂委之外国代除残暴也耶，诚可怪也。夫中国须当怀柔远人，今乃反其道而求之远人，此似难解。[3]

事实上，清政府对海盗的放任行为，不仅仅把主权拱手相让，也进一步加大了中国沿岸航行的成本。即那些剿捕海盗的殖

[1]《遐迩贯珍》，1854年第1号，页10b。
[2]《遐迩贯珍》，1854年第7号，页7a。
[3]《遐迩贯珍》，1854年第11号，页12b—13a。

民者，通过护航、注册中国船只等手段，成为事实上的“洋海盗”，变本加厉地劫掠中国民众的商业利益。

三、彼岸——居人屋檐下

《遐迩贯珍》对域外的关注范围宽广（见表10—2），但与中国本土联系紧密的国家并不多，成为华人移民目的地的国家就更少，集中分布于南洋、新旧金山和秘鲁等国。华人在这些移民目的地生活的时间长短不同，面临的问题不同，但有一点是相同的，即他们都是客居者。

表10—2《遐迩贯珍》对海外各地的关注度

地名	关注度	合计
花旗/花旗国/美国/合众国/合郡国/华盛顿/旧金山/金山/三佛兰息士哥/三佛兰锡士哥/三佛兰锡士歌	62/56/7/14/9/7/15/42/2/1/2	217
大英国/不列颠/英伦/英国/英邦/伦敦/苏格兰	6/9/15/81/2/24/5	142
日本/日本国/横滨/那霸/箱馆/下田	59/13/9/5/10/19	115
俄国/俄罗斯/西巴士多卜鲁/西巴士多卜鲁克/西巴士多卜城/西巴士多卜实（塞瓦斯托波尔）	46/30/7/1/17/1	102
佛郎西/佛廊西/佛兰西/佛郎西国/佛兰西国/佛国	14/4/16/11/7/22	74
天竺/印度/加尔各得/西印度/孟买	4/46/8/5/8	71

续表

地名	关注度	合计
以大利 / 以大里 / 以大哩 / 以大理 / 以大理国 / 噫大哩 / 罗马 / 罗马城 / 罗马国	7/2/2/1/1/1/27/1/2	44
土耳其 / 土耳其国 / 拂林 / 拂林国	21/9/8/2	40
澳大利 / 澳大利亚 / 澳大利亚州 / 澳大利亚洲 / 新金山 / 墨儿奔 / 悉尼 / 悉泥	8/6/1/1/11/3/2/2	34
新加坡 / 新加波 / 新嘉坡 / 新嘉波 / 息力	2/9/7/1/7	26
小吕宋 / 小吕宋岛 / 吕宋	12/2/5	19
暹罗 / 暹罗国（泰国）	16/3	19
秘鲁 / 秘鲁国 / 真查洲	5/7/5	17
西班牙 / 大吕宋	10/7	17
哥罗美 / 哥罗美地	7/9	16
葡萄牙 / 葡国 / 葡萄牙城 / 葡萄牙国	7/2/1/3	13
荷兰 / 荷兰国	6/6	12
葛剌巴 / 葛罗巴 / 葛剌巴地（印度尼西亚雅加达）	6/3/1	10

（一）南洋

东南亚和南亚是中国人下南洋的目的地。至19世纪中期，分布在这一地区的华人已有一定的规模，华人与当地原住民之间的矛盾也日渐突出。《遐迩贯珍》载：

> 加拉巴（印度尼西亚雅加达）有一地名万打拉度，有中土人等起衅滋事，不受地方官约束，旋为荷兰官兵驰往弹压，旋经平息，逼令中土人等皆列跪门外，抵首认罪，自言不敢仍前为非云。[1]

在这样的报道中，读不出土客之间谁是谁非，但由“逼令中土人等皆列跪门外，抵首认罪”来看，屈服的还是华人，原住民势力还是强于客居者。值得注意的是，中国人移民南洋的同时，也把乡族械斗的传统带到移民地。而械斗一旦发生，就被当地原住民所利用，乘机转变为攻击华人、抢夺财产、焚毁店铺的“排华”行为：

> 新嘉坡地有福、潮人在彼起弁闹事。其构祸之初，原为小事启争，升斗之数不满，继而两家党与相嗾，构成其祸，刀械大举。月之初十日，街衢市肆，骚然不宁，奸宄乘乱，纷纷入人家抢搜财物。驻防英官兵，出而弹压，稍微敛戢。晚间哗然复起。十一日鼓众依然扰乱，十二日仍然如故。英官弁恐夜间有匪徒乘机肆劫，戕害延烧，在在堪虞，乃严饬弁兵，彻夜巡查防御，以备不测，闾阎始安，未几旋就安贴。然遭毙者已四百八十人，伤者二百二十二人，获其监禁五百一十二人，烧毁房屋二百八十间，残踏花园一百六十

[1]《遐迩贯珍》，1854 年第 9 号，页 8a。

间，抢劫铺户五十三间，此事亦非小故也。[1]

《遐迩贯珍·近日杂报》在论及中、西移民的差异时说："惟西邦人出行者，与中土人登程，向不相同。西邦人俱挈眷而行，中土人多孑身遗家言迈，于理既属不宜，于事更形不便。推原其故，因中国妇女，例不能任便外出，随意骋游。在别国则不然，即闺人处子，虽荐绅豪富之家，皆得游行自如，亦从无虞相欺外侮之事。苟出境经营之人，有眷属者，尽偕同前往，因舟舶各有舱室，位置区别，恒如常居。若有少妻幼子，辄弃置他适，仅托诸不关痛痒之人，为之照拂，听其欣戚欢愁，一何居心之忍乎。纵使年中或有寄资，而天涯路渺，尺书沈浮，能否安函抵家，固难悬揣，或遇旅身抱恙，歇工乏资，则寄项更无从措办，凡此皆能致妻孥困苦，眷口饥寒。兹以吾侪意见按之，有家室者斯携之偕行为宜，如此即或不幸，旅人病殒他乡，眷属尚有所依籍，设法终期自立，犹胜于抛置在乡井，举目无援，孤凄莫告也。其富贵巨族者，能预为贻留厚资以安家属，似尚无疑，然亦不宜抛家别室，久阅岁时，置之度外。且骨肉分处，睽离积久，必有意外之参商。"[2]因此，既是在中国民众的传统移民目的地——南洋，也是男女性别比例严重失衡，以至个别女性移民的到来，都成为新闻事件：

[1]《遐迩贯珍》，1854年第6号，页11a—b。

[2]《遐迩贯珍》，1854年第1号，页6b—7a。

> 槟榔屿即新埠上年十二月二十三日新闻纸，内云，有中土船八只进口，载到佣工人等九百七十四名，内有妇女数口，前者厦门匪党脱窜至彼地者，亦携有妇女。据来纸云，妇女至者亦可资其材力为用，惜至者尚稀耳。[1]

在土、客融合比较困难的移民目的地，性别平衡是保证移民定居的社会基础。

（二）南美

相对于南洋这样移民熟知的目的地，位于太平洋东岸的秘鲁，对于19世纪中叶的中国人来说，无疑是陌生的。

秘鲁位于南美洲西部，为世界12大矿产国，也一度是华工淘金的去处，但在19世纪中期，华工被讹诈之徒欺骗至真查洲挖鸟粪。真查洲，即位于秘鲁西南地区的钦查群岛（Chincha）。《遐迩贯珍》1854年第10号载：

> 前者黄埔香港等处，有船载华民往真查洲，即海鸟粪洲是也。在华民初意亦以为往彼雇工，不料近闻华民在彼处，受人掣肘，如仆役然。夫照英国例，役人为仆，禁遏最严，兹公使大臣包令曾痛谕各英人，不得以延请雇工为名，复载

[1]《遐迩贯珍》，1854年第3—4号，页8a—b。

华民往彼处。[1]

港英国政府在“痛谕各英人，不得以延请雇工为名，复载华民往彼处”的同时，还致书秘鲁政府与之交涉：

> 更有大堪痛恨者，华夏之民，向来被讹诈之徒，诱往南亚墨里迦之真查洲佣工，作掘鸟粪之役。始则密语甜言，引人入套。讵意抵埠之后，终日流汗，不得小休，甚至加以鞭挞，视若犬马，竟将先前所立之约，付作闲文。适有英国船主数人，目击其状，因思此等工人，背景离乡，远来化外州岛，既竭筋骨之劳，复受鞭挞之苦，乃动恻隐悲痛之心，沥情上诉英宪，恳乞设法，以悉除秘鲁国刁风。于是英宪乃致书秘鲁官宪，请勿纵民行暴，欺凌工人若此，庶无隙怨云云。[2]

在港英政府的交涉下，此事有了结果：“去年英九月，公使大臣包令示谕各英人，不得复载华民往秘鲁国真查洲，盖以华民在彼，受其缚束驰骤，若牛马然，惟今秘鲁以书达英国大宪，言及该处，苛情悉革云云。是以包令大臣，于英本年一月二十九日，再示收回去年之禁，准英人如旧，任意载华民往真查洲，代人打工，探掘鸟粪。窃想秘鲁国，若果能知过而改，则是上应天理，

[1]《遐迩贯珍》，1854 年第 10 号，页 11a。

[2]《遐迩贯珍》，1855 年第 3 号，页 9a。

下合人情，但该国远处海中，人心难测，华民须当再听实报。若秘鲁人，果能晓得柔远人之理，然后起程往彼，尚未为晚”。[1]

从中不难看出，虽然英国只是一个殖民者，但当从香港出去的华工受到不公正待遇时，还能极力的去交涉，在条件未见改善的时候，亦能“痛谕各英人，不得以延请雇工为名，复载华民往彼处”，反观清政府，估计连秘鲁在何方都未必清楚。

（三）大洋洲

1851 年，澳大利亚新南威尔士州和维多利亚州发现大量金矿，“亚士德里亚（Australia）地方产黄金，以癸丑五年计之，所采之金，共计值价银一千一百五十八万八千七百八十二磅。闻现有新矿，所产之金尤旺”[2]，华人因此称澳大利亚为新金山，这为四出佣工的中国民众提供了新的海外就业机会。“亚士得利亚墨儿奔信来云，有船二号，一名哥奴瓦，一名和李的马装载中土人，于四月初七日驶抵达其地”。[3]大量的中国民众涌向澳大利亚，航运安全问题就显得异常严峻：

> 现在华夏之人，往加拉宽、奥士大利亚二金山采金者甚众，而英国未尝不视若子女然。迩者，中原乱作，盗贼公行，或掠民物，或火民居，遂致硕鼠典歌，难安故土，故欲

[1]《遐迩贯珍》，1855 年第 3 号，页 9b—10a。

[2]《遐迩贯珍》，1854 年第 8 号，页 8b。

[3]《遐迩贯珍》，1854 年第 9 号，页 6b。

探金者愈众，往金山者愈多，此正赁船者之所以籍以为利，而千古一时者也。乃竟乘此机会，以肆其狼贪，特赁破旧之船，载客过额，即所托船主，亦不选择，以至扬帆不日，船内搭客，或有染病身亡，总总弊端，不胜枚举，更或全舟覆灭，众竟为渔，即间有偶尔逃生，依于海石之上，亦不免日受冻馁，方能得救。凡此船主，既或侥幸抵达埠，亦不过藉风顺波平，上天庇佑而已，嗟嗟以钱财为性命，视人命为草芥，几何不人其面而禽兽其心也哉。[1]

历尽艰辛，泛海而来的华人，却很难在澳大利亚靠岸登陆。1855 年，澳大利亚维多利亚州颁布了限制华人船只入港的《为某些入境移民作出规定》的法案，其第三条略曰：

凡船运载唐客至本省各埠者，连船主、伙长、水手、搭客，其人数不得出每十墩位一人之外，如有踰额多载，则按所载数多之数，每人罚该船主英银十磅以下。第四条意见云，凡船运载唐客至本省诸埠者，船主必代每客输纳例银十磅，然后其可始得上岸，如有隐匿客数，或未纳例银之先，私令搭客登岸，官府察知，必严追例银，更罚该船主，照所隐匿或私放之客多寡，每人罚银二十磅或减些。以上二条例，只至本年唐九月二十二日始行。[2]

---

[1]《遐迩贯珍》，1855 年第 3 号，页 8b—9a。

[2]《遐迩贯珍》，1855 年第 10 号，页 18b—19a。

"例银"就是"医生银"。"果如是者，船主将何以处之，过额每名交银二十磅，不过额，每名亦抽收医生银十磅，船主岂肯代支此银，既不肯代支，其将搭客除交水脚外，每人另备办银二十磅之数，以为代交之资乎，或则船主，只得将搭客载往别处，不到咪哩邦一埠而已"。[1] 例银的征收，其目的就是运用经济手段限制中国民众入境。

（四）北美洲

1848年旧金山发现了金矿。至1854年，漂洋过海到达美国旧金山淘金的人数已相当可观，"三佛兰息士歌（San Francisco）近有信来云，彼处现下统计中土人数，共有二万五千余名"。[2] 然而"该处中国旅客，现今甚是不安。被花旗人屡次驱逐，不得采金。又被其列于黑色阿非里加人及亚梦裹迦土人一流，不得于衙门作证等事"[3]，更为重要的是，该省总督，禁止唐人以后来此埠，增收唐客饷银等。[4] 闻知此事，旧金山埠中国客商会馆，立

[1]《遐迩贯珍》，1856年第3号，页15b。

[2]《遐迩贯珍》，1854年第8号，页6a。

[3] 1854年，加利福尼亚最高法院裁决，禁止有色人种出庭作证反对白种公民。

[4]《花旗国金山汉人采金条规》："第一条：自立新例之始，除本国人及烟阵（即土人，Indian），暨已经入籍之汉人外，俱无庸领采金礼臣（license，即执照）任其开采。倘外路客民等，如无领给礼巨者，不准开采。第六条：发给礼巨纸，按月每名应纳税银四元，以一个月为期，期内不准将此纸转借给别人冒用。"（《遐迩贯珍》1853年第1号，页1b。）《旧金山（转下页）

即将唐人事情辨明，翻译为英文，刊登在当地的报纸上。这篇公启，道出了华人与美国人之间发生龃龉的方方面面，也描述了19世纪中叶海外华人移民社会的基本状况，很有代表性：

读前谕云，华人至本埠者，甚多。乃独自孤身而来不携家眷，盖中国良家妇女，缘多裹足深闺，不惯风波，甚难携家远涉重洋，而今亦有来者，非尽无也。又因屡有禁止华人来此之令，故各怀疑，未能安心揭眷而来。若谓只驱采金之人，不禁服贾之辈，盖华客所带货物，多藉华人所消，若无采金者，贩货何为，是唇齿相依，不能缺一者也。深悉贵国宪章，均以保民爱人为心，华夷一体，盖良歹不一，各国皆同。十室之邑，必有忠信。

倘云华人尽皆不良，恐非宪台公心接物，推己及人之至意也。

又云华人识话，及识规矩事例者甚稀，又不甚与来往。盖华人若昔日在故乡与贵国通商者，始通言语而悉规矩，若各处乡人到此，多言语不通，故情意似隔，心欲言而词不达，齿欲启而机不投，彼此毋怪其然。

（接上页）新设条例增收唐客饷银论》：“《东涯新录》三月十九日载云，向来唐人，凡在山内取金者，现每名每月，征收礼臣纸银四员，兹本省议律官新定章程，自英本年十月初一日，即唐本年八月廿二日起，每月每名加收礼臣纸银二员，共六员，倘若下年，又照计二员加收云。”（《遐迩贯珍》1855年第8号，页16a。）

倘谓在贵省贸易者，亦复无几。盖中国货物，到来者不少，或各国客人运来，或华客自贩，互相贸易，累万盈千。至采金于山，佣工于市，皆遵规矩。如云游手之徒，聚于一处，赌博为生。盖聚赌窝娼，中国例禁，罪有明条。盖商等亦皆贱之，第无官守之责，不能驱逐，屡欲阻止，法无可施。既贵国例禁綦严，望祈亟将娼寮赌馆，概行禁止。俾得贱者从良，博者改业，勿令吏胥舞弊而中正，雍熙之世，指日可待。使同人安分营生，商等厚望焉。

至云入山采金，除此则无他作。华人来此省者，欲获财帛耳，稍遂其愿，即回国矣。忆往者，稔悉贵省章程甚善，敬华如宾，道遗不拾，任从服贾采金。故我等皆望风慕义而来，始时屡蒙关照，礼貌相加。乃近悦远来，日新月盛，云集樯帆。作客者，税饷输纳，采金者，礼臣无亏，自始迄今，计中国载来货物及船费，总计入不抵支，多有资本全空，更被群小侮弄。在山内受尽明谋暗害，毙命劫财，车夫索勒，艇户强横，惨不堪言。诸多受屈，既云无益于贵省，原亦不裨于华人，窃思贵省乃新辟之疆，诸多旷土，商民四方云集，始得人杰地灵。以礼待人，则陶朱猗顿之流，出类拔萃之辈，自然源源而至。若以门外相视，自重者必裹足不前，至工艺不同，居处各异，易地则然。

若云如别国之人，携家室至此，周围在省居住，或作工，皆有事业，与相交酬应往还，彼此均有礼貌，情意亦极欵洽，凡事皆合其规矩。惟华人不然，盖华夷俗殊，古今常理。若贵国与别国衣冠文物，约略相同，惟中国则否。中国内，虽各省，各府，各州县，村乡，言语礼仪，亦皆有别，物类不齐，风俗各异，难以割一。是处皆然，如贵国官商，到我中土，责其不识华语，不达华情，亦非理也。

更有甚者，盖华人与贵国官民，本同一体，皆蒙上苍赐以好善恶恶之心，衣冠礼仪之行，故我大清恩典，怀柔远人，中外无间，置腹推心，且如曩者间与别国不睦，我大清皇帝，谕令官绅军民，格外周全。贵国官商，秋毫无犯，恩礼迭加，始终如一，天下皆知。乃近日贵省新例，竟议我华人同烟贱黑夷，官门不准作证。盖烟贱之夷，不识人伦，不知礼义，不衫不履，野处穴居。缅思我中国开辟千万年之景运，哲圣相传，文武皆备。礼仪之俗，富庶之区，历朝常以怀柔远人为心，中外如一为念。且如别国议我华人如同烟贱，岂上苍之心，及贵国官民之意，甘与此不伦类之人为伍乎？想皆不悉屡日两国和好之情，料非明理宽厚之议也。

至云，自后不准华人到此，盖我国久沾圣化，廉耻道存。若以礼义相加，则乐居贵境。倘以下流误视，原返故乡。未至者，祈飞示粤东，止其鼓棹。既来者，恳假期治下，载捆言旋。既不失往日和好之情，又存贵国怀柔远人之意。若无一定章程，时以禁止华人来此之令，随意宣扬，恐各国无知之辈，藉端滋事，将我华人在山内采金者私行驱逐，劫财争坑，不测之虞，伊于胡底，若不限期返粤，则华人数万，大埠何处兼容，恳宪台早示一定章程，着实施行，中国幸甚，华人幸甚。[1]

要言之，华人独身前往，在西方人看来是一个极为不人性和不稳定的因素。加之语言不通，缺乏交往，乱冲乱闯，不懂规矩，聚赌窝娼，只能干采金这样的体力活，因此，华人被人认为是跟黑奴一样的下等人，被洋人大加限制。而清政对此却视而不见，以至在华传教士都发出如下诘问：

然余更有怪者，凡诸国之人，如有在异邦，被人凌遏者，本国君上，定必行文该处有司，叩其原由，力为申理。今据录内所载，唐人如此受屈，而大清皇帝竟若置之度外，曾未闻有只字相加，关心究问，诚可怪矣！[2]

四、中国民众海上艰难时世形成的原因

面对中国民众艰难的海上生活，不仅传教士对此诘问不断，国人亦有同样的责问：

昔有贩阿州黑人为奴者，英国集商禁止，出资赎释。堂堂天朝，果能自庇其民，仿英人赎黑人之例，是诚出水火而

[1]《遐迩贯珍》，1855年第5号，页15b—17b。
[2]《遐迩贯珍》，1855年第5号，页18a。

衽席之也。然而言之非艰，行之维艰。积习难返，巨款何筹？视溺而不援，天下无此忍者，从井以相救，天下又无此仁人，是不过徒托空言而不能见诸事实也。可慨也夫，可慨也夫。[1]

其实，19世纪中叶，中国民众海上生活艰难，是由晚清巨大的人口压力，动荡的国内环境，清政府所执行的海外移民制度，华人移民的基层制度——会馆，华人移民自身的社会问题，以及西方种族主义等共同造成的，清政府不能及时救助，只是诸多问题之一。

首先，从国家制度来看，海外华人被清政府视为弃民，自然对其“无可悯惜”。

清初于华人出洋，禁令甚严。顺治四年（1647）颁行的《大清律集解附例》云：

凡沿海地方奸豪势要，及军民人等私造海船，将带违禁货物下海，前往番国买卖，潜通海贼，同谋结聚，及为向导劫掠良民者，正犯，比照谋叛已行律，处斩枭示，全家发边卫充军。[2]

[1] 彭玉麟：《海国公余辑录》卷三十“禁贩奴论”，载《华工出国史料》第四辑《关于华工出国的中外综合性著作》，北京：中华书局，1981年，页2。

[2] 《大清律集解附例》卷十五“兵律·关津”，清乾隆刻本影印，《续修四库全书·史部》第863册，上海：上海古籍出版社，2002年，页461下。

至雍正十二年（1734 年），亦严禁华人偷渡出洋，并制定了依据拿获或疏纵人员数量等的定量奖惩措施。[1] 对于那些越规出洋者的态度，则如雍正帝所言："朕思此辈多系不安本分之人，若听其去来任意，伊等益无顾忌，轻去其乡而漂流外国者益重矣，嗣后应定限期，若逾限不回，是其人甘心流移外方，无可悯惜。"

正是在这样的思想指导下，1717 年即"康熙五十六年定例，出洋贸易人民，三年之内准其回籍。其五十六年以后私去者，不得徇从入口。"[2] 乾隆五年（1740）修订的《大清律例》亦云：

> 在番居住闽人，实系康熙五十六年以前出洋者，令各船户出具保结，准其搭船回籍，交地方官给伊亲族领回，取局保结存案。如在番回籍之人，查有捏混顶冒，显非善良者，充发烟瘴地方。至定例之后，仍有托故不归，复偷渡私回者，一经拿获，即行请旨正法。[3]

至乾隆十九年（1754）这一限令有所松动，因为地方官员觉

[1]《光绪大清会典事例》卷六二三"雍正十二年谕旨：严禁华人偷渡出洋"，载《华工出国史料汇编》第 1 辑《中国官方文书选辑集》，北京：中华书局，1980 年，页 2—3。

[2]《清朝文献通考》卷三三"市籴"，杭州：浙江古籍出版社，2000 年，页 5159 下。

[3] 田涛、郑秦点校：《大清律例》卷二十"兵律 · 关津"，北京：法律出版社，1999 年，页 341。

察到“出洋贸易之人，皆挟赀求利，素非为匪，且内地各有妻孥产业，原未肯轻弃家乡，只因海洋商贸通信靡常，账目取讨非易，又或疾病难归，栖身番地，或在船充当舵水，遭风流落，凡此皆系欲归不得，初非有意淹留”，因此对三年限期酌情进行了调整：

> 查向例出洋回籍，原无期限，惟康熙五十六年，禁洋之时，有偷渡者，是以勒限三年，逾限不准回籍。臣等伏思，贸易民人，挟有赀本，虽贩重洋，比且亟图返棹，似可不必定以年限。其为人倩雇，或少微赀，历风涛之险，觅蝇头之利，即频年经久，始返乡关，原系内地良民，岂可概行禁绝。若奸匪之徒，或潜迹外番，供其役使，或漂流无赖，复图就食内地，此等之人，必当严行查禁，该地方官如有觉察，即应详讯明确，重治其罪，俾知所畏惧。又未可以不准回籍，令潜迹异域，致生事端。况一概定以三年之限，奸匪良民，无所区别，于查禁觉察之道，未为周妥，臣等细加筹酌，应请交与各该督抚等，凡出洋贸易之人，无论年份久近，概准回籍。[1]

可见这次政策调整使海外华人归国的条件宽松了许多，但前

---

[1]《东西洋考每月统记传》道光戊戌年七月《迁外国之民》录《两广总督杨广东抚院鹤奏出洋贸易之留番地良民请概准其回籍折》，页393。

提条件是归国者务必是合法的出入境人员，即能够出具“保结”的商人。“若奸匪之徒，或潜迹外番，供其役使，或漂流无赖，复图就食内地”者，“未可以不准回籍”，但却在“严行查禁”之列，其实还是不准回籍。至十九世纪中叶其情况亦如从前，如一位移民所述：

> 我们害怕中国官吏的检查，他们手下员司的压迫和自家族人与邻居的虐待。在我们回到中国时我们会被诬控为盗贼和海盗，被诬控为夷人的暗探，为奴隶的购买者和拐骗者。很多人长年的积蓄被盗窃了，另一些人，家里房屋被拆毁，而且禁止他们重建新房；更有些人被迫要偿还伪造的借据。我们孤立无援，亲戚们视我们如路人。我们四面八方被贼人所包围，在这样一个国家我们能指靠谁的帮助呢？[1]

因此，从国家制度来看，只要走出国门，就是“自弃王化”，非我大清子民。故政府考虑更多的是，还要不要让这些海外移民回来，遑论对其救助。

其次，客居的华侨，因男女性别比例失衡，不仅自己无法在海外落地生根，还引发了许多社会问题，使华洋之间严重对立。

但是越洋移民心中却根本没有“自弃王化”的概念。理由是：

---

[1] [德] 哥德瓦特：《中国海外移民及其对其他黄种和白种人的影响》，不来梅，1903年版，页7。转引自陈达：“中国移民”，载《华工出国史料》第四辑《关于华工出国的中外综合性著作》，页11。

“中国人从来不携带家眷出洋。据报告，出洋去到东印度公司属下海峡殖民地的中国人，每年多达五千人。但是这些人全是单身男子，本世纪内只有一个中国妇女到过那里。”“盖中国良家妇女，缘多裹足深闺，不惯风波，甚难携家远涉重洋”。由于男女性别比严重失衡，这些人想要在异国他乡成家立业，几乎不可能，特别是在白种人为主的美洲和大洋洲，因此回家与妻子团聚、生育子嗣就是必然的选择。“东印度群岛各地的华人经常回国省亲的一个重要原因是要与妻子团聚，生育子嗣，留在本乡传宗接代。我相信出洋的中国人没有一个不是抱着返回故乡希望的”。[1]

“他们的这个奋斗目标，把中国人同作为永久定居者而进入加利福尼亚的其它移民区别开来。从中国到美国来的绝大多数中国人，只是侨居者，即侨民。他们一开始同美国人发生的冲突，同以后所有新来的中国人同美国人的冲突如出一辙。”可见这种无法落地生根的单性移民特点，“影响了美国对中国人的接纳”。[2]同时，男女性别比例严重失衡，引发了许多社会问题，如嫖娼、赌博、酗酒等。“因唐人运载娼妓甚众，赌博匪徒成群，扰乱埠

[1] “厦门领事馆第一帮办温澈斯特博士关于移民出洋问题的笔记”，《华工出国史料》第二辑《英国议会档选译》，页 15。

[2] [美] 贡特·巴特:《苦力：1850 年—1870 年美国华工史》(Gunther Barth, Bitter Strength. *A History of the Chinses in the United States, 1850—1870*, Harvard University Press, Cambridge, Massachusetts.1964.)，载《华工出国史料汇编》第七辑“美国与加拿大华工”，北京：中华书局，1984 年，页 75。

中，时常争闹”等，加利福尼亚政府不得不通过立法来约束。《旧金山禁止赌钱新例》就是在这种情况下颁布的。这样的社会问题，也成为英国人限制华人移民澳大利亚的口实。“闻新金山近日有唐人到埠，携有淫画，沿街求售。英人一见，大不喜欢，以为唐人携带此物到来，将来坏人心术，正自不鲜，欲禁止唐人，嗣后不准到埠”。[1]

其三，客居华人所采用的基层社会组织——会馆，与西方市民法制社会之间产生了严重的制度性冲突。

出国的华人，在国家基层社会制度缺失时，不约而同的把本土的民间基层社会组织——会馆、家族、乡族、会党等，移植到海外华人社会之中。其中以会馆为海外华人最主要的基层社会组织。“会馆就是一种暨以家族为摹本但又超越家族的社会组织，……为众会员提供各种可能的便利，他能满足同乡人在外籍寻求乡情依托的需要，能使同乡人走向仕途走向商场时不仅凭个人的奋斗，更能依恃团体的资助，因而取得成功的可能性更大”。[2]但这种摹本于宗族社会的组织，常常“凝成一个闭锁的、自足的经济单位”。[3]“在十九世纪五十年代，加利福尼亚华人社

[1]《遐迩贯珍》1855年第8号，页17 a。

[2] 王日根：“明清时期‘行’的衰微与会馆的勃兴”，载氏著《明清民间社会的秩序》，长沙：岳麓书社，2003年，页321。

[3] 傅衣凌：“论乡族势力对中国封建经济的干涉：中国封建社会长期迟滞的一个探索”，《厦门大学学报》，1961年，第3期，又载氏著《明清社会经济史论文集》，北京：中华书局，2008年，页91。

会的这些会馆和堂，打着慈善的招牌，背地里对其本国同胞进行监督和压迫。商人——债主们借助地方会馆和族会控制着广大的契约移民。大多数中国侨民，在多方控制下，由于他们对乡土和家庭尽忠尽孝而被迫服从，他们毫不犹豫地接受加利福尼亚华人社会的限制和命令”。[1]这种与周围社会隔绝的会馆组织，相对于资本主义的市民法制社会，其宗族专制的落后性，是非常突出的。因此，当会馆制度在美国西部的“矿工营地”一经出现，便被西方世界视为异端，冲突就不可避免。“欧洲人与亚洲人之间存在着‘自然的对立’之说使得中国人的‘不可同化性质’显得十分可信”。

长期存在的西方种族主义和中西宗教差异，进一步激化了华洋之间的冲突。常见的这种论调是：美国属于那些在“自由白人”法律中成长起来的人；亚洲居民是“无获得公民权资格的外来人”。“不信神的人是不能成为美国公民的”。[2]

以上制度和社会问题，使得中国民众的海上生活举步维艰，也使得大量不受任何法律保护的华人飘落海外，成为雇佣者掠夺劳动力，甚至成为驱赶和屠杀的对象。更为重要的是那些付出生

---

[1] ［美］贡特·巴特：《苦力：1850年—1870年美国华工史》(Gunther Barth, Bitter Strength; *A History of the Chinses in the United States, 1850—1870,* Harvard University Press, Cambridge, Massachusetts.1964.)，载《华工出国史料汇编》第七辑《美国与加拿大华工》，页106。

[2] 伊莎白拉·勃莱克：“美国劳工与中国移民”，载《华工出国史料》第七辑《美国和加拿大华工》，页199—201。

命和血汗的中国民众却没法在大洋彼岸赢得本应属于自己的生存空间和话语权力。这一点与欧洲各国移民在政府扶持下不断开拓新的生存空间形成了鲜明的对比。

主要征引文献

（一）常用古籍

1.《国语》，上海：上海古籍出版社，1998 年。

2.《汉书》，北京：中华书局，1962 年。

3. 韩愈著，刘真伦、岳珍校注:《韩愈文集汇校笺注》，北京：中华书局，2010 年。

4. 杜甫著，仇兆鳌注:《杜诗详注》，北京：中华书局，1979 年。

5.《宋史》，北京：中华书局，1977 年。

6. 郭祥正:《青山集》，宋刻本。

7. 蔡襄:《荔枝谱》，宋百川学海本。

8. 范成大:《桂海虞衡志》，明刻本。

9. 丁度:《集韵》，清文渊阁四库全书本。

10. 欧阳修著，周必大编:《文忠集》，清文渊阁四库全书本。

11. 华岳:《翠微南征录》，四部丛刊三编景旧抄本，上海：商务印书馆，1936 年。

12. 李昉、李穆等:《太平御览》，北京：中华书局，1960 年。

13. 祝穆撰，祝洙增订、施和金点校:《方舆胜览》，北京：中华书局，2003 年。

14. 徐梦莘:《三朝北盟会编》，上海：上海古籍出版社，1987 年。

15. 彭乘:《墨客挥犀》，北京：中华书局，2002 年。

16. 沈括:《梦溪笔谈》，上海：上海书店出版社，2009 年。

17. 王祎:《王忠文公集》，清文津阁四库全书本。

18.《明史》，北京：中华书局，1974 年。

19.《明神宗实录》，台北：台湾“中央”研究院历史语言研究所校印，1962 年。

20. 张燮著，谢方点校:《东西洋考》，北京：中华书局，2000 年。

21. 郑若曾撰，李致忠点校:《筹海图编》，北京：中华书局，2007 年。

22. 向达校注:《两种海道针经·顺风相送·逐月恶风法》，北京：中华书局，2000 年。

23. 向达校注:《两种海道针经·指南正法·逐月恶风法》，北京：中华书局，2000 年。

24. 曹学佺编:《石仓历代诗选》，清文渊阁四库全书本。

25. 谢肇淛:《小草斋集》，明万历刻本。

26. 陈侃:《使琉球录》，明嘉靖刻本。

27. 谢肇淛:《五杂俎》，明万历四十四年潘膺祉如韦馆刻本。

28. 徐光启:《农政全书》，明崇祯平露堂本。

29. 茅元仪辑:《武备志》，台北：华世出版社，1984 年。

30. 顾炎武:《天下郡国利病书》，上海：上海古籍出版社，2011 年。

31. 顾炎武:《肇域志》，上海：上海古籍出版社，2004 年。

32《清史稿》，北京：中华书局，1977 年。

33.《清高宗实录》，台北：华文书局影印本，1964年。
34. 昆冈等:《钦定大清会典事例》,《续修四库全书·史部》第802册，上海：上海古籍出版社，2002年。
35. 田涛、郑秦点校:《大清律例》，北京：法律出版社，1999年。
36. 张廷玉等:《清朝文献通考》，杭州：浙江古籍出版社，2000年。
37. 顾祖禹:《读史方舆纪要》，北京：中华书局，2005年。
38. 李清馥:《闽中理学渊源考》，清文渊阁四库全书本。
39. 黄叔璥:《台海使槎录》,《台湾文献丛刊》第4种，台北：台湾银行经济研究室，1958年。
40. 郁永河:《稗海纪游》，台北：台湾银行经济研究室，1959年。
41. 屈大均:《广东新语》，北京：中华书局，1985年。
42.《大清律集解附例》,《续修四库全书·史部》第863册，上海：上海古籍出版社，2002年。
43. 林嗣环:《荔枝话》，康熙檀几丛书本。
44. 吴震方:《岭南杂记》，清乾隆龙威秘书本。
45. 郑樵:《荥阳郑氏家谱序》，莆田南湖郑氏家乘，清刻本。
46. 孙衣言:《逊学斋诗钞》，清同治刻增修本。
47. 丁曰健:《治台必告录》，台北：台湾银行经济研究室，1959年。
48. 张集馨:《道咸宦海见闻录》，北京：中华书局，1981年。
49. 杜臻:《闽粤巡视纪略》,《景印文渊阁四库全书·史部》，第四六〇册，台北：商务印书馆，1986年。
50. 刘铭传:《刘壮肃公奏议》，台北：台湾大通书局，1987年。
51. 徐宗乾:《斯未信斋文编》，台北：台湾大通书局，1987年。

52. 蓝鼎元著，蒋炳钊、王钿点校:《鹿洲全集》，厦门：厦门大学出版社，1995 年。

53. 徐继畬:《瀛寰志略》，上海：上海书店出版社，2001 年。

54. 黄家鼎:《马巷集》,《台湾文献汇刊》，第四辑，第十八册，北京：九州出版社，厦门：厦门大学出版社，2004 年。

55.《诸葛武侯白猿经风雨占》，明万历三十二年抄本，上海图书馆藏。

56. 杨光、郭树整编:《清代浙闽台地区诸流域洪涝档案史料》，北京：中华书局，1959 年。

57. 齐思和等整理:《筹办夷务始末·道光朝》，北京：中华书局，1964 年。

58.《清季申报台湾纪事辑录》,《台湾文献丛刊》第 247 种，台北：台湾银行经济研究室，1968 年。

59.《明清史料戊编》第一本，台北:“中央”研究院历史语言研究所，1972 年。

60.《台湾关系文献集零》,《台湾文献丛刊》，第 309 种，台北：台湾银行经济研究室，1972 年。

61. 陈翰笙主编:《华工出国史料》，北京：中华书局，1981 年。

62.《清经世文编选录》,《台湾文献丛刊》，第 229 种，1966 年。

63.《台湾私法商事编》，台北：台湾大通书局，1987 年。

64. 冲绳县历代宝案编辑委员会:《历代宝案校订本》，冲绳县立图书馆史料编辑室，1992 年。

65. 张本正主编:《〈清实录〉台湾史资料专辑》，福州：福建人民出版社，1993 年。
66. 金柏东主编:《温州历代碑刻集》，上海：上海社会科学院出版社，2002 年。
67. 洪全安主编:《清宫宫中档奏折台湾史料》，台北故宫博物院（台湾），2005 年。
68. 松浦章、内田庆市、沈国威编著:《遐迩贯珍》，上海：上海辞书出版社，2005 年。
69. 中国第一历史档案馆、海峡两岸出版交流中心编:《明清宫藏台湾档案汇编》，北京：九州出版社，2009 年。
70. 爱汉者（Karl Friedrich August Gützlaff）等编，黄时鉴整理:《东西洋考每月统记传》，北京：中华书局，1997 年。

（二）地方志

1. 正德《大明漳州府志》，北京：中华书局，2012 年。
2. 弘治《八闽通志》，明弘治四年刻本。
3. 嘉靖《惠安县志》，明嘉靖九年刻本。
4. 嘉靖《宁德县志》，明嘉靖刻本。
5. 嘉靖《龙溪县志》，明嘉靖刻本。
6. 万历《漳州府志》，厦门：厦门大学出版社，2010 年。
7. 万历癸丑《漳州府志》，厦门：厦门大学出版社影印本，2012 年。
8. 万历《漳州府志》，明万历元年刻本。
9. 万历《将乐县志》，明万历十三年刻本。
10. 万历《福州府志》，明万历二十四年刻本。

11. 万历《古田县志》，明万历三十四年增补二十八年本。
12. 万历《泉州府志》，明万历四十年刻本。
13. 万历《福宁州志》，明万历四十四年刻本。
14. 万历《邵武府志》，明万历四十七年刻本。
15. 万历《福州属县志·罗源县志》，北京：方志出版社，2007年。
16. 崇祯《长乐县志》，明崇祯十四年刻本。
17. 何乔远:《闽书》，明崇祯四年刻本。
18. 康熙《建宁府志》，清康熙五年抄本。
19. 康熙《建宁县志》，清康熙十一年刻本。
20. 康熙《漳州府志》，清康熙十五年刻本。
21. 康熙《德化县志》，清康熙二十六年刻本。
22. 康熙《上杭县志》，清康熙二十六年刻本。
23. 康熙《台湾府志》，清康熙三十五年补刻本。
24. 康熙《清流县志》，清康熙四十一年刻本。
25. 康熙《平和县志》，清光绪十五年重刊本。
26. 康熙《光泽县志》，清乾隆十五年重修本。
27. 康熙《漳平县志》，清乾隆四十六年重刻本。
28. 康熙《宁化县志》，清同治八年重刊本。
29. 康熙《诏安县志》，清同治十三年刻本。
30. 康熙《平和县志》，清光绪重刊本。
31. 康熙《同安县志》，抄本。
32. 康熙《漳浦县志》，民国十七年翻印本。
33. 康熙《武平县志》，民国十九年铅印本。

34. 雍正《广东通志》，清雍正九年刻本。
35. 雍正《揭阳县志》，清雍正九年刻本。
36. 雍正《惠来县志》，民国十九年重印本。
37. 乾隆《南靖县志》，乾隆八年刻本。
38. 乾隆《古田县志》，清乾隆十六年刊本。
39. 乾隆《建宁县志》，清乾隆二十四年刻本。
40. 乾隆《安溪县志》，清乾隆二十二年刻本。
41. 乾隆《海澄县志》，清乾隆二十七年刻本。
42. 乾隆《龙溪县志》，清乾隆二十七年刻本。
43. 乾隆《宁德县志》，清乾隆四十六年刻本。
44. 乾隆《仙游县志》，清同治重刊本。
45. 乾隆《泉州府志》，清光绪八年补刻本。
46. 乾隆《福宁府志》，清光绪重刊本。
47. 乾隆《莆田县志》，清光绪五年补刊本、民国十五年重印本。
48. 乾隆《长泰县志》，民国二十年重刊本。
49. 乾隆《续修台湾府志》，清乾隆十二年刻本，载《台湾文献丛刊》第121种，台北：台湾银行经济研究室，1962年。
50. 乾隆《泰宁县志》，抄本。
51. 胡建伟:《澎湖纪略》，台北：宗青图书出版有限公司，1995年。
52. 周煌辑:《琉球国志略》，上海：商务印书馆，1936年。
53. 嘉庆《同安县志》，清嘉庆三年刻本。
54. 道光《新修罗源县志》，清道光十一年刻本。
55. 道光《龙岩州志》，清光绪十六年重刊本。

56. 道光《厦门志》，厦门：鹭江出版社，1996 年。
57. 同治《福建通志》，清同治十年重刊本，台北：华文书局股份有限公司，1968 年。
58. 光绪《漳州府志》，清光绪三年刻本。
59. 光绪《长汀县志》，清光绪五年刊本。
60. 光绪《福安县志》，清光绪十年刊本。
61. 光绪《澎湖厅志》，清光绪十九年抄本。
62. 光绪《光泽县志》，清光绪二十三年刊本。
63. 光绪《澎湖厅志》，台北：台湾大通书局，1984 年。
64. 光绪《定海厅志》，上海：上海古籍出版社，2011 年。
65. 民国《厦门市志》，北京：方志出版社，1999 年。
66. 民国《长乐县志》，民国六年铅印本。
67. 民国《龙岩县志》，民国九年铅印本。
68. 民国《连江县志》，民国十六年铅印本。
69. 民国《南平县志》，民国十七年铅印本。
70. 民国《沙县志》，民国十七年铅印本。
71. 民国《霞浦县志》，民国十八年铅印本。
72. 民国《同安县志》，民国十八年铅印本。
73. 民国《大田县志》，民国二十年铅印本。
74. 民国《连城县志》，民国二十七年石印本。
75. 民国《德化县志》，民国二十九年铅印本。
76. 民国《诏安县志》，民国三十一年铅印本。
77. 民国《明溪县志》，民国三十二年铅印。

78. 民国《莆田县志》，民国抄本。
79. 民国《金门县志》，民国抄本。

（三）今人专著

1. 戴一峰:《区域性经济发展与社会变迁：以近代福建地区为中心》，长沙：岳麓书社，2004 年。
2. 福建省气象局、福建省农业区划文员会办公室编:《福建农业气候资源与区划》，福州：福建科学技术出版社，1990 年。
3. 傅衣凌:《明清社会经济史论文集》，北京：中华书局，2008 年。
4. 林拓:《文化的地理过程分析：福建文化的地域性考察》，上海：上海书店出版社，2004 年。
5. 林新彬、刘爱鸣等:《福建省天气预报技术手册》，北京：气象出版社，2013 年。
6. 刘序枫:《清代档案中的海难史料目录（涉外篇）》，台北："中央"研究院，2004 年。
7. 刘迎胜:《海路与陆路：中古时代东西交流研究》，北京：北京大学出版社，2011 年。
8. 鹿世谨、王岩:《福建气候》，北京：气象出版社，2012 年。
9. 全汉昇:《中国近代经济史论丛》，北京：中华书局，2011 年。
10. 盛承禹等:《中国气候总论》，北京：科学出版社，1986 年。
11. 宋德众、蔡诗树:《中国气象灾害大典 · 福建卷》，气象出版社，2007 年。
12. 谭其骧主编:《中国历史地图集》，北京：地图出版社，1982 年。

13. 汤熙勇、刘序枫、松浦章主编:《近世环中国海的海难资料集成:以中国、日本、朝鲜、琉球为中心》,台北:蒋经国国际学术交流基金会,1999 年。
14. 王日根:《明清民间社会的秩序》,长沙:岳麓书社,2003 年。
15. 熊月之、周武:《上海:一座现代化都市的编年史》,上海:上海书店出版社,2007 年。
16. 徐泓:《清代台湾自然灾害史料新编》,福州:福建人民出版社,2007 年。
17. 俞慕耕:《军事水文学概论》,北京:解放军出版社,2003 年。
18. 朱维铮:《走出中世纪》(增订本),上海:复旦大学出版社,2007。
19. 漳州市档案局:《水利局民国档案》,漳州市档案局藏。
20. 中国科学院《中国自然地理》编辑委员会:《中国自然地理·地表水》,北京:科学出版社,1981 年。
21. [英] 佛兰克·韦尔什(Frank Welsh)著,王皖强、黄亚红译:《香港史》(*A History of Hong Kong*),北京:中央编译出版社,2007 年。
22. 马士(Morse Hosea Ballou)著,张文汇等译:《中华帝国对外关系史》,上海:上海书店出版社,2000 年。
23. 尼古拉斯·奥斯特勒(Nicholas Ostler)著,章璐、梵非等译:《语言帝国:世界语言史》,上海:上海人民出版社,2009 年。
24. [美] 卫斐列(Frederick Wells Williams)著,顾均,江莉译,《卫三畏生平及书信:一位美国来华传教士的心路历程》,桂林：广西师范大出版社，2004年。

（四）论文

1. 陈支平："从历史向文化的演进：闽台家族溯源与中原意识"，《河北学刊》，2012年，第1期。
2. 丁玲玲、郑景云："过去300年华南地区冷冬指数序列的重建与特征"，《地理研究》，2017年，第6期。
3. 郭婷婷等："台湾海峡气候特点分析"，《海洋预报》，2010年，第1期。
4. 黄廷炎、邱泉成："南平市近58年冬季气候变化及特征分析"，《亚热带农业研究》，2011年，第3期。
5. 李平日、谭惠忠、侯的平："2000年来华南沿海气候与环境变化"，《第四纪研究》，1997年，第1期。
6. 李平日、曾昭璇："珠江三角洲五百年来的气候与环境变化"，《第四纪研究》，1998年，第1期
7. 李玉林："福建省近八百年气候变迁初探"，《福建热作科技》，1981年，第1期。
8. 李荣："台风的本字（上）（中）（下）"，《方言》，1990年，第4期；1991年，第1期，第2期。
9. 刘序枫："清代档案与环东亚海域的海难事件研究：兼论海难民遣返网络的形成"，《故宫学术季刊》，2006年，第3期。
10. 孙承晟："明清之际西方'三际说'在中国的流传和影响"，《自然科学史研究》，2014年，第3期。

11. 汤熙勇：“清代台湾外籍船难与救助”，《中国海洋发展史论文集》，台北：“中央”研究院中山人文社会科学研究所，1999年，第547—583页。

12. 王绍武、闻新宇：“末次冰期冰盛期”，《气候变化研究进展》，2011年，第5期。

13. 王绍武、闻新宇等：“东亚冬季风”，《气候变化研究进展》，2013年，第2期。

14. 邬正明：“中国沿海天气歌谣分析”，《大连海运学院学报》，1959年，第1期。

15. 吴幸毓、林毅等：“福建霜冻时空分布特征及环流背景分析”，《大气科学学报》，2016年，第4期。

16. 杨际平、谢重光：“陈元光‘光州固始说’证伪：以相关陈氏族谱世系造假为据”，《厦门大学学报》，2015年，第3期。

17. 张璞：“福建漳州晚第四纪以来的环境演变”，中国地质大学博士学位论文，2005年。

18. 张丕远、龚高法：“十六世纪以来中国气候变化的若干特征”，《地理学报》，1979年，第3期。

19. 郑景云、刘洋等：“过去500年华南地区冷暖变化记录及其对冬季温度变化的定量指示意义”，《第四纪研究》，2016年，第3期。

20. 郑斯中：“广东小冰期的气候及其影响”，《科学通报》，1982年，第5期。

21. 中山大学地理系水文专业“台风暴潮”研究小组：“华南沿海

应用长浪方法辅助台风暴潮预报的展望”,《中山大学学报 · 自然科学版》, 1974 年，第 4 期。

22. 周长楫:“略说闽南方言：兼说闽南文化”,《闽南文化研究》, 2004 年，第 1 期。
23. 周振鹤:“晚明时期中国漳泉地区对吕宋的移民”,《南国学术》, 2017 年，第 2 期。
24. 竺可桢:“说飓风”,《科学》, 1922 年，第 9 期。
25. 竺可桢:“中国近五千来气候变迁的初步研究”,《中国科学》, 1973 年，第 2 期。
26. 汤熙勇:“清朝初期の中国における北朝鮮の難破船と漂流者の救済について”,《南島史学》, 2002 年，第 59 号。
27. 汤熙勇:“清王朝中国におけるベトナム難破船のレスキュー方法について”,《南島史学》, 2002 年，第 60 号。
28. Carpenter *et al.*, Observed relationships between lunar tidal cycles and formation of hurricanes and tropical cyclones, *Monthly Weather Review.*, Vol. 100(1972). No.6.
29. Shi Z., Liu X., Sun Y., *et al.*, Distinct responses of East Asian summer and winter monsoon to orbital forcing. *Clim Past Discussions*, 2011, 7: 943–964.
30. Thebaud, N., Rey, P. F., Archean gravity–driven tectonics on hot and flooded continents: Controls on long–lived mineralised hydrothermal systems away from continental margins. *Precambrian Research*, 2013, 229: 93–104.

31. Zhang De'er., Winter temperature changes during the last 500 years in South China. *Chinese Science Bulletin*, 1980, 25 (6): 497–500.

后记

在地球各个无机圈层与有机圈层相互作用形成的人类—地球复合系统中，本书重点关注的是大气圈、水圈与智慧圈之间的相互作用。具体而言，是讨论季风、热带气旋控制下闽南民众的海上生活，故名《风下之海》。其主角还是组成智慧圈的人。时间上主要集中在明清时期，属于历史海洋地理学研究的范畴。

选取一个理想的地理剖面作为样本进行区域研究，是地理学区域研究的重要方法之一。《风下之海》的十个章节都是围绕着同一个海洋剖面，从不同面向展开个案研究。研究成果曾以单篇论文的形式，在文、理不同的学术刊物上发表过，部分论文还被《新华文摘》《中国社会科学文摘》《历史与社会》等刊物转载。在收入本书时，又做了不同程度的修订和补充。

与学生时代做学位论文时单纯而独立的方式不同，当老师不仅要自己做研究，还肩负着培养研究生的重任。研究生学位论文的题目，通常都是我自己在做某一项研究时，发现其有研究价值，也有足够的史料和数据支撑，才将其交给学生去做。在做完《遐迩贯珍》相关研究之后，指导研究生骆黄海同学完成了"《湘报》及其相关问题研究"；曲晓雷同学完成了"晚清民国国人眼中的德国形象研究：以胶澳租借地为中心（1897—1937）"；喻芬芳同学完成了“试论来华传教士对西方民主制度的传播（1807—1860）”；殷秀云同学完成了“媒介的力量:《人民日报》报眼与革命事业（1946—1978）”。当然，我能注意到《遐迩贯珍》“每日杂报”的史料价值，是因为业师周振鹤先生曾撰写过介绍《遐迩贯珍》的相关文章。先生在近代印刷出版和知识环流等领域写过多篇很有影响的论文。所谓“薪火相传”，在学术界莫过于此。

我每年都带着研究生和本科生在闽南的河口和海岛进行野外考察实习，因此，有了研究九龙江口的想法。指导当时还在读本科的殷秀云同学先期做了正史、方志和笔记等资料的收集和整理，随后与梁开慧、孙晓勐、殷秀云、刘璠等同学一同前往漳州市档案馆，调阅了相关档案资料。由于一同去的人多，漳州档案馆本就存档不多的水利档案几乎被我们翻了个遍，也有不小的收获。最后由我执笔，完成了“近500年来九龙江口的环境演变及其民众与海争田”一文，其中乌礁洲与紫泥洲合并为一洲，是殷秀云发现的。研究九龙江口，台风是绕不开的话题，因此指导孙晓勐同学完成了“明清时期福建省台风灾害研究”。而在做完“明代漳州府‘南门桥洪水杀人’的地学真相与‘先儒尝言’”后，我注意到桥梁的碑记蕴含着丰富的社会、环境史内容，具有重要的研究价值，先后指导高绍泉同学完成了“古代泉州桥梁建筑与社会”；詹阳同学完成了“清代湘北渡口制度研究”；袁新禾同学完成了“抚州河道分汊背景下的修陂与城市营建（8—17世纪）”等学位论文。

对于海岸带以外的海洋地理研究来说，明清方志所能够提供的史料非常有限。好在台湾海峡、澎湖列岛和台湾岛从康熙朝开始，就是国家政治的热点地区之一，因此，保留了为数不少的宫藏档案，才使得相关领域的研究得以顺利展开。在完成《海洋政治地理区位与清政府对澎湖的经略》《清代战时台湾兵力的大陆补给与跨海投送》《无远弗届与生番地界》等数篇论文过程中，指导陈静同学完成了《清代台湾海峡船舶史初探》。同时指导李榕同学完成《竺可桢在中国现代地学研究中的史料学方法初探》一文。疫情期间，通过微信，与远在美国的李承哲博士合作完成了《小冰期福建寒冷期的气候与生态》一文。而用来揭示闽南民众“海陆异用”文化特质的文章，完全是《地道风物》主编范亚昆和执行主编贺亮女士逼出来的。尤其是贺亮女士，催稿的能力好生了得，后来我都戏称她为“当世黄世仁”。不过在《地道风物·闽南》一书刊出来的文章，是经贺亮女士将学术文章“软化”后的文本，与原文相去甚远，应该算是与她合作的成果，收在本书中的论文才是“真身”。

课题在推进过程中，先后得到福建省社科基金一般项目、国家社科基金一般项目和福建省新世纪优秀人才支持计划项目的资助，而本书的出版又得到厦门大学哲学社会科学繁荣计划特别资助项目的资助。

书稿整理好后，原本计划呈请业师周振鹤先生和陈支平先生写序的。振鹤师在大学三年级前的人生岁月，都是在厦门度过的，因此对闽南的山川大海、风土人情等，皆了然于胸。因此，我很想知道先生笔下的闽南会是什么样的。遗憾的是，周先生已不再写东西了，而在书稿出版之前，先生眼睛也不舒服，自然更不能写了。当然我也不忍心再劳驾先生了。

陈支平老师是一位令人尊敬的先生。我是2003年在武汉大学参加首届全国博士生学术论坛时，才第一次见到陈先生。至今还记得先生风趣幽默的讲座。后来还主持过先生的一次讲座，让我充分认识到那句俗语："幽默是智慧的象征"。无论什么时候去先生办公室，先生都是眼睛盯着电脑屏幕，专心地在做研究。但这从不影响他跟你谈工作。有一段时间，每当夕阳西下，从办公室回家的路上，总能隔三差五地碰上先生，大汗淋漓地在校园里急走。但每次都是先生率先看到我，很温暖地喊一声："智君"，匆匆打个照面，然后匆匆离去。先生对后学的奖掖，令人印象深刻。我的第一本专著就是在先生负责的厦门大学国学研究项目资助下出版的。记得有一次还是在路上，先生对我说："智君，要出书就来找我。"对一个读书人来说，还有比这更温暖的话语吗？

每一项研究成果的取得，都得益于诸多师长和朋友的帮助，他们是厦门大学钞晓鸿教授、王日根教授、周郁蓓教授、刘婷玉副教授，复旦大学张晓虹教授、张伟然教授，加拿大维多利亚大学陈忠平教授、吴国光教授、周克芬博士，加拿大气候模拟与分析中心（Canadian Center for Climate Modeling and Analysis）李江南教授，加拿大科学委员会赫兹伯格天体物理研究所（Herzberg Institute of Astrophysics，National Research Council Canada）江年华教授，浙江大学杨雨蕾教授，宁夏大学宋乃平教授、邓宇教授，浙江工商大学梁志平教授，太原师范学院冯卫红教授。

每一位从自己课堂上走出去的同学，如同星星一样散布在全国乃至世界各地，说不定哪一天，他们就在我目光所及之处，闪闪发光，始终让我的工作和生活充满了光明。这里要特别感谢英国华威大学马金平博士、加拿大麦吉尔大学蔡丹妮博士、加拿大不列颠哥伦比亚大学李晶硕士、中国现代国际关系研究院齐仁达博士、武汉大学吴丹华博士、中国社科院徐鑫博士。他们帮我翻译、查找和核对了国内外一些重要资料。厦门大学在读的李迎杰、储常松、张家喜、李敬兴、罗亦姝、马倩钰、李佳琰、黄雅贞、欧阳鹭婷等同学，帮我校对了本书的清样。

本书出版过程中，我的老师平静女士，商务印书馆地理编辑室李娟主任，为本书顺利出版做了不少协调工作。责任编辑魏铼博士，为人热情豪爽，为本书出版做了大量细致的编辑工作，甚至默默承受了我反复修改书稿的折磨。

借本书出版之际，谨向以上诸位师友，一并深致谢忱！

最后要感谢的是我的家人——黄芳和晓轩，以及远在故乡的父亲和兄弟姐妹。每个亲人都健康开心，是我努力工作的基本出发点。

李智君

2020 年 9 月 29 日

于厦门大学联兴楼